本书编委会

2016

北京市互联网信息办公室
北京市社会科学院

The Annual Report of
Beijing Internet Industry 2016

首都互联网发展报告

佟力强◎主编

人民出版社

CONTENTS

目　录

第二部分　行业发展与行业管理

第三部分　案例分析

图表目录

图 目 录

表 目 录

前　　言

2015 年，中国互联网行业稳步发展，创新创意产品频出，跨界融合步伐加快，海外市场开拓业绩较为显著，依法依规治理水平全面提高。"互联网+"上升为国家战略，互联网行业对我国实现创新驱动、加快经济发展方式转型、打造新常态下经济新引擎进程中起到了重要作用。2015 年首都互联网继续保持国内领先地位，互联网普及率高，互联网资源总量继续处于全国前列。互联网产业在国民经济体系中的地位进一步提高，产品与服务的创新速度加快，行业治理有序展开。2015 年首都互联网的实践与发展受到了社会各界的普遍关注，需要社会各界合作展开深入研究。

《首都互联网发展报告(2016)》就是以首都互联网为研究对象，聚焦社会各界智慧成果的学术型报告。此报告是北京市互联网信息办公室与北京社科院联合编著的第六部年度报告。该报告继续保持已有的风格与特点，研究目标清晰、研究主体多元、观点内容丰富、研究视角多样。当然，报告也具有鲜明的年度特点，针对 2015 年内北京互联网发展的重点热点问题展开深入研究，深度剖析北京互联网发展的阶段性成果，深刻总结北京互联网发展的时段性经验，并对首都互联网发展趋势进行展望。

《首都互联网发展报告(2016)》分为三大部分：总报告、行业发展与行业管理、案例分析，共有 18 篇子报告组成。这些报告的内容基本上涵盖了 2015 年首都互联网发展的各个方面，这些报告既独立成章，又相互关联。

"总报告"由 2 篇报告组成：《2015 年北京市互联网发展形势分析》和《2015 年北京市互联网行业上市公司发展状况比较分析》。这两篇报告分别对 2015 年北京市互联网发展的大局趋势和行业内各大上市公司发展情况进行鸟瞰式的分析与解读,有助于读者简明扼要地了解 2015 年首都互联网发展情况和行业内代表性企业的发展情况。

"行业发展与行业管理"由 9 篇报告组成,分别对互联网的地方经济助推作用、B2B 行业发展现状与未来走势、网络游戏市场发展、网上零售 B2C 市场发展、在线旅游市场发展、在线医疗健康发展、互联网生活服务类市场发展问题进行了分析。涵盖了 2015 年首都互联网行业运行中的热点与亮点。有些报告提出了具有可操作性的对策与建议,有些报告提出了未来发展的方向与走势,还有些报告利用计量工具深入剖析了互联网行业的经济推动作用。《用户利用网络服务发布广告问题研究》对 UGC 类产品中存在的广告类型进行梳理,基于此提出了区别对待不同类型广告的具体措施与建议。《首都互联网治理与政府公信力建构》着重阐述了首都互联网治理的实践与挑战,并结合首都实际情况分析了互联网时代提升政府公信力的重要性与可行路径。

"案例分析"由 4 篇报告组成。2015 年是北京地区 O2O 巨头强强联手、实现合作共赢的一年,这对于中国电子商务的发展具有深远的影响意义。这一部分主要包括对滴滴出行、优酷土豆、58 赶集、新美大等 O2O 巨头的发展状况分析。值得注意的是,这些报告撰写者都来自互联网行业第一线人士,他们从互联网行业日常经营角度出发,对本公司的历史演进和未来发展进行深入分析,为广大读者提供了很多具有参考价值的认识与观点。

在这要诚挚感谢来自政府相关部门、科研单位和公司企业作者们为本报告作出的贡献。在撰写过程中,作者们也充分借鉴吸收了已有的研究成果,听取了社会各界人士的意见与建议,在此一并表示感谢。编著者力争用高质量的学术报告向广大读者展示出 2015 年首都互联网发展全貌。当然,囿于编著者的水平,此书必有不足之处,欢迎广大专家学者、业界人士以及读者们批评指正。

2017 年 2 月 14 日

第一部分　总报告

Part | Main Report

2015 年北京市互联网发展形势分析

李 茂 齐福全 陈 华

一、引 言

2015 年,我国社会经济各项事业稳步前进。面对错综复杂的国际环境和艰巨繁重的国内改革发展稳定任务,党中央、国务院团结带领全国各族人民,按照"五位一体"总体布局和"四个全面"战略布局的总要求,牢固树立和贯彻落实创新、协调、绿色、开放、共享的发展理念,适应经济发展新常态,坚持改革开放,坚持稳中求进工作总基调,坚持稳增长、调结构、惠民生、防风险,不断创新宏观调控思路与方式,深入推进结构性改革,扎实推动大众创业万众创新,努力促进经济保持中高速增长、迈向中高端水平,转型升级步伐加快,改革开放不断深化,民生事业持续进步,经济社会发展迈上新台阶,实现了"十二五"圆满收官,为"十三五"经济社会发展、决胜全面建成小康社会奠定了坚实基础。

2015 年,全球互联网发展形势总体稳定,移动互联网连接水平、移动终端规模和网络用户数都在平稳增长,世界电子商务市场已经颇具规模,下一代互联网的创新应用层出不穷。2015 年中国互联网仍保持快速发展态势,"互联网+"战略的实施对我国创新驱动、全面转变经济发展方式、打造新常态下经济新动能发挥了重要作用。从总体发展情况来看,2015 年中国互联网继续保持健康发展的势头,创新点与创意产品频出,跨界融合步伐加快,海外市场开拓业绩较为显著,依法依规治理水平全面提高。

2015 年北京市互联网继续处于中国互联网发展的第一方阵之中,继续保持着中国互联网的"排头兵""领头羊"地位。中国互联网络信息中心(CNNIC)发布的《第 37 次中国互联网络发展状况统计报告》数据显示,截至 2015 年 12 月,我国 IPv4 地址数量约为 3.365 亿,北京拥有数量为 8563.9 万,占比为 25.45%,是全国拥有 IPv4 地址最多的地区；北京地区拥有域名数 4857287 个，占全国域名总数的 15.7%，仅次于广东省（其占比 16.0%），位列第二；北京地区拥有网站数量 514532 个，占全国网站总数的 12.2%，仅次于广东省（其占比 15.9%）；北京地区拥有网民约 1647 万人，与 2014 年相比提高 3.4%，网络普及率达 76.5%，普及率位列全国第一。北京不仅拥有百度、新浪、搜狐、京东、乐视、优酷土豆等知名的互联网巨头，而且拥有中关村、未来科技城等互联网创新基地以及大量的互联网创意人才，北京市互联网的优势地位更加凸显。

2015 年北京市互联网继续发挥地方经济助推作用，是首都经济发展中的重要驱动力与增长极。《北京市 2015 年暨"十二五"时期国民经济和社会发展统计公报》中数据显示，与互联网行业直接相关的"信息传输、计算机服务与软件业"在 2015 年实现产值 2372.7 亿元，比 2014 年增长 12.0%，占 2015 年北京地区生产总值的 10.3%，是北京地区国民经济的支柱产业之一。2015 年年末北京移动电话用户达到 4051.9 万户，移动电话普及率达到 186.7 户/百人，年末固定互联网宽带接入用户数达到 469.1 万户。互联网行业已经成为北京地区的支柱产业，产业关联作用十分明显。

本报告首先梳理 2015 年全球互联网发展的总体格局，然后回顾和探究 2015 年中国互联网发展进程中体现出来的特征与趋势。在此基础上，本报告对 2015 年北京市互联网发展形势进行详细的分析，对北京市互联网在 2015 年发展进程中的诸多特点进行阐述。在报告的最后一部分，还对 2016 年北京市互联网发展形势进行了展望。

二、2015 年全球互联网发展格局

（一）全球互联网发展速度放缓

总体上看，2015 年世界经济表现不如预期，增长动力不足，调整分化加剧，下行趋势明显，全年世界经济增长速度（3.1%）处于低位状态，整体增速降至 2010 年以来最低水平（见图 1-1）。据世界贸易组织（WTO）的数据显示，受国际市场需求疲弱、汇率波动及全球产业链与经济结构调整等因素影响，2015 年全球货物贸易量仅增长 2.8%，为连续第四年增长率低于 3%。与此同时，不同经济体增速分化加剧，不稳定因素和不确定性因子增加。

受世界经济形势大环境的影响，全球各大经济板块的经济增速不同程度地出现下滑现象。经济下滑直接带来了互联网推广难度效应，全球互联网行业发展已出现加速度降低、增速放缓的现象。2015 年全球互联网用户总数达 30 亿人,增速降至近 6 年的最低值,增速为 9.7%(如图 1-2 所示)。

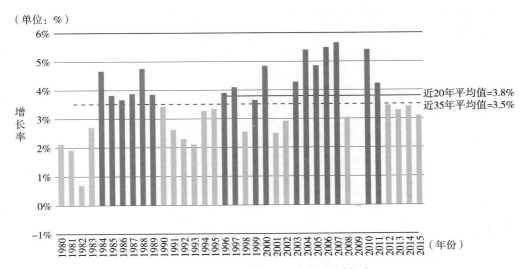

图 1-1　1980—2015 年全球 GDP 增长率

资料来源:IMF WEO,4/16.Stephen Roach,"A World Turned Inside Out," Yale Jackson Institute for Global Affairs,5/16。

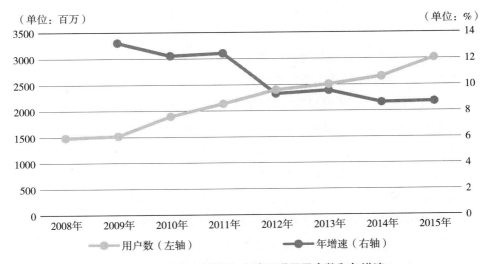

图 1-2　2008—2015 年全球互联网用户数和年增速

资料来源:KPCB,《Internet Trends 2016》。

　　智能手机是当今接入互联网的主要终端之一,智能手机的发货量也是全球互联网行业发展的"晴雨表"。由于个人收入受经济形势影响程度较大,受全球经济增速带来的收入降低效应影响,智能手机的发货量增速继续降低。根据摩根士丹利公司的估计,2015 年全球智能手机销售量约为 14.3 亿部,增速仅为 10% 左右,是近 5 年来的最低值(如图 1-3 所示)。

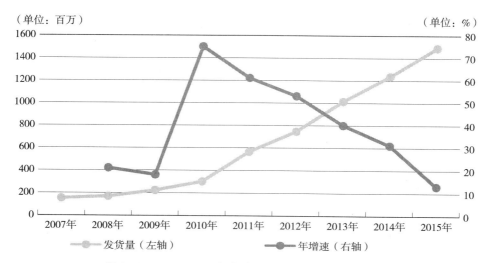

图 1-3　2007—2015 年全球智能手机发货量与年增速

资料来源:Morgan Stanley Research,2016/ 5/16。

　　尽管 2015 年全球互联网市场总体增速放缓,但是新兴市场表现突出,特别是印度互联网在 2015 年继续保持高速增长趋势。作为后起之秀,印度虽然进入互联网世界的时间相较于西方国家更晚,却展示出了不俗潜力,其移动互联网发展快速,并渗透入普通消费者的生活中。凯鹏华盈风险投资公司的"Internet Trends 2015"中的数据显示,2014 年印度智能手机平均价格仅为 158 美元,仅高于孟加拉国(2014 年智能手机价格最便宜国家)30 余美元,更是远低于土耳其(2014 年智能手机价格最贵国家)364 美元。低廉的价格使智能设备得以走入印度寻常百姓家,大量的用户基础推动了印度的移动互联网发展,使得移动互联网迅速渗透入普通消费者的生活中,据印度网络及移动通信协会(IAMAI)的数据显示,从 2008 年开始印度互联网用户规模呈加速增长趋势,2015 年的增速达 40%,印度互联网用户量在 2015 年已达到 2.7 亿人(见图 1-4),网民规模超越美国(2.5 亿人),仅次于中国(6.8 亿人),成为世界第二大互联网市场。

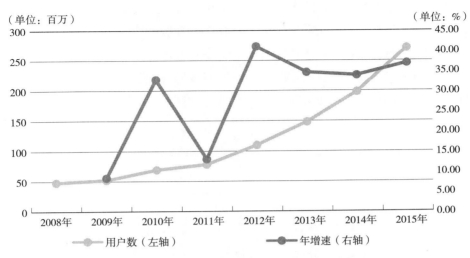

图1-4　2008—2015年印度互联网用户数和年增速

资料来源:IAMAI.《Annual Report,2015》。

(二)全球互联网迈入图像时代

图像是客观对象的一种相似性的、生动性的描述或写真,是人类社会活动中最常用的信息载体。换言之,图像就是所有具有视觉效果的画面,它包括纸介质上的、底片或照片上的、电视、投影仪或计算机屏幕上的。图像根据图像记录方式的不同可分为两大类:模拟图像和数字图像。模拟图像可以通过某种物理量(如光、电等)的强弱变化来记录图像亮度信息,例如模拟电视图像;而数字图像则是用计算机存储的数据来记录图像上各点的亮度信息。

随着技术的进步特别是互联网接入终端的进步,图像取代了文字成为全球互联网传播的主要内容,也成为网民日常浏览、复制、传播的主要内容。图像相对于传统的传播内容而言,没有语言文字障碍,传播速度更加快捷,传播形式更加便利,传播效果更加明显,更加贴近后现代工业化社会的实际需要。因此,围绕互联网图像展开的信息生产、传播、消费成为当前全球互联网的主要业态内容。

1. 视频消费成为互联网用户消费的主要组成部分

随着互联网的飞速发展,互联网用户观看传统电视节目的时间呈现逐年下降的趋势。相比之下,互联网视频内容更能够满足越来越多的用户希望根据自己的时间安排观看感兴趣的视频内容的习惯。

随着移动互联网的发展,视频内容的选择更加丰富,消费形式更加便捷,以移动终端为平台,以手机应用为接入点的视频消费成为主要消费领域。从总体形势上来看,通过购买观看视频的商业模式已经被广大互联网用户接受,客户黏性大大增强。如图1-5所示,近年来用户在视频消费上的增长幅度非常明显,2015年全球两大手机社交应用用户每日浏览视频数达8次左右。以每个视频长度为5分钟去估算,用户每天的注意力有40分钟放在这些视频内容,有着明显的"注意力经济"增长空间。以视频内容及其扩展的消费市场非常巨大,全球各大互联网巨头纷纷涉足,力图抢占先机。

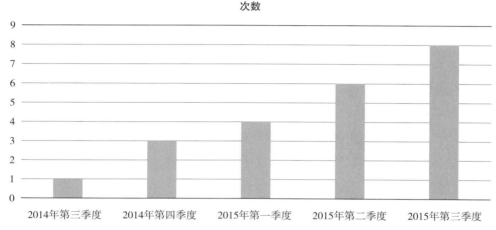

次数

图1-5　全球两大著名手机社交应用用户每日平均视频浏览次数对比

资料来源:Facebook官网,Snapchat官网,其中FacebookQ2:15的数据是根据KPCB的估计。

从实际情况来看,全球几大视频网站已经将更多的资源向电影、动漫等方面倾斜,这两类视频节目更受网民欢迎;在推送方式上利用大数据技术实现精确推送,提高了用户满意度;在推送技术上广泛应用最新技术,例如利用广告植入技术,即使是已完成的视频作品,商家也可通过该技术将其商品作为视频内容中新元素植入到其中,情景融入度已经达到类似于前期拍摄植入的效果。与此同步的是大量的互联网社交应用软件借助视频消费实现客户营销,达到扩大受众规模、增加客户黏性的目的。

2. 流媒体直播的兴起

流媒体就是指在互联网使用流式传输技术的连续时基媒体。由于采用了"流式传输"技术,文件像水流那样具有流动性,信息不是一次读取发送所有的数据,而是首先在线路中发送音频或视频剪辑的第一部分。在第一部分开始播放的同时,数据的其余部分源源不断地流出,及时到达目的地供播放使用。这种技术充分保证了信息传递的连续性,具有较强的信息交互价值。

流媒体直播指的是利用流式传输技术进行的网上现场直播,在现场架设独立的信号采集设备(音频+视频)导入导播端(导播设备或平台),再通过网络上传至服务器,发布至网址供人观看(如图1-6所示)。流媒体直播可以进行独立可控的音视频采集,完全不同于转播电视信号的单一(况且观看效果不如电视观看的流畅)收看。可以为政务公开会议、群众听证会、法庭庭审直播、公务员考试培训、产品发布会、企业年会、行业年会、展会直播等电视媒体难以直播的应用进行流媒体直播。流媒体直播可以充分利用互联网的直观、快速,表现形式好、内容丰富、交互性强、地域不受限制等特点,加强活动现场的推广效果。现场直播完成后,还可以随时为观众提供重播、点播,有效延长了直播的时间和空间,发挥直播内容的最大价值。

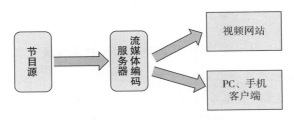

图1-6　流媒体直播示意图

资料来源:https://en.wikipedia.org/wiki/Streaming_media。

2015年是全球流媒体直播兴起之年。在美国,根据美国唱片业协会(Recording Industry Association of America,RIAA)的统计数据,2015年美国流媒体音乐直播销售额达到24.07亿美元,占美国音乐产业销售额总份额的34.3%,超过了1/3的份额。流媒体音乐直播在美国增长势头十分迅速,2010年,流媒体音乐直播收入还只占市场总份额的7%,但在后来的5年中保持高速增长,年增速达13%。在中国,2015年中国流媒体直播平台数量接近200家,其中网络直播的市场规模约为90亿元,网络直播平台用户数量已经达到2亿人,大型直播平台每日高峰时段同时在线人数接近400万,同时进行直播的房间数量超过3000个。由于在线直播的门槛非常低,只需一台电脑和一个账号即可进行直播,手机更是让随时随地直播如同家常便饭,秀场、演艺、户外、电竞、教育、明星等各类主播形态兴起,IP、粉丝、流量等让企业家和资本家兴奋不已,纷纷试水在线直播,行业发展驶入快车道。流媒体直播的快速发展吸引了资本涌入,从YY、斗鱼,到花椒直播、熊猫TV,再到百度、阿里巴巴、小米的纷纷入局(见表1-1)。

表1-1　2015年中国网络直播平台部分融资情况

时间	融资平台	融资金额	投资方
3月	六间房	26亿人民币被收购	宋城演艺
5月	果酱直播	数百万元天使投资	不详

续表

时间	融资平台	融资金额	投资方
10 月	ImbaTV	B 轮投资 1 亿元人民币	紫金文化基金
11 月	微吼	B 轮投资 2 亿元人民币	不详
11 月	映客	A 轮投资千万级别	赛富基金
11 月	龙珠直播	B 轮投资 1 亿元人民币	游久游戏、腾讯等
11 月	欢拓科技	A 轮投资千万级别	赛富基金等
12 月	火猫 TV	A 轮投资千万级别	合一集团

资料来源:艾媒报告《2016 中国在线直播行业专题研究》。

印度互联网市场发展迅速,2015 年印度流媒体直播发展速度也不容小觑。2015 年 7 月 8 日,印度流媒体音乐直播公司 Saavn 完成 1 亿美金 C 轮融资,拥有的用户数达到 1400 万,成为印度最为重要的流媒体直播平台。Saavn 以印度互联网用户为主要服务对象,在 2015 年的业绩表现优良,月流媒体播放次数接近 2 亿。

3. 社交应用的图片分享转向

2015 年全球主要社交应用都经历了图片分享转向这一进程。Pinterest、Snapchat、Instagram 等图片社交平台受到用户热捧,目前市场估值也明显高于其他"文本"社交网络。图片分享成为最受用户欢迎的社交功能,也称为几大社交应用平台的重点服务领域。图片分享已经代替文字,成为互联网社交信息的主要载体。根据相关机构的统计,2015 年全球几大社交应用平台图片共享数量达 33 亿多张,年增幅在 34% 左右。造成这种现象的主要原因是,信息化时代互联网用户的时间碎片化。互联网用户每天必须并行处理大量事务性工作,生活方式特别是社交方式也呈现出碎片化样式。由于图片包含的信息量大,接收效率高,传播效果好,自然而然取代了文字成为社交平台的主要媒介形式。图片辅之以少量的文字或者音频就能起到很好的社交作用。因此,全球各大社交应用平台的图片分享数量大大增加,图片分享成为互联网社交信息的主要载体。

以图片分享为主要内容的社交平台也迅速崛起。Pinterest 就是一个典型的例子,这款应用采用的是瀑布流的形式展现图片内容,无须用户翻页,新的图片不断自动加载在页面底端,让用户不断地发现新的图片。Pinterest 突破了传统社交平台文字优先的模式,被称为图片版的 Twitter。用户可以将感兴趣的图片在 Pinterest 保存,其他用户可以关注,也可以转发图片。由于这种应用的创新性,很多公司在 Pinterest 建立了主页,用图片营销旗下的产品和服务。2015 年,该平台应用已经成为第四大热门社交平台应用。Pinterest 还不断扩展自己的服务模式,在前端上利用大数据技术让用户和组织发现自己喜欢的图片,通过图片扩展自己的交际圈;在后端创建了与

（单位：百万）

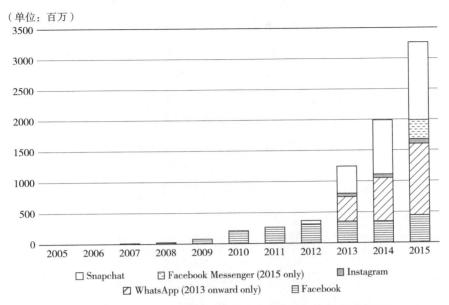

图 1-7　2005—2015 年全球主要社交应用平台的图片共享数量

资料来源：Snapchat，Company disclosed information，KPCB estimates。

其他在线购物商家的链接和扩展内容，充分延伸了产业链。除此之外，Pinterest 简化了信息处理过程，该应用可以让用户有效地剪辑和收藏自己感兴趣的内容，让繁杂的信息处理过程变得简单。

（三）探索互联网下一代终端

随着互联网的不断发展，互联网终端也在不断演进。从最初的 Arpanet 中的大型机，发展到拨号上网时代的中型机，随着宽带的普及，PC 成为互联网终端主力。发展至今，智能手机、平板电脑等移动终端代替了 PC 成为移动互联网时代的主要终端。通过简单的历史回顾我们可以发现，互联网的演进带来终端的变化，而终端的演变和应用会对互联网行业产生重大影响，更会带来整个社会层面的创新与革新。2015 年，全球互联网业界正在积极探索互联网的下一代终端，并进行前期布局，力图抢占先发优势。

虚拟现实（Virtual Reality，VR）是未来互联网终端的可能形式之一，主要原因就是 VR 可以带给用户具有创新性与革命性的人机交互方式，给用户带来极其震撼的感官感受和应用体验。VR 利用电脑模拟产生一个三维空间的虚拟世界，向用户提供关于视觉等感官的模拟，让用户仿佛身临其境，可以即时、没有限制地观察三维空间内的事物。用户进行位置移动时，电脑可以立即进行复杂的运算，将精确的三维世

11

界视频传回产生临场感。该技术集成了计算机图形、计算机仿真、人工智能、感应、显示及网络并行处理等技术的最新发展成果,是一种由计算机技术辅助生成的高技术模拟系统。从技术的角度来说,虚拟现实系统具有下面三个基本特征:即三个"I":Immersion、Interaction、Imagination(沉浸—交互—构想),它强调了在虚拟系统中的人的主导作用。从过去人只能从计算机系统的外部去观测处理的结果,到人能够沉浸到计算机系统所创建的环境中,从过去人只能通过键盘、鼠标与计算环境中的单维数字信息发生作用,到人能够用多种传感器与多维信息的环境发生交互作用;从过去的人只能以定量计算为主的结果中启发从而加深对事物的认识,到人有可能从定性和定量综合集成的环境中得到感知和理性的认识从而深化概念和萌发新意。

2015 年 VR 技术逐步走向城市,市场应用进入井喷期,世界著名互联网公司和企业如微软、索尼、谷歌以及中国 BAT 等巨头纷纷入局。2014 年,Facebook 斥资 20 亿美元收购沉浸式虚拟现实技术公司 Oculus VR,这掀起了市场的高度关注。2015 年,主要的电子城和互联网公司都尽力地推动 VR 技术从行业应用进入消费者市场,加速 VR 应用落地。Oculus Rift、三星 Gear VR、HTC Vive、索尼 PlayStation VR、微软的 HoloLens 都是其中的代表者。在国内,2015 年 9 月,暴风影音公司搭建了 VR 业务群。2015 年 12 月 4 日,百度视频宣布进军虚拟现实,隆重上线 VR 频道,成为国内 VR 内容聚合平台的先驱。2015 年 12 月 21 日,腾讯正式公布 Tencent VR SDK 以及开发者支持计划,Tencent VR 团队也首次公开亮相。2015 年 12 月 23 日,乐视也在京发布了 VR 战略,并发布了其首款终端硬件产品——手机式 VR 头盔 LeVR COOL1,售价仅为 149 元。据分析机构 Manatt Digital Media 预测,全球虚拟现实市场规模将在 5 年内,即 2020 年达到 1500 亿美元。

互联网汽车也是全球互联网终端探索的重要目标之一。互联网汽车是互联网与汽车的全面结合,互联网的智能性与信息交换性为汽车提供了第二个引擎,使得汽车可以同时跑在公路和互联网上。互联网汽车是全新的汽车品类,互联网汽车产生与发展的条件是互联网成为基础设施、智能操作系统从底层融入整车、数据可进行云端交互,成为车的重要驱动力。2015 年,全球互联网行业投入大量人力物力财力,进行互联网汽车的开发与研究,其中智能汽车和无人驾驶汽车是两大着力点。

智能汽车指的是互联网公司主要负责提供智能车载系统,并利用联网技术,使得汽车可以与手机、平板电脑等移动终端设备远程连接,实现司机对汽车更加便捷、智能化的控制,如通过智能手机来控制汽车,用语音来给汽车下达指令。有多家互联网公司陆续布局汽车产业:2015 年 2 月 3 日,易到用车、奇瑞汽车和博泰集团共同出资成立新公司,共同打造互联网智能汽车共享计划;2015 年 3 月 12 日,阿里巴巴与上汽设立总额约 10 亿元的互联网汽车基金;2015 年 11 月,Synaptics 公司宣布,将凭借全面和专用的汽车解决方案组合,广泛开拓汽车市场。Synaptics 拥有业界领先的触摸控制器、显示驱动器、生物识别传感器,这些都将迎合汽车行业的需求,并将遍布于汽车的许多地方。

无人驾驶汽车是智能汽车更高级的演进,它利用车载传感器来感知车辆周围环境,并根据感知所获得的道路、车辆位置和障碍物信息,控制车辆的转向和速度,从而使车辆能够安全、可靠地在道路上行驶。在这方面,谷歌公司具有领先地位。该公司开发的 Google Driverless Car 是全球无人驾驶汽车的标杆。该款汽车由谷歌公司的 Google X 实验室研发,它不需要驾驶者就能启动、行驶以及停止。汽车依靠车顶上的扫描器发射 64 束激光射线作为传感器,利用激光测距来判断周围物体情况。在汽车底部的惯性导航设备测量出车辆在三个方向上的加速度、角速度等数据,然后再结合 GPS 数据计算出车辆的位置,所有这些数据与车载摄像机捕获的图像一起输入计算机,软件以极高的速度处理这些数据。这样,汽车就可以非常迅速地作出判断。2015 年 11 月底,根据谷歌提交给美国机动车辆管理局的报告,谷歌的无人驾驶汽车在自动模式下已经行驶了 130 多万英里。

可穿戴设备(Wearable device)也是下一代互联网终端的主要探索目标。可穿戴设备即直接穿在身上,或是整合到用户的衣服或配件的一种便携式设备。可穿戴设备的终端优势体现在通过软件支持以及数据交互、云端交互来实现强大的功能,对消费者的生活、感知带来很大的转变。因此,很多业界人士认为可穿戴设备具备下一代互联网终端的条件,可以实现数据与服务的高度融合,是下一代互联网的重要接口。

可穿戴设备多以具备部分计算功能、可连接手机及各类终端的便携式配件形式存在,主流的产品形态包括以手腕为支撑的 watch 类(包括手表和腕带等产品),以脚为支撑的 shoes 类(包括鞋、袜子或者将来的其他腿上佩戴产品),以头部为支撑的 Glass 类(包括眼镜、头盔、头带等),以及智能服装、书包、拐杖、配饰等各类非主流产品形态(如图 1-8 所示)。

2015 年全球互联网行业继续保持对可穿戴设备的研制开发力度,一系列创新产品问世。2015 年 3 月,美国苹果公司在旧金山 Moscone Center 召开年度春季新品发布会,正式发布了 Apple Watch,分为 Apple Watch、Apple Watch Sport 和 Apple Watch Edition 三个系列。该款手表是 2015 年可穿戴设备的重要产品,该产品支持电话、语音回短信,连接汽车,天气、航班信息,地图导航,播放音乐,测量心跳、计步等几十种功能,是一款全方位的健康和运动追踪设备。2015 年 4 月,沃尔沃联合 POC 及爱立信研发了一款自行车头盔,其特别之处是有能力拯救骑行者的生命。这款外形时尚的头盔可提醒佩戴者周围汽车的存在,与此同时,汽车司机也会通过提醒获知与骑行

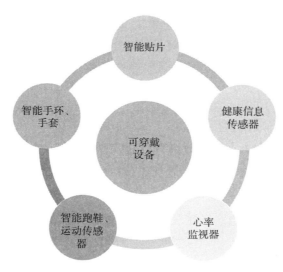

图 1-8　可穿戴设备的主要形式

资料来源:酷锋专题报告《可穿戴设备健康医疗产业深度解读》。

者的距离。在使用头盔时,用户需要开启配套的手机应用,以便让头盔所收集到的数据通过云端与汽车司机进行共享。值得注意的是,可穿戴医疗设备是一个高速发展的市场。近年来,众多海外巨头均加快了在智能可穿戴医疗以及健康医疗数据平台的布局。苹果推出了可穿戴设备 Apple Watch 和健康数据平台 HealthKit,谷歌推出了 GoogleFit 等,用户基于相关硬件获取体能生理数据,并通过数据平台进行分析。智能可穿戴设备通过大数据、云计算、物联网等技术应用,实时采集大量用户健康数据信息和行为习惯,已然成为未来智慧医疗获取信息的重要入口。

由于互联网技术呈现加速度发展态势,各种不确定因素依然存在,下一代互联网终端的前景显得更加扑朔迷离。全球各大互联网巨头已经从互联网的发展历史中总结经验,充分认识到互联网终端的市场意义和技术价值,不遗余力地探索下一代终端,进行战略布局,目的就是为了抢占互联网接入口,形成自己的核心竞争力。

（四）中国在全球互联网中的地位凸显

与 2015 年全球互联网增速放缓形成显著对比的是,中国互联网在这一年内地位进一步凸显,已经成为全球互联网第一方阵中的一员。根据相关数据显示,2015 年全球互联网前 20 强企业中有 7 家来自中国,分别是腾讯、阿里巴巴、百度、蚂蚁金融、小米、京东和滴滴快的,见表 1-2。中国电子商务企业的优势地位非常明显,各种互联网创新实验在中国全面展开,互联网金融和互联网共享经济发展水平位于世界前列。总体来看,中国在世界互联网发展格局中仅次于美国。

表 1-2 2015 年全球互联网企业前 20 强 （单位：十亿美元）

排序	公司	国家	市场价值
1	苹果集团	美国	547
2	谷歌	美国	510
3	亚马逊	美国	341
4	Facebook	美国	340
5	腾讯	中国	206
6	阿里巴巴	中国	205
7	Priceline	美国	63
8	Uber	美国	63
9	百度	中国	62
10	蚂蚁金融	中国	60
11	Saleforce	美国	57
12	小米	中国	46
13	Paypal	美国	46
14	Netflix	美国	44
15	Yahoo	美国	36
16	京东	中国	34
17	eBay	美国	28
18	Airbnb	美国	26
19	日本雅虎	日本	26
20	滴滴快的	中国	25

资料来源：CapIQ，CB Insights，Wall Street Journal，media reports。

　　2010 年，中国互联网经济只占全国 GDP 的 3.3%，落后于大多数发达国家，2015年，已上升至 8.4%，高于美国、法国、德国的比例①。中国互联网的现实普及与应用水平也处在较为领先的水平。以移动支付为例，中国已经成为全球移动支付总量最大的国家，移动支付的基础建设水平和市场接受程度也位于世界前茅。如图 1-9 所示，2015 年中国消费者平均每月使用 50 多次微信支付和 10 多次支付宝支付。而美国消费者更习惯于传统的贷记卡和信用卡消费。

　　中国互联网地位的另一个体现是世界互联网大会（World Internet Conference）。这个会议是由我国倡导并举办的世界性互联网盛会，旨在搭建中国与世界互联互通的国际平台和国际互联网共享共治的中国平台，让各国在争议中求共识、在共识中谋

---

　　① 中国互联网信息中心（CNNIC），《第 37 次中国互联网络发展状况统计报告》，http://www.cnnic.cn/hlwfzyj/hlwxzbg/201601/P020160122469130059846.pdf 2016 年 6 月 23 日浏览。

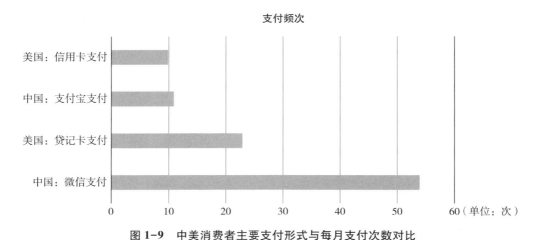

图 1-9　中美消费者主要支付形式与每月支付次数对比

资料来源：KPCB，《Internet Trends 2016》。

合作、在合作中创共赢。第一届世界互联网大会于 2014 年 11 月 19 日至 11 月 21 日在浙江嘉兴乌镇举办，第二届世界互联网大会于 2015 年 12 月 16 日至 18 日继续在乌镇举行。此次大会的主题是"互联互通、共享共治，共建网络空间命运共同体"。此次大会在全球邀请了 1200 位来自政府、国际组织、企业、科技社群和民间团体的互联网领军人物，围绕全球互联网治理、网络安全、互联网与可持续发展、互联网知识产权保护、技术创新以及互联网哲学等诸多议题进行探讨交流。

中共中央总书记、中国国家主席习近平出席大会，并发表主旨演讲。习总书记在讲话中强调互联网是人类的共同家园，各国应该共同构建网络空间命运共同体，推动网络空间互联互通、共享共治，为开创人类发展更加美好的未来助力。习总书记提出了推进全球互联网治理体系变革的四项原则：一是尊重网络主权。《联合国宪章》确立的主权平等原则是当代国际关系的基本准则，覆盖国与国交往各个领域，其原则和精神也应该适用于网络空间。二是维护和平安全，安全稳定繁荣的网络空间，对世界都具有重大意义。三是促进开放合作，"天下兼相爱则治，交相恶则乱"。必须坚持同舟共济、互信互利的理念，摒弃零和博弈、赢者通吃的旧观念。四是构建良好秩序，网络空间既要提倡自由，也要保持秩序。针对未来全球互联网的发展，习总书记提出五点主张：加快全球网络基础设施建设，促进互联互通；打造网上文化交流共享平台，促进交流互鉴；推动网络经济创新发展，促进共同繁荣；保障网络安全，促进有序发展；构建互联网治理体系，促进公平正义。

世界互联网大会虽然举办历史并不悠久，但由于中国互联网在全球互联网格局中的重要地位，为期仅三天的大会已成为全球互联网的重要展示平台。来自世界各地的首脑政要、企业领袖、专家学者以及各界精英代表，围绕大会主题畅所欲言、集思广益,共商互联网发展大计,达成多项共识,取得丰硕成果。会议再次表明,世界互联网大会已成为各方加强交流对话,促进国际网络空间互联互通、共享共治,推动全球互联网更好发展的重要平台、桥梁和纽带,在世界互联网发展史上必将印下"乌镇时间"和"中国方略"。

三、2015 年中国互联网发展趋势

2015 年中国互联网继续保持稳步发展态势,互联网行业的各个方面都取得了显著进展。中国互联网已经成为我国基础设施建设、经济转型、社会发展、技术进步、国际交流乃至国家治理中不可或缺的重要内容。从整体上来看,2015 年中国互联网发展呈现出以下几个方面的发展趋势。

(一)"互联网+"的配套政策体系形成

2012 年 11 月 14 日,易观国际集团董事长兼于扬在 2012 易观第五届移动博览会上发表"互联网+"为题的演讲,首次提出了"互联网+"理念。这标志着业界人士已经清晰地意识到互联网对于今后中国经济社会发展的引领作用。"互联网+"的理念提出后,社会各界对此展开了大量的讨论,普遍认识到"互联网+"的重要意义:互联网已不再单单是一个信息沟通的网络,而是演进成为社会经济发展的重要驱动力。

政府审时度势,抓住中国互联网的战略机遇期,将"互联网+"上升为国家战略。2015 年 3 月 5 日,李克强总理在第十二届全国人民代表大会第三次会议上做 2015 年政府工作报告中明确指出:"制定互联网+行动计划,推动移动互联网、云计算、大数据、物联网等与现代制造业结合,促进电子商务、工业互联网和互联网金融健康发展,引导互联网企业拓展国际市场。国家设立 400 亿元新兴产业创业投资引导基金,要整合筹措更多资金,为产业创新加油助力。"[①]

"互联网+"写入政府工作报告,成为我国国家层面的重大举措,对于加快体制机制改革、实施创新驱动战略,打造大众创业、万众创新和增加公共产品、公共服务"双引擎"具有重要意义。"互联网+"行动计划的提出,标志着我国对互联网发展的认识进入崭新时代,是我国顺应时代发展潮流的直接反映,是主动适应和引领新常态的鲜明体现。互联网的广泛运用成为经济发展的"新引擎",有利于推动行业跨界合作,

---

① 李克强:《政府工作报告——2015 年 3 月 5 日在十二届全国人民代表大会第三次会议上》,人民出版社 2015 年版,第 37 页。

对原有行业进行升级换代,激发更大的创业创新活力,从而释放新的增长点,助推经济转型提质增效。不仅如此,"互联网+"对政府职能转变有着重要的推动作用。互联网技术的扁平化特点,有助于政府简政放权、创新服务平台、提高工作效率、促进社会公平。"互联网+"写入政府工作报告,意味着网络技术运用第一次纳入国家经济社会发展的顶层设计,不仅有利于整个互联网行业的发展,而且将对社会、经济、文化、环境、资源和基础设施等领域产生重要作用,成为打造我国发展"升级版"、引领创新驱动发展新常态的强动力。

随后,与"互联网+"密切相关的配套政策与推进措施相继出台,配套政策内容翔实,推进措施任务清晰,分工合理、可落地性强。这些政策为"互联网+"行动计划的实施铺平了制度基础。

表 1-3　"互联网+"相关配套政策与推进措施

政策与措施	制定时间	制定主体	主要内容
《关于加快高速宽带网络建设推进网络提速降费的指导意见》	2015 年 5 月	国务院	加快基础设施建设,大幅提高网络速率。到 2015 年年底,全国设区市城区和部分有条件的非设区市城区 80% 以上家庭具备 100Mbps(兆比特每秒)光纤接入能力,50% 以上设区市城区实现全光纤网络覆盖。通过竞争促进宽带服务质量的提升和资费水平的进一步下降,依托宽带网络基础设施深入推进实施"信息惠民"工程
提速降费措施	2015 年 5 月	三大电信运营商(联通、移动、电信)	变革资费结构,促进流量消费;改进套餐模式、降低流量收费标准;促进流量转赠、不清零等服务模式。拓宽骨干传送网,扩容国际互联网出口带宽等
《国务院关于积极推进"互联网+"行动的指导意见》	2015 年 7 月	国务院	坚持开放共享、融合创新、变革转型、引领跨越、安全有序的基本原则,充分发挥我国互联网的规模优势和应用优势,坚持改革创新和市场需求导向,大力拓展互联网与经济社会各领域融合的广度和深度。到 2018 年,互联网与经济社会各领域的融合发展进一步深化,基于互联网的新业态成为新的经济增长动力,互联网支撑大众创业、万众创新的作用进一步增强,互联网成为提供公共服务的重要手段,网络经济与实体经济协同互动的发展格局基本形成。到 2025 年,"互联网+"新经济形态初步形成,"互联网+"成为我国经济社会创新发展的重要驱动力量
《中共中央关于制定国民经济和社会发展第十三个五年规划的建议》	2015 年 10 月	党的十八届五中全会	拓展网络经济空间。实施"互联网+"行动计划,发展物联网技术和应用,发展分享经济,促进互联网和经济社会融合发展。实施国家大数据战略,推进数据资源开放共享。完善电信普遍服务机制,开展网络提速降费行动,超前布局下一代互联网。推进产业组织、商业模式、供应链、物流链创新,支持基于互联网的各类创新

续表

政策与措施	制定时间	制定主体	主要内容
《工业和信息化部关于贯彻落实〈国务院关于积极推进"互联网+"行动的指导意见〉的行动计划（2015—2018年)》	2015年11月	工业与信息化部	到2018年,互联网与制造业融合进一步深化,制造业数字化、网络化、智能化水平显著提高。两化融合管理体系成为引领企业管理组织变革、培育新型能力的重要途径;新一代信息技术与制造技术融合步伐进一步加快,工业产品和成套装备智能化水平显著提升;跨界融合的新模式、新业态成为经济增长的新动力,培育一批互联网与制造业融合示范企业;信息物理系统(CPS)初步成为支撑智能制造发展的关键基础设施,形成一批可推广的行业系统解决方案;小微企业信息化水平明显提高,互联网成为大众创业、万众创新的重要支撑平台;基本建成宽带、融合、泛在、安全的下一代国家信息基础设施;初步形成自主可控的新一代信息技术产业体系

资料来源:自行整理。

2015年"互联网+"一系列的配套政策和推进措施的制定与落地,有力地保障了行动计划的展开,为战略实施提供了制度支撑,有效地促进我国信息化与农业、工业、服务业全面对接、融合发展,推动了分享经济蓬勃发展,助推了传统产业提升发展质量和效益,加快了经济转型升级。在2015年"互联网+"行动计划落实进程中,社会各界普遍意识到"互联网+"不仅仅是技术变革,更是一场思维变革。"+"并不是简单的两者相加,而是利用信息通信技术以及互联网平台,让互联网与传统行业进行深度跨界融合,催生新的发展动力,创造新的发展生态。

（二）移动互联网金融发展元年

如果说2013年是中国互联网金融发展的元年,2015年则是中国移动互联网金融的元年。经过两年的发展,中国互联网金融演进分化出一种新的业界形态——移动互联网金融。移动互联网金融是传统金融行业与移动互联网相结合的新兴领域。与传统金融服务业所采用的媒介不同,移动互联网金融采用以智能手机、平板电脑和无线POS机为代表的各类移动设备,通过上述移动设备,使得传统金融业务具备透明度更强、参与度更高、协作性更好、中间成本更低、操作上更便捷等一系列特征。

2015年,中国移动互联网金融快速发展的重要表征就是移动支付的普及。根据CNNIC数据显示,截至2015年12月,我国使用网上支付的用户规模达到4.16亿,较2014年年底增加1.12亿,增长率达到36.8%。与2014年12月相比,我国网民使用网上支付的比例从46.9%提升至60.5%。值得注意的是,2015年手机网上支付增长尤为迅速,用户规模达到3.58亿,增长率为64.5%,网民手机网上支付的使用比例由

39.0%提升至57.7%(如图1-10所示)。在各大一线城市,居民日常生活消费基本上可以完全实现"无纸币化"。移动支付用途不仅仅体现在商品的购买方面,还体现在移动商务应用方面,移动支付可以实现供需双方直接交易,并且交易成本较低。例如股票、期货、黄金交易、中小企业融资、民间借贷和个人投资渠道等在信息匹配的情况下,各种金融产品能随时随地交易,极大地提高了效率。

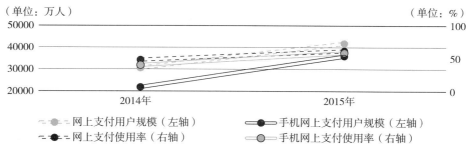

图1-10 2014—2015年网上支付/手机网上支付用户规模和使用率

资料来源:CNNIC《第37次中国互联网络发展情况统计报告》。

与此同时,电商与企业大力拓展线上线下渠道,丰富移动支付场景,发挥移动支付"电子钱包"功能。实施移动支付的企业运用对商户和消费者双向补贴的营销策略推动线下商户开通、推进、推广移动支付服务。还有些企业开通外币支付业务,拓展海外消费的移动支付市场。另一方面,移动支付与个人征信联动构建信用消费体系。2015年年初,芝麻信用、腾讯征信、拉卡拉信用等在内的8家机构获得央行的个人征信业务牌照。在逐步建立的信用体系下,不良信用行为会被记录在案,并通过网上支付限制其消费行为,迫使用户重视个人信用的维系,从而规范和完善了网上信用消费的移动支付环境。传统金融机构也在利用自身优势积极布局移动互联网金融。自2014年7月招商银行宣布推出首家微信银行以来,各大银行迅速跟进,各大主要商业银行和股份制银行相继开通微信银行。通过微信平台,银行向广大用户提供信息查询服务,如信用卡账单、积分及优惠信息查询,借记卡余额查询,网点信息查询等;同时也可以办理部分标准化业务,如账单分期、转账支付、网点预约、生活缴费等;一些银行还提供业务办理渠道,如申请信用卡、申请贷款、购买理财产品等。

另一个显著表征就是移动互联网金融产品不断创新,满足了移动互联网时代金融服务需求。移动互联网与传统金融行业渗透正在加快,各种新业务、新服务不断推出,成为移动互联网金融发展的一大亮点。随着3G、4G网络的不断完善、智能终端不断普及以及移动互联网与金融业融合步伐的加快,在产业链的共同努力下,金融服务的内容和方式不断创新,各种移动互联网金融产品,特别是个人理财产品层出不穷,表现出旺盛的生命力。传统金融机构、以 BAT 为代表的互联网公司以及电信运营商积极布局移动互联网金融,加大移动互联网金融创新力度,新产品、新应用不断涌现,很好地满足了广大用户的金融服务需求。如今,通过移动互联网,支付、缴费、网购、微信支付、送红包、理财都可以在手机上完成了,移动互联网金融呈现繁荣发展的局面。

需要注意到,随着移动互联网金融给网民的工作生活带来便利的同时,也蕴藏着诸多风险和挑战。2015 年内频发的手机诈骗、电信诈骗案件就与移动互联网密切相关。根据公安部的统计,2015 年全国公安机关共立电信诈骗案件 59 万起,同比上升32.5%,共造成经济损失 222 亿元。① 其中有相当一部分诈骗行为通过移动互联网金融工具(如支付宝、微信钱包等)完成,移动支付领域成为电信诈骗的重灾区。在网络信息安全方面,由于互联网金融是处于一个开放的网络世界,存在诸如密钥管理以及加密技术不完善、相关协议不安全、黑客攻击等信息安全隐患,这些隐患都可能导致用户信息数据泄露或损坏,对用户的信息安全和财产安全都构成了严重威胁。移动互联网金融产品与金融工具所蕴含的技术风险依然较大,这给金融消费者造成了较大的财产损失。加强风险防控,切实保护金融消费者的合法权益。互联网金融身处开放的信息网络环境,加强网络信息监管以及 APP 加密措施是刻不容缓的选择。因此,面对移动互联网金融发展取得成绩的同时,也应该充分认识其所面临的主要风险,强化监管,防范风险,促进我国互联网金融行业的良性健康发展。

从 2015 年的发展形势来看,随着智能手机以及移动支付技术的不断完善,互联网金融的市场重心逐步转向移动端。今后几年,移动互联网金融将会是一个非常巨大的蓝海市场,也将是金融发展的下一个风口。不管是互联网金融平台自身,还是银行金融,最终都将走向移动端。移动互联网金融突破了 PC 互联网在时间和空间上的局限性,使人们能够随时随地享受优质的金融服务,移动互联网金融加速起航的时代已经到来。未来移动互联网金融将呈现开放化、移动化、社交化、平台化、产业化的发展趋势。

(三) 强强联合以求提升市场地位

中国互联网市场 2015 年的竞争主题与 2014 年的市场竞争主题有着很大的区别。2014 年的市场竞争主题是强强竞争,典型例子就是滴滴与快的两者之间烧钱大

---

① http://news.scol.com.cn/gdxw/201610/55702077.html,《2015 年全国电信诈骗立案 59 万起》,2016 年 8 月 10 日浏览。

战(具体内容参见《首都互联网发展报告 2015》中《2015 北京互联网发展形势报告》)。2015 年的市场竞争主题则是强强联合,互联网市场中具有市场地位的企业选择合并和收购,以合并或收购来扩大自己的规模、扩展业务范围、提升自身的市场竞争力,积极应对市场环境的变化,从而实现自身的生存和更好的发展。最为典型的例子就是 O2O 领域 2015 年发生的五大合并事件(见表 1-4)。

表 1-4　2015 年中国 O2O 领域五大合并案例

合并和收购事例	时间	主要内容	市场影响
滴滴打车和快的打车合并	2015 年 2 月	采用完全换股的方式合并成一家公司,成立的新公司由原滴滴打车 CEO 程维和快的打车 CEO 吕传伟出任联合 CEO。双方将会维持现有人员构架,业务继续平行发展	在出租车打车领域滴滴和快的形成垄断局面;在专车领域形成滴滴和快的、易到用车、Uber 和百度,三家竞争的局面,形成一家市场规模达几十亿美金的公司,未来规模还可能进一步扩大
58 同城和赶集网合并	2015 年 4 月	58 同城将获得赶集网 43.2% 的股份,58 同城和赶集网两家公司将保持双方品牌独立性,网站及团队均继续保持独立发展与运营	减少营销成本,合并后向汽车、房产和生活服务领域的深度布局,最大限度地避免不必要的资源损耗;扩大平台优势,合并后拥有国内绝大部分的蓝领招聘和二手车流量,房产和生活服务频道的流量也将成为行业绝对的领军;资源优势互补,赶集在招聘和汽车方面的优势,与 58 在房产和生活服务领域的优势相结合
携程网和去哪儿网合并	2015 年 10 月	合并以与百度达成股权置换交易的方式进行。百度拥有的携程普通股可代表约 25% 的携程总投票权,并成为携程的最大股东,而携程将拥有约 45% 的去哪儿网总投票权	作为国内前两大在线旅游服务提供商,通过百度实现合并,有效降低了双方因竞争产生的资源消耗,同时也将极大提升双方对产业链上下游的议价能力,而这将有助于在中国建立更为健康的旅游生态系统。对于百度来说,它将利用此契机,切入中国在线旅游市场,获得市场的主导地位
美团网和大众点评网合并	2015 年 10 月	大众点评网与美团网实施战略合作,共同成立新公司"新美大"。"新美大"将实施联席 CEO 制度,美团 CEO 王兴和大众点评 CEO 张涛同时担任联席 CEO 和联席董事长,两家公司将保留各自品牌和业务独立运营,包括以团购和闪惠为主体的高频到店业务	合并后的新美大公司占据 80% 的市场份额,估值超过 150 亿美元;新美大将快速进入新市场。在合并前美团已经在布局和餐饮有关联的新业务,一个几万亿的新市场。合并后,美团将可以迅速抽出精力全力拓展新业务

续表

合并和收购事例	时间	主要内容	市场影响
世纪佳缘网和百合网合并	2015年12月	世纪佳缘与LoveWorld Inc.（母公司）和Future World Inc.(合并子公司)达成并购协议。在收购完成后，Future World Inc将并入世纪佳缘，世纪佳缘将继续作为存续公司，以及母公司的全资子公司	合并后充分结合双方的优势，发挥世纪佳缘网在移动端的拓展和O2O的布局，发挥百合网线上的积累和增值服务拓展，成为我国婚姻生活服务的绝对龙头，在今后的发展中朝着共同打造全球最大婚姻生活服务的生态体系目标前进

资料来源：笔者自行整理。

造成这种强强联合局面主要有以下几个方面原因：

第一，充分应对市场环境的变化。随着中国经济进入新常态，经济发展方式深度调整，整体经济增速放缓。投资市场也面临着各种现实压力，总体走势不强，这造成了互联网企业融资成本提高、融资难度加大。而O2O网站涉及的领域大都是与生活服务密切相关的领域，在运行与发展中需要大量资本支撑，传统的高额补贴、用亏损换规模的经营方式难以为继。因此，选择合并也就是现实选择，合并有助于业务整合，加快自身发展方式转型，降低对粗放型投资依赖程度。

第二，扩大经营规模，降低成本费用。成本推动也是合并的主要动力。随着人力成本和资金成本的上升，O2O网站的运行成本日渐增大。通过并购企业规模得到扩大，能够形成有效的规模效应。规模效应能够带来资源的充分利用，资源的充分整合，降低管理、信息传递、生产服务等各个环节的成本，从而降低总成本，提升市场竞争力，例如大众点评对生活服务电商的逻辑是从内容、服务到交易优惠，行业扩张的原则是通过高频的餐饮带动低频的美妆、婚庆等；美团则重交易，美团的"T型战略"即以团购的方式切入酒店、餐饮、电影等领域，如果两者合并，在部分商户资源方面会有重叠，但是高频与低频的业务切入有所不同，确实能形成强大的互补效应，在本地生活服务中大展身手。

第三，提高市场份额，提升行业战略地位。规模扩大带来的直接效应就是影响力的提高、客户群的增加和销售网络的完善，市场份额会有比较大的提高，从而确立企业在行业中的领导地位。例如，百度正在通过百度糯米向O2O领域发力，在自有巨额资金的推动下，百度糯米成长的速度很快，正在不断地分食美团和大众点评的市场份额，一旦合并，新美大公司就更能全力地应对来自百度的挑战。

第四，实施品牌经营战略，提高网站或企业的知名度，以获取超额利润。合并能够有效提高品牌知名度，提高产品与服务的附加值，获得更多的利润。除以上几点之外，合并还可以取得先进的生产技术、管理经验、经营网络、专业人才等各类资源，这对于合并参与方来说具有重要的意义。

（四）电子商务发展呈现出"三化一融合"态势

2015 年,中国电子商务交易总额达 18 万亿人民币,中国成为世界第一大网络零售市场①。以此为标志,中国电子商务跃居国际领先地位。阿里、京东等传统综合电子商务平台继续保持市场领先地位,并积极向海外扩展,另一方面新兴电商也积极展开业务创新,诸如蜜芽、小红书、礼物说等电商快速崛起。从总体上来看,电商发展呈现出"三化一融合"的态势。

第一,电商加速垂直化进程。伴随着移动互联网的成熟与进步,在现代物流体系和社会大生产背景下,市场垂直化、细分化是一个行业迈向成熟的标志,也是市场发展演变的必然形式。综合类的电商平台业务覆盖面广,商品种类丰富,但这种商业模式运营体量巨大,而且具有明显的先发优势,新进者很难与之竞争。新进者往往采用行业垂直类模式,针对某一行业深入研究,在深度上下功夫,降低行业供应链成本,提升产品和服务质量(如图 1-11 所示)。

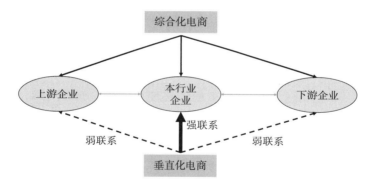

图 1-11　电商综合化和电商垂直化的比较

资料来源:笔者自行绘制。

通过服务的聚焦、产品的标准化以及快速整合产业链的价值,为自身发展赢得关键契机。垂直类电商通过专注于各行各业,造就了全新的供应链模式,满足企业发展中的服务需求。与此同时,电商通过垂直化模式深耕行业发展,通过自身的优势,为企业提供更专业化、精细化的产品和服务,加速传统产业达到转型升级,进而推进自身竞争能力的提高。

第二,电商加速场景化进程。场景化指的是在销售过程中,以情景为背景,以服

---

① 中国互联网信息中心(CNNIC),《第 37 次中国互联网络发展状况统计报告》,http://www.cnnic.cn/hlwfzyj/hlwxzbg/201601/P020160122469130059846.pdf,2016 年 6 月 23 日浏览。

务为舞台,以商品为道具,通过环境、氛围的营造,使消费者在购买过程中充分感受到"情感共振",感受到高标准的购物体验,通过情景来打动消费者的购买欲望,激发消费者的共鸣,进而促进产品的销售。随着竞争的不断加剧,优势价格不再是电商竞争的唯一筹码,差异化的经营和多层次提升用户体验是电子商务运营模式更加贴近市场需要,更加贴近生活需求的表现。场景化销售是基于对消费者心理的研究和把握,增加与消费者情感上和体验上的互动,是助力和实现商家与消费者的共赢。其中一个典型的例子就是,2015 年 11 月 7 日海尔集团在创业大街举行"海尔生活+开学式"营销活动。在此次活动临时搭建的场景中,不仅有海尔自家的冰箱、空调等产品,还有统帅、罗莱、茵曼、阿芙、芝华仕、青岛啤酒、酒仙网等 7 大品牌的产品植入。不只是现场场景中有这些产品的组合,在海尔的官方旗舰店商城也有各种产品的组合,用户在同一个场景中可以同时体验多个产品。事实上,电商进入场景时代是电商运营的不断细分优化与移动互联网兴起的共同结果,尤其是 O2O 的商业形式更加速了这一进程。

第三,电商加速社交化进程。社交化是指将关注、分享、沟通、讨论、互动等社交化的元素应用于电子商务交易过程的现象。具体而言,从消费者的角度来看,社交化电子商务,既体现在消费者购买前的店铺选择、商品比较等,又体现在购物过程中通过 IM、论坛等与电子商务企业间的交流与互动,也体现在购买商品后消费评价及购物分享等。从电子商务企业的角度来看,通过社交化工具的应用及与社交化媒体、网络的合作,完成企业营销、推广和商品的最终销售。社交化对于电商具有重要意义,电商通过社交化工具刺激消费需求,利用熟人的关系强化购买欲望,同时借助顾客的社交网络,高效传播电商的信息,实现扩散电商形象、扩大电商知名度的目的。电商社交化的典型例子就是微商:微商起源于微博时代的达人代购和推荐晒单,这些意见领袖凭借自己的影响力,借助社交网络的传播实现营销消息的爆炸式传播。移动互联网出现后,微信带动微商进入了发展的新阶段,微信这一超级 APP 坐拥 6 亿活跃用户,好友之间属于强关系社交,众多商家希望分享微信的数据流量变现红利。

第四,电商与实体的加速融合,线上线下各渠道加快融合。电子商务与实体的融合具有重要的商业意义,一方面能够有效开拓传统实体经营在电子商务互联网上的经营范围,拓宽受众群体,开拓市场范围,并使得传统品牌优势得以有效延展,另一方面开展电子商务与传统商务融合能够比纯电子商务具有实体体验的优势,使得电子商务有实体经营的业务支撑和现场体验,因此能够成长为企业核心竞争优势。在 2015 年里,电商巨头加速自身与实体融合速度,形成了一系列的合作:

——2015 年 6 月,阿里集团以 53.7 亿元港币对银泰商业进行战略投资。双方将打通线上线下的未来商业基础设施体系,并将组建合资公司。双方还约定在未来三年内,阿里集团将可转换债券转换为银泰商业的普通股股份,从而使得阿里集团在银泰商业的持股比例最终不低于 25%。银泰成为阿里集团打通整合线上线下商业的重要平台。

——2015 年 8 月,阿里巴巴集团与苏宁云商集团股份有限公司共同宣布达成全面战略合作。阿里巴巴集团将投资约 280 亿元人民币参与苏宁云商的非公开发行,占发行后总股本的 19.99%,成为苏宁云商的第二大股东。双方充分整合优势资源,利用大数据、物联网、移动应用、金融支付等先进手段打造 O2O 移动应用产品,创新 O2O 运营模式:双方将尝试打通线上线下渠道、苏宁云商辐射全国的 1600 多家线下门店、3000 多家售后服务网点、5000 个加盟服务商以及下沉到四五线城市的服务站。

——2015 年 8 月,京东与永辉超市签署了战略合作框架协议,双方将发挥各自优势打通线上与线下,进行仓储物流协作,合作探索零售金融服务,共同挖掘互联网金融资源。此外,京东与永辉超市还建立了高层定期沟通机制,共同商议合作重大事项。永辉超市称,在采购、O2O、金融、信息技术等方面双方拟构建互为优先、互惠共赢的战略合作模式。

——2015 年 9 月,由万达集团、腾讯公司和百度公司合力打造的飞凡电商也首次亮相。三方将在打通账号与会员体系、打造支付与互联网金融产品、建立通用积分联盟、大数据融合、Wi-Fi 共享、产品整合、流量引入等方面进行深度合作。三方将联手打造线上、线下一体化的账号及会员体系,同时三方还将建立大数据联盟,实现资源大数据融合。

除了上述几点趋势之外,中国互联网法治建设全面推进,网络安全法律体系日趋完善也是 2015 年中国互联网发展中值得重点关注的内容。2015 年 7 月,第十二届全国人大常委会第十五次会议初次审议了《中华人民共和国网络安全法(草案)》,并面向社会公开征求意见。《中华人民共和国网络安全法(草案)》共七章六十八条,从保障网络产品和服务安全、保障网络运行安全、保障网络数据安全,保障网络信息安全等方面进行了具体的制度设计。《中华人民共和国网络安全法(草案)》的制定为维护我国网络安全提供了保障和依据,进一步完善了我国的互联网法律体系。此外,第十二届全国人大常委会第十五次会议通过的《中华人民共和国国家安全法》,第十六次会议通过的刑法修正案(九),以及第十八次会议通过的《中华人民共和国反恐怖主义法》,均对保护国家网络与信息安全、网络信息内容监管与责任作出了明确规定。另外,中国电子竞技行业的井喷式发展、互联网分享经济的探索与国产手机市场激烈竞争都是 2015 年中国互联网发展进程中值得注意的趋势。

四、2015 年北京市互联网发展形势

2015 年北京市互联网发展形势良好,行业创新持续不断,行业整体实力进一步增强。北京市互联网已经成为首都经济发展和社会进步的重要推动力量,成为首都地区稳增长、促改革、调结构、惠民生各项工作的重要抓手,北京市互联网对首都科技创新能力提高和国际影响力的提升作出了应有的贡献。从总体上来看,2015 年北京市互联网发展形势呈现以下特点:

(一)北京"十三五"规划对北京市互联网发展指出明确方向

2015 年 5 月,《北京市国民经济和社会发展第十三个五年规划纲要》(以下简称:北京"十三五"规划)正式开展编制。规划草案于 2016 年 1 月经市委、市政府审议通过后,报送北京市十四届人大四次会议审议通过。该规划是北京"十三五"期间全面发展的重要指南,也是北京抓住重大历史机遇,加快建设国际一流的和谐宜居之都、率先全面建成小康社会的行动纲领,具有重要的战略意义。北京"十三五"规划在编制过程中,充分吸收各方面意见,牢牢结合《中共中央关于制定国民经济和社会发展第十三个五年规划的建议》《京津冀协同发展规划纲要》《中共北京市委关于制定北京市国民经济和社会发展第十三个五年规划的建议》《中共北京市委北京市人民政府关于贯彻〈京津冀协同发展规划纲要〉的意见》等政策性文件进行编制。

该规划 7 万多字,其中提及互联网 23 处,内容涵盖互联网基础设施、互联网技术创新、互联网业态、互联网金融与"互联网+"行动方案等诸多内容。而在《北京市国民经济和社会发展第十二个五年规划纲要》(以下简称:北京"十二五"规划)中,只有 5 处提及互联网,内容仅涵盖基础建设、电子商务、产业发展和信息安全等几个有限的方面。由此可见,北京市互联网在首都社会发展和经济建设中扮演着越来越重要的角色,已成为北京市"十三五"建设的重要内容。

在网络基础建设方面,北京市"十三五"规划强调全面完成"光进铜退"改造,解决"最后一公里"瓶颈问题,网络接入能力超过"百兆到户、千兆到楼"水平。完善政策措施及规范标准,理顺信息管道监管职能,促进不同权属信息管道互联互通,实现新建居住建筑直接光纤到户,已建小区 2017 年年底前完成光纤到户改造。扩容互联网国际出入口、骨干网带宽,改善网间交换质量。提升移动互联网服务能力,基本实现 4G 移动通信网地域全覆盖,加快第五代移动通信(5G)研发和应用。

优化移动通信网和无线宽带布局,分类推进重点公共场所免费无线宽带覆盖,加快建设无线城市。与此同时,加大农村互联网建设力度,实现高速信息网络全覆盖。加大农村投入力度,实施乡村路网、供水管网、污水管网、垃圾清运网、电网、互联网等"六网改造提升工程",加快实施农村地区特别是偏远地区的信息基础设施提升工程,构建有线网络公平接入、无线网络普遍覆盖、带宽服务满足需求的农村信息网络。

在互联网技术创新方面,北京市"十三五"规划要求抓住全球新一轮科技革命和产业变革的重大机遇,充分发挥北京科教、智力、信息资源富集优势,大力推动"互联网+"、智能制造等新技术、新模式、新工艺在各领域的广泛应用,培育产业智能化发展新优势。以互联网技术为平台,促进制造业智能精细发展。深入实施《〈中国制造2025〉北京行动纲要》,加快下一代互联网、物联网、云计算和大数据技术研发力度。坚持分类指导,就地淘汰落后产能,有序转移存量企业,改造升级优势企业,转换制造业发展领域、发展空间和发展动能。聚焦发展创新前沿、关键核心、集成服务、设计创意和名优民生等五类高精尖产品,实施新能源智能汽车、集成电路、智能制造系统和服务、自主可控信息系统、云计算与大数据、新一代移动互联网、新一代健康服务、通用航空与卫星应用等重大专项。

在"互联网+"行动方案落地方面,北京市"十三五"规划要求积极培育基于互联网的新技术、新服务、新模式和新业态。推进"互联网+"在金融、文化、商务、旅游、制造、能源、农业等产业的融合创新,促进产业转型升级。盘活各类社会资源,规范发展分享经济。推进"互联网+"在公共安全、生态环境、城市交通等行业的广泛应用,提高城市运行管理智能化水平。推进"互联网+"在教育、医疗、养老等领域的服务创新,优化公共服务供给和资源配置。利用电子商务平台、移动商务、大数据与云技术培育新型服务消费,促进互联网消费、跨境电子商务等新业态健康快速发展,发挥首都优势引导境外消费回流。加强消费金融创新,有针对性地鼓励和扩大消费信贷。建立多元参与的消费者权益保障和社会监督机制,营造安全放心、诚信友好的社会消费环境。

在互联网业态探索上,北京市"十三五"规划主张模式创新、制度创新,将互联网作为生产生活要素共享的重要平台,深化互联网跨界融合。发展平台型业态,依托业务协同与信息集成,发展资本运作、网络运营、应用服务、基础支撑等平台。提升知识型业态,围绕创新链条的服务需求,重点促进研发设计、技术转移等新兴业态发展。探索发展新的商业模式,支持新兴社区经济、互动体验式购物、新型在线混合型教育、在线健康医疗服务等基于互联网的模式创新。鼓励发展新的创业模式,支持众创、众包、众扶、众筹发展。

在互联网金融方面,北京市"十三五"规划提出在中关村开展互联网金融综合试点,结合北京市服务业扩大开放的已有试点工作,在优化信用环境、创新市场监管、提高贸易便利化水平等方面创新金融服务。与此同时,继续完善政府的服务,持续提升服务水平,为国家金融管理部门和金融机构创造更加良好的外部环境。此外,规划还对"十三五"期间互联网在居民生活服务、市政交通和公共服务等方面的应用进行了详细的安排。

（二）北京市"互联网+商业"进入模式创新阶段

2015 年,"互联网+"概念提出后,北京市相关政府部门出台多项产业融合措施,推进"互联网+商业"模式转型与创新。在此进程中,北京的互联网产业与传统行业的关联程度进一步加深,形成了全新的产品与服务,提高了消费者的需求层次,改变了传统行业的生产与服务方式。从现实情况来看,北京"互联网+商业"模式创新主要有以下几方面的内容:

第一,线下到线上模式。根据北京市统计局的相关统计数据显示,电子商务平台已经成为企业生产资料采购与销售的主要渠道。2015 年北京限额以上商业企业中,25.8%的企业应用电子商务进行采购或销售,比重同比提高 7 个百分点;实现电子商务销售额 5885.9 亿元,占全部营业收入的 12.9%,比重同比提高 2 个百分点。传统企业"触网"模式也发生了变化,其中以"互联网+老字号"最有代表性。近年来,北京老字号企业通过电子商务平台,有效扩展品牌形象,维护品牌价值,打破时空界限拓展业务。2015 年,47 家限额以上老字号零售企业中,11 家通过电子商务交易平台销售商品或提供服务,比重接近 1/4。行业涉及食品、服装、药品和图书等,共实现电子商务销售额 2.6 亿元,营业收入增速为 9.5%,高于完全未利用电子商务的传统老字号企业增速 6.9 个百分点。"互联网+老字号"的强强联合商业新模式,提高了老字号的品牌影响力,拓展了企业营销渠道,为老字号商品、服务成为广大市民和国内外游客领略古都文化的重要载体提供了支持。

第二,线上到线下模式。互联网具有方便、快捷等优势,实体店铺则可以给消费者提供感官体验,作用不可替代。根据相关统计显示,2015 年,约 1/4 的网上商店开展了实体店铺销售,实体店销售实现的零售额占其全部零售额的 12.4%,同比增长7.1 倍。① 部分企业未来计划逐步开展实体销售业务,其中包括自营的体验店,也包括借助其他实体店销售等。消费者在实体店"看得见、摸得着"商品,增强了对线上商品的信心,进一步激发网上购物的潜力。

---

① 北京统计信息网年度数据统计,http://www.bjstats.gov.cn/tjsj/,2016 年 5 月 12 日浏览。

第三,"商品+服务"模式。随着北京地区社会经济水平进步和居民生活水平提高,地区商品性传统消费需求日益得到满足、增速有所放缓,消费市场重点转向旅游、信息、教育、文化等服务性消费,有力地推动了经济的稳定增长。特别是付费网络小说、付费手机应用、电子游戏和高端电子产品正日益成为首都地区消费热点,逐步成为青年人消费支出的主要部分。2015 年,北京实现总消费 1.86 万亿元,同比增长8.7%。其中,商品性消费实现 10338 亿元,占总消费的比重为 55.4%,同比增长7.3%;服务性消费实现 8308 亿元,占总消费的比重为 44.6%,增长 10.5%,增速比商品性消费高 3.2 个百分点。① 可以推断,今后北京互联网相关的消费未来还有很大的发展空间。在总消费中,与互联网相关的服务性消费占比将进一步提高。其中,互联网娱乐、互联网保健等有助于提高生活品质的新兴服务消费将成为引领服务消费增长的主要领域。

(三) 互联网创业回归理性

北京是互联网创业的高地,集聚着大量的创意项目和创业人才,吸引了众多风险投资者。由于经济大环境和业界变化等原因,北京地区的互联网创业经历了2014 年粗放式增长之后,于 2015 年逐步回归理性。2014 年,马佳佳等创业明星及其创业项目受到普遍关注,大量风险投资纷至沓来。在资本和舆论的双重驱动下,北京市互联网创业环境急剧升温,创业泡沫也随之出现:互联网创业者心态浮躁,幻想一夜暴富,将工作重心集中在轮次融资上;仅满足于一两个现象产品,不能进行商业模式化运行;还有的创业者单纯为了创业而创业,风险控制能力差,市场适应能力不强。

经过一年的市场波动,特别是创业市场在 2015 年经历了资本寒冬,许多创业项目纷纷"凋零":北京互联网创业市场中曾具有相当市场地位的 O2O 项目纷纷退市(如表 1-5 所示),备受瞩目的博湃养车、淘在路上、神奇百货创业项目等纷纷倒闭;一时受到广泛关注的超级课程表、锤子手机等明星项目风光不再。不仅如此,很多青年互联网创业项目长期不能赢利,面临着难以为继的局面;大量的创业项目处于惨淡经营状况。2015 年,北京互联网创业市场逐渐"退烧",创业主体日渐清醒,投资主体投资冲动消退,创业市场总体回归理性。经过一年多市场波动,各投资机构和创业主体逐渐加深了对互联网创业的认识,也加深了对互联网创业模式的理解。

---

① 《北京市 2015 年国民经济和社会发展统计公报》,http://www.sei.gov.cn/ShowArticle.asp?ArticleID=261378,2016 年 6 月 25 日浏览。

表 1-5　2015 年北京市互联网创业市场部分退市案例

序号	品牌名称	成立时间	业务内容	退市原因
1	打车小秘	2011 年 7 月	手机打车 APP	市场巨头进入后挤出效应
2	摇摇招车	2011 年 11 月	智能打车应用	资金链断裂
3	拼豆拼车	2012 年 4 月	拼车信息发布和匹配	同类竞争激烈
4	饭是钢外卖	2013 年 8 月	外卖 O2O 服务	成本控制
5	放心美	2013 年 7 月	基于地理服务,寻找发型师,实现顾客对接	预约模式难以维持
6	红运娃娃	2011 年 6 月	婚嫁服务 O2O	产品与服务质量管控失效
7	V 租房	2013 年 7 月	基于微信的租房平台	客户资源有限

资料来源:笔者自行整理。

　　首先,互联网创业不能脱离实际,要紧贴市场需求。2014 年,市场研究机构 CB Insights 收集了 100 多家创业公司的失败案例,总结出创业失败最常见的 20 条原因。"市场没有需求"是创业失败的首要原因,同时资金、团队、市场竞争也是导致创业失败的常见原因(见图 1-12)。

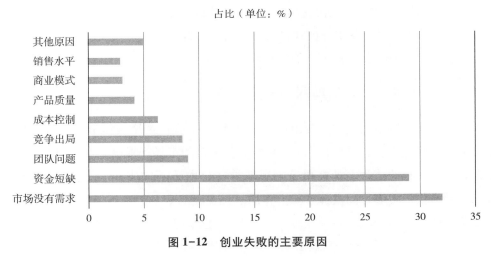

图 1-12　创业失败的主要原因

资料来源:笔者自行绘制。

　　对于创业项目的选择,需要着重考虑项目是否符合社会发展实际,是否脱离当前经济发展水平,是否符合国家产业扶持的方向。在互联网创业的粗放发展时期,创业者往往以个人的感性认识作为项目出发点,缺乏技术支撑,缺乏市场调研与通盘考虑,对相关政策了解和掌握程度有限。创业项目一进入实际操作,市场反应就给出最直白的答案。因此,广大创业主体特别是青年创业者纷纷认识到创业不能脱离实际,要紧贴实际需要,紧贴市场需求。

其次,创业者的心态影响很大,但创业项目中技术的作用更为重要。心态浮躁的创业团队往往不能正视困难,对市场力量估计不足,在实践中逐渐被资本市场抛弃,缺乏技术的创业项目难以应对日趋复杂的互联网市场,难以获得核心竞争力。因此,好的创业项目必须要有心态稳健的创业团队率领,而且创业项目拥有核心技术,拥有发展前途的商业模式,同时对未来形势还要有准确判断。

最后,创业者要积极应对挑战。互联网创业市场也存在着激烈的竞争,自身的赢利模式和技术特点很容易为对手所学习,同时产品或服务的用户体验、专业性能以及相应资金支持等一系列细节,都可能导致创业公司输给竞争对手。在热门的 O2O 创业领域,例如餐饮(外卖)和打车领域,由专业团队和资本巨鳄打造的公司形成的行业巨头,也在利用其市场地位进行竞争,对创业项目构成直接威胁。由于行业具有充足的资金与人力资源,可以通过补贴的方式挤掉创业公司的市场份额。

2015 年,北京互联网创业市场逐渐冷静,并在社会经济大背景下实现新的转向:互联网创业已不再仅仅依靠个人兴趣、创意点和能力发挥,更多地要依靠贴近实际需求、领先的技术、良好的运营模式和优质产业生态资源的分享,实现互联网创新创业。当北京市互联网创业市场回归常态,投资机构真正开始考察创业公司的项目可行性和赢利能力,这也必然倒逼创业服务链条不断升级。在"十三五"期间,北京将探索"互联网+创新创业"公共服务模式,促进资源整合,推动解决创新资源碎片化孤岛问题,从而有效地构筑互联网创业的良好环境。

(四)北京市率先治理网络表演行业

网络表演是网络文化的重要组成部分。近年来,我国网络表演市场快速发展,根据艾瑞咨询研究报告,2015 年中国互联网演艺平台的市场规模已达 82.9 亿元,同比增长 34.1%。网络表演行业在繁荣网民精神文化生活、促进网络文化行业创新、扩大和引导文化消费等方面发挥了积极作用。但在网络表演行业发展进程中,部分经营单位责任缺失、管理混乱;一些表演者以低俗、色情等违法违规内容吸引关注,2015年的"优衣库试衣间""YY 直播出事"等不雅视频亮相网络,引发公众关注,受到广大网民谴责,社会影响恶劣,严重危害行业健康发展。北京在全国范围内率先实施网络表演行业监管,利用多元治理的方式规范行业发展,依法查处违法违规行为,为全国互联网表演行业治理开了一个好头。

2015 年 8 月 24 日,北京文化执法总队与网络文化协会联合召开网络表演行业自律座谈会。会上,百度、新浪、搜狐、爱奇艺、乐视等 12 家网络表演企业发布《北京网络表演行业自律行动宣言》,共同承诺支持"净网行动"。该自律宣言主要包含以下几个方面的内容:

第一，网站平台自觉履行法定义务，承担应尽的社会责任。坚持文明办网，不制作、不发布、不传播网络淫秽色情与低俗信息，不制造含有网络淫秽色情与低俗信息的"噱头"，杜绝以色情和低俗为载体的营销方式，抵制行业内部不正当竞争的行为，构建绿色网络演出空间。

第二，切实采取有效措施开展自查自纠，建立健全网站内部管理制度，完善信息内容审核机制，严格内审人员持证上岗及培训管理，落实信息安全岗位责任和突发事件应急预案，人工及技术排查并举，保持与管理部门的必要联系，不断获取监管动态，更新防控内容，有效遏制网络淫秽色情与低俗不良信息的传播。具体措施如下：(1)立即删除文化部 2015 年 8 月 10 日公布的含有宣扬淫秽、暴力、教唆犯罪或者危害社会公德内容的网络音乐产品；(2)坚持对直播间进行 7×24 小时无缝审核，做到全覆盖、不漏审、不留死角；(3)在网站首页及其他页面显著位置公布 24 小时举报热线，做到对举报内容随举报随处理，充分发挥广大网民的监督作用；(4)建立内容审核信息共享机制，成员单位随时通报各自内容监审的最新动态，交流审核技术和经验。

第三，加强平台主播、艺人培训及管理，积极引导其提供积极、健康、和谐的文化娱乐内容；建立主播"黑名单"，各网络演出平台不再为已经查明有发布淫秽色情及低俗内容等劣迹的主播提供表演舞台和空间。

第四，成立行业专业委员会，在北京市网络文化协会的领导下，强化行业自律，规范自身管理，建立相关标准，统一审核尺度，接受社会监督，树立良好形象。

在加强行业自律的同时，北京市各级相关管理部门，如文化行政部门和文化市场综合执法机构等加大行政执法力度，对违法违规的网络表演经营单位、机构依据《互联网文化管理暂行规定》予以严厉查处，没收违法所得，并处罚款；情节严重的，责令停业整顿直至吊销《网络文化经营许可证》；构成犯罪的，依法追究刑事责任。对提供违法违规网络表演的表演者，北京各级文化行政部门和文化市场综合执法机构责令所在网络表演经营单位关停表演者频道，并及时将违法违规表演者的信息和证据材料报送文化部。文化部根据情形，将违法违规表演者列入黑名单或警示名单。列入黑名单的表演者，禁止其在全国范围内从事网络表演及其他营业性演出活动，具体时限视违法违规情节轻重确定。同时，强化对违法违规网络表演经营单位和表演者"一处违法，处处受限"的信用监管。各级行业协会要在本行业协会范围内，对列入黑名单的网络表演经营单位和表演者予以通报并抵制。经过一年多的治理，北京地区网络表演行业发展状况持续向好，违法违规内容频发的趋势得到有效遏制。

（五）行业自律继续发挥重要作用

行业自律是一个行业自我规范、自我协调的行为机制，同时也是维护市场秩序、保持公平竞争、促进行业健康发展、维护行业利益的重要措施。2015 年，北京市互联网行业自律机制继续发挥重要作用。北京各大互联网企业在首都互联网协会的协调指导下，遵守和贯彻国家和地区法律法规政策，同时积极制定行规行约制约自己的行为。表 1-6 就列出了 2015 年期间，北京市互联网行业的主要自律行为。

表 1-6　2015 年北京市互联网行业主要自律活动

序号	时间	自律活动	自律内容
1	2015 年 5 月	护苗 2015·网上行动	此次行动将发动广大社会监督力量积极举报，开展集中治理，加强宣传教育，推动属地网站有效开展"护苗"行动。网络监督志愿者、妈妈评审员作为行动生力军，积极配合"护苗 2015·网上行动"，继续加强对网络不良信息的监督举报，以保护青少年安全上网
2	2015 年 8 月	抵制低俗、遵守网络道德	千龙网、新浪、搜狐、网易等近三十家网站出席了专题评审会。新浪微博、百度、人人网、陌陌等网站在会上介绍了各自针对"不雅视频"进行自纠自查的工作情况。各网站进一步加强内容监控审核，完善内部管理机制，及时拦截、清除淫秽色情视频及其他低俗不良内容，履行网站社会责任，维护互联网行业良性传播秩序。同时，呼吁行业组织、互联网企业及社会公众积极响应全国"扫黄打非"办部署开展的网络淫秽色情视频、微视频专项整治行动，形成多方有效联动，彻底根除此类信息的传播源头，彻底截断此类信息的传播链条，共建和谐清朗的互联网空间
3	2015 年 8 月	倡导网络文明用语、遏制语言低俗之风	北京各大主要网站联手整治"网络用语粗俗"等不良现象。充分认识到抵制网络低俗语言、净化网络环境也是全社会的共同责任。切实加强网络大局意识，正面引导舆论，不忘弘扬正气、凝聚人心的重要使命。通过各种方式搭建绿色网络平台，向网友提供健康文明、积极向上的信息内容，为净化社会网络语言环境、推动网络文明建设、打造网络清朗空间作出贡献，为践行社会主义核心价值观发挥表率作用
4	2015 年 10 月	北京 17 家重点网站承诺杜绝新闻"标题党"	各大网站普遍意识到新闻标题作为最先吸引网民关注的内容，一定要规范使用、严格管理。各网站承诺在登载相关信息时，一定要完整准确使用新闻标题，不得随意篡改。如需更改标题时，必须做到准确表达原意，不得曲解主题、断章取义、以偏概全。各网站充分认识到，改后的标题不改变文章原意既是对原作者的尊重，也是法理的基础性要求。各网站承诺建立严格的新闻规范，制定严谨的操作流程，并加强对一线编辑人员的培训和管理。同时把责任落实到人，杜绝"标题党"现象的发生，还网络一片"清朗"空间

资料来源：首都互联网协会"行业自律"栏目，http://www.baom.org.cn/fagui/node_862.htm。

五、2016年北京市互联网发展趋势

（一）分享经济将成为北京市互联网行业发展的新潮流

党的十八届五中全会明确提出："实施网络强国战略，实施'互联网+'行动计划，发展分享经济，实施国家大数据战略。"分享经济提到了国家发展层面，这是关系我国发展全局的一场深刻变革，将会对互联网经济产生深远影响。

分享经济是伴随开放源代码、云计算等互联网开放技术的发展而兴起的，以生产资料和生活资源的使用而非拥有为特征，通过以租代买等模式创新，实现互通有无，人人参与、协同消费，充分利用知识资产与闲置资源的新型经济形态。分享经济是"供给侧"和"需求侧"两端的改革。在"供给侧"，通过互联网平台，可以实现社会大量闲置的资金、土地、技术和时间的有效供给，解决当前我国资源紧张和大量闲置浪费并存的现象，将居民私有资源转化为社会的公共供给。比如，可以将赋闲的专业技术人才转化为社会的有效供给，缓解当前我国教育、医疗、养老等政府公共服务有效供给不足等问题。在"需求侧"，分享经济则能有效匹配消费者的需求，以最低的成本满足需求。消费者节省了大量的"搜寻成本"，能及时了解其他消费者对商品和服务的真实评价，提高了整个社会消费者的福利水平。

2016年北京互联网分享经济方面的新亮点可能体现在以下几个方面：第一，以租代买模式兴起，北京拥有大量的机动车资源，闲置机动车数量也较多，通过互联网实现资源共享，利用约租车软件实现汽车资源共享，有效利用城市道路资源，缓解城市拥堵，降低污染排放，实现合作方共赢的局面。第二，分享平台+APPs成为"互联网+"新业态潮流，利用北京智能手机用户规模巨大的优势，利用大数据技术进行精确匹配，结合"基于位置的服务"（LBS）切实解决交易过程中的信息不对称和空间不对称的问题，实现资源的共享共通。第三，协同消费开始被广大消费者逐渐接受。消费者利用线上、线下的社区（团、群）、沙龙、培训等工具进行"连接"，实现合作或互利消费，消费者利用互联网工具开展租赁、使用或互相交换物品等方面的合作。除此之外，2016年公私合作的PPP模式将会在首都"互联网+"领域展开探索。

（二）互联网汽车可能成为2016年业界热点

正如前文所述，汽车有可能成为继PC、智能手机之后互联网第三代重要接入口。汽车仅仅是交通工具，是信息传输与下载的平台，也是各种消费展开的平台。因此，抢占行业先机，率先进行技术研发，大力推广技术应用，迅速推出全新产品，获得消费者关注就成为互联网汽车生产商的主要营销手段。北京是全国汽车保有量最大的城市，也是中国重要的汽车生产基地。2016 年北京市互联网行业与汽车行业将会有深度融合。

首先，无人驾驶汽车将成为热点。无人驾驶汽车具有广阔的应用前景，市场价值巨大。乐视、阿里巴巴、腾讯、百度等互联网企业纷纷加入互联网造车行业。其中百度无人车已在乌镇亮相，乐视超级汽车 2016 年北京车展首发。从目前来看，选择无人驾驶汽车的厂商仍是少数，互联网公司中仅有少数具有资金和技术实力的企业才有所涉猎，在这方面北京市互联网行业的几个巨头就有相当大的优势。2016 年各大互联网巨头涉足无人驾驶汽车领域。

其次，互联网公司将深度介入智能车载系统研发应用。利用联网技术，使得汽车可以与手机、平板电脑等移动终端设备连接，实现司机对汽车更加便捷、智能化的控制，如通过智能手机来控制汽车，用语音来给汽车下达指令。由于互联网公司已经在智能领域布局多年，对智能系统的技术掌握得较为熟练，因此为传统汽车厂商提供智能车载系统，成为大多数互联网公司的选择，也成为各大互联网巨头竞争的场合。

最后，车联网的产业化进程将加速。产业化进程直接带来车联网成本降低，有利于技术普及。车联网技术普及后，车辆可以将自身的各种信息传输汇聚到中央处理器，通过计算机技术，这些大量车辆的信息可以被分析和处理，从而计算出不同车辆的最佳路线、及时汇报路况和安排信号灯周期，大大提高运输效率，降低运输成本。2015 年 1 月 22 日，百度官方正式宣布，百度车联网战略将于 2015 年 1 月 27 日正式发布。2016 年腾讯、阿里巴巴、百度在内的互联网三巨头将会在车联网系统展开激烈竞争。

（三）首都网络治理体系更加完备

在 2015 年网络治理实践的基础上，2016 年北京市互联网治理体系将根据形势变化，积极进行调整，使之更加贴近首都地区互联网治理的实际需要：

第一，重点领域法治建设更加完善。北京是中国网都，一些重点领域一直走在全国的前列。针对北京电子商务发达和移动网络用户众多的特点，重点研究制定地方性的电子商务和移动互联通信法律法规，完善电子商务领域的配套制度建设，提高法律对移动互联通信工具的监管力度。通过这种立法模式，可以灵活地应对互联网发展形势的变化。因此，加强重点领域的立法，已成为依法管理、规范互联网的当务之急。

第二，主体权利义务并重，自律他律并行。依法管网工作不仅要强调管理，也要重视服务；对网站不仅要明确主体责任，也要保障其合法权利。互联网管理从来不是行政管理部门的"一锤定音",而是需要政府、网站、网民、行业协会、社会团体、专业领域等的"琴瑟和鸣"。发挥体系中各主体优势,以互联网思维构建平等、共享、互惠的互联网治理体系。严守法律底线、履行行政职责的同时,充分发挥自律的作用。要明确作为监管对象的网站、网络组织和网民(自然人)的基本网络权利和义务,实现公共利益和个体利益的平衡。例如,新浪微博社区实施一项旨在组织网民净化网络环境的《新浪微博社区公约》制度——由网民主动自我管理代替他律监管,由线上纠纷解决机制代替线下法律诉讼和行政管制,该公约的有效实施体现了自律对互联网治理的重要作用。

第三,抓住关键环节,提升治理能力。网络数据浩如烟海,网络管理千头万绪,管理工作显然囊括不了互联网涉及的方方面面,因此需要抓住重点领域和关键环节,平衡好眼前和长远、应急和日常、特例和普遍的关系。在机制完善中提升执政能力、在制度建设中规范网站行为、在服务激励中推动行业自律、在潜移默化中深植法治思想,以互联网生态规律推进依法治网,为网络空间全面法治化而努力。

(作者简介:李茂,博士,北京市社会科学院市情调查研究中心助理研究员;齐福全,博士,北京市社会科学院外国研究所副研究员;陈华,博士,北京市互联网信息办公室副主任)

2015 年北京市互联网行业上市公司发展状况比较分析

张晓涛　　陈国媚

◇◇

北京市是一座极具包容性、开放性与创新性的城市，拥有利于互联网产业蓬勃发展的肥沃土壤与气候，是中国乃至世界的科技中心。2015 年互联网行业发展风起云涌，本部分将重点对北京市互联网行业上市公司 2015 年的财务状况和资本市场表现进行概要性综合分析，并对互联网行业 2015 年的整体概况进行总结。

一、北京市互联网行业上市公司概况

以公司总部所在地和纳税地作为依据，本报告所研究的北京市互联网行业上市公司主要包括：赴美上市的阿里巴巴、京东、百度、搜狐、新浪、金融界、宜人贷、航美传媒、当当网、聚美优品、兰亭集势、搜房网、易车、汽车之家、一嗨租车、58 同城、智联招聘、去哪儿网、途牛旅游网、网秦、猎豹移动、迅雷、空中网、人人网、陌陌等 25 家公司；在港上市的慧聪网、金山软件、联众游戏与神州租车等 4 家公司；在国内 A 股上市的人民网、掌趣科技与乐视网 3 家公司。与前两年相比，本年度新增宜人贷 1 家公司，剔出已退市的奇虎 360、高德软件、完美世界、艺龙、乐逗游戏等 5 家公司。

上述公司涉及网上零售、门户、门户媒体、P2P、搜索、生活服务、在线旅游、安全、网络游戏、网络视频、O2O、移动 IM 等行业。

二、北京市互联网行业上市公司基本财务状况比较分析

（一）在美上市互联网公司财务状况

2015 年，北京市在美上市的互联网企业经营成果差异较大（见表 1-7）。在营业

收入方面,大部分企业表现良好。在 25 家企业中,有 20 家企业的营业收入都有所增长。作为首家赴美上市的 P2P 公司——宜人贷的营收增幅甚至达到 598.27%,陌陌和去哪儿网的营收增幅也分别达 199.38% 和 137.44%,而航美传媒、兰亭集势、迅雷、空中网和人人网的营业收入同比出现下滑。在净利润方面,有 13 家取得赢利,宜人贷甚至实现了净利润 1134.27% 的增长,而京东、搜狐、兰亭集势、搜房网、易车、58 同城、去哪儿网、途牛旅游网、人人等 12 家公司处于亏损状态。其中京东、去哪儿网和途牛旅游网的亏损持续扩大,亏损分别达 93.78 亿元、73.43 亿元和 14.59 亿元。大部分企业净利润增长率为负,净利润规模在收窄。在净利润率方面,有 12 家企业的净利润率同比出现负增长,而阿里巴巴、百度、金融街、宜人贷、一嗨租车、猎豹移动等公司的净利润率同比出现正增长。宜人贷赴美上市后良好的财务状况无疑在 e 租宝事件给互联网金融业内带来消极影响后,为中国 P2P 打了一剂强心针,给市场增添了信心。

表 1-7 北京市在美上市互联网公司 2015 年经营情况及变化趋势

	2015 年营收(亿元)	营收增长率(%)	2015 年净利润(亿元)	净利润增长率(%)	2015 年净利润率(%)	净利润率增长率(%)
阿里巴巴	1011.43	32.73	714.6	194.55	70.65	121.92
京东	1812.87	57.64	-93.78	-87.70	-5.17	-92.20
百度	663.82	35.33	336.64	155.28	50.71	88.64
搜狐	19.37	15.78	-0.496	70.24	-2.56	47.04
新浪	8.81	14.63	0.257	-85.48	2.91	-87.33
金融界	1.07	28.33	0.225	413.66	21.01	300.26
宜人贷	13.63	598.27	2.85	1134.27	20.91	76.76
航美传媒	0.502	-80.10	1.5	682.40	298.61	3831.66
当当网	93.12	17.03	0.916	3.89	0.98	-11.23
聚美优品	73.43	89.60	1.23	-69.53	1.68	-83.93
兰亭集势	3.24	-15.34	-0.394	-31.41	-12.16	-18.98
搜房网	8.84	25.70	-0.151	-105.96	-1.71	-104.74
易车	40.12	63.14	-4.24	-187.46	-10.57	-153.61
汽车之家	34.64	62.40	9.91	32.32	28.61	-18.52
一嗨租车	14.51	70.43	6.96	847.58	47.97	455.99
58 同城	7.15	169.77	-2.51	-1208.17	-35.10	-510.78
智联招聘	15.23	19.78	2.84	12.98	18.65	-5.68
去哪儿网	41.71	137.44	-73.43	-297.57	-176.05	-183.21
途牛旅游网	76.45	116.28	-14.59	-225.86	-19.08	-158.19
网秦	4.07	22.38	-0.013	98.30	-0.32	62.04
猎豹移动	36.84	108.92	1.77	159.93	4.80	24.42

续表

	2015 年营收(亿元)	营收增长率(%)	2015 年净利润(亿元)	净利润增长率(%)	2015 年净利润率(%)	净利润率增长率(%)
迅雷	1.3	-27.79	-0.132	-221.78	-10.13	-268.65
空中网	1.79	-21.30	-0.162	-171.84	-9.07	-191.28
人人网	0.411	-50.44	-2.2	-464.09	-535.14	-834.64
陌陌	1.34	199.38	0.137	153.89	10.22	-15.19

资料来源：Wind 金融研究客户端。

（二）在港及 A 股上市互联网公司财务状况

在香港或国内 A 股上市的互联网公司财务状况表现参差不齐（见表 1-8）。所有公司都实现了正的营业收入和净利润，但是与 2014 年相比，人民网、慧聪网和金山软件 3 家公司 2015 年的净利润规模均减小，而其余 4 家公司 2015 年的净利润均在 2014 年的基础上实现增长，尤其是神州租车净利润增长率高达 221.34%，净利润率增长率则高达 126.17%。而其他 6 家企业的净利润率同比都有所下降。

表 1-8　北京市在港及 A 股上市互联网公司 2015 年经营情况及变化趋势

	2015 年营收(亿元)	营收增长率(%)	2015 年净利润(亿元)	净利润增长率(%)	2015 年净利润率(%)	净利润率增长率(%)
人民网	16.05	1.31	3.92	-11.97	24.42	-13.11
掌趣科技	11.24	45.05	5.01	43.01	44.57	-1.41
乐视网	130.17	90.89	2.17	68.57	1.67	-11.69
慧聪网	9.16	-5.22	0.526	-71.99	5.74	-70.45
金山软件	56.84	69.62	3.69	-51.98	6.49	-71.69
联众游戏	7.70	61.67	1.14	17.11	14.81	-27.56
神州租车	50.03	42.08	14.01	221.34	28.00	126.17

资料来源：Wind 金融研究客户端。

（三）北京市互联网行业上市公司财务状况比较分析

图 1-13 和图 1-14 显示了 2015 年北京市互联网行业上市公司营业收入及变化趋势①，结果表明：阿里巴巴、京东和百度等国内互联网巨头的营业收入规模仍呈垄

① 作两个图是为了显示清楚不同数量级企业的营业收入状况，下两图同。

断态势并保持平稳增长,营收增长率分别为 32.73%、57.64% 和 35.33%,而其他互联网企业的营收规模则较小。

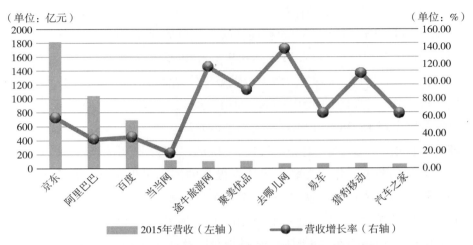

图 1-13　2015 年北京市互联网行业上市公司营收及变化趋势(营收 ≥ 30 亿元)

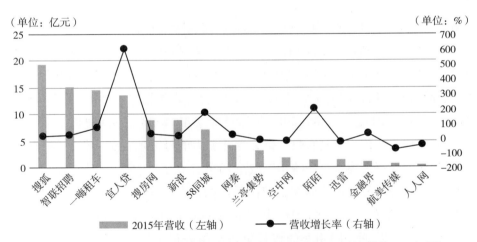

图 1-14　2015 年北京市互联网行业上市公司营收及变化趋势(营收 < 30 亿元)

随着物流业的发展、供应链建设的日益完善及网上零售需求规模化的形成,2015 年电子商务继续保持繁荣发展。除阿里淘宝和京东商城外,当当网和聚美优品等电商企业也取得了不错的营业收入,分别为 93.12 亿元和 73.43 亿元,营收增长率分别达 17.03% 和 89.60%。为拓宽营收来源,2015 年诸多电商将业务线向外延伸,例如淘宝全球购、天猫国际、聚美优品开放海淘专区等等。此外,电商还加速资源整合,加快线上线下融合,比如阿里巴巴与苏宁进行战略合作,双方尝试打通线上线下,对现有体系实现无缝对接。这些举措都有助于提高营收水平。

以宜人贷为代表的互联网金融上市企业营业收入规模增长迅猛,但与电商行业相比营收规模仍较小,宜人贷2015年营业收入仅约为13.63亿元。以乐视网为代表的网络视频行业的营收规模仍保持快速增长,乐视网2015年营业收入为130.17亿元,同比增长90.89%。移动安全和移动社交企业营收规模增长较快,网秦、猎豹和陌陌的营业收入分别增长了22.38%、108.92%和199.38%,而受到移动互联网冲击的人人网营业收入下降50.44%。航美传媒等户外媒体在互联网的冲击下营业收入呈现负增长,2015年营收下降80.10%。而门户类企业的营业收入保持平稳增长,搜狐和新浪分别实现15.78%和14.63%的营收增长率。

随着"互联网+"及O2O的深入发展,传统的汽车行业、出租车行业、旅游业都受到了互联网的冲击。作为互联网渗透率极高的传统出租车行业在2015年遭遇了以滴滴快的为代表的出行类APP颠覆性的"革命",神州租车虽然市场份额不大,但也在这场"革命"中分得了一杯羹,在2015年实现了42.08%的营收增长率。易车、汽车之家、一嗨租车、58同城、去哪儿网以及途牛旅游网的营业收入都取得了快速增长。随着商业模式的多元化探索,O2O行业未来将具有更加良好的发展前景。

图1-15和图1-16显示了2015年北京市互联网行业上市公司的净利润及变化趋势,由图可知:净利润剧增的有宜人贷和一嗨租车,两者净利润分别增长了1134.27%和847.58%;净亏损剧增的有58同城,净利润下滑了1208.17%。宜人贷的净利润激增的背后是国内迅猛增长的P2P成交额,数据显示2015年全年网贷成交量达到了9823.04亿元,相比2014年网贷成交量(2528亿元)增长了288.57%。此外,宜人贷拥有宜信这家具有强大资金吞吐能力的母公司在背后做支撑和财务优化,因此利润增长不足为奇。一嗨租车截至2015年在全国150多座城市设立了1800多个服务网点,是目前国内直营覆盖范围最广的租车公司。资料显示,国内租车行业经历了10年的转型与成熟,2015年是租车行业在十年这个临界上迎来规模性爆发式增长的一年,而一嗨租车的成长史正是国内租车行业发展的一个缩影。而58同城亏损大幅增加的背后是其版图的扩展,大量战略投资和收购使其从一个本地生活信息平台扩张为一个在房产、汽车、互联网金融等多个领域均有布局的O2O公司。

京东和去哪儿网的亏损规模最大,净亏损分别为93.78亿元和73.43亿元。京东商城2013年、2014年的净亏损分别为5000万元、50亿元,京东2015年净亏损持续扩大,但绝大部分仍属非经营性亏损,主要源于战略布局京东金融、京东到家O2O业务等投资支出的增加、员工股权激励费用、拍拍网停止运营带来的相关商誉和无形

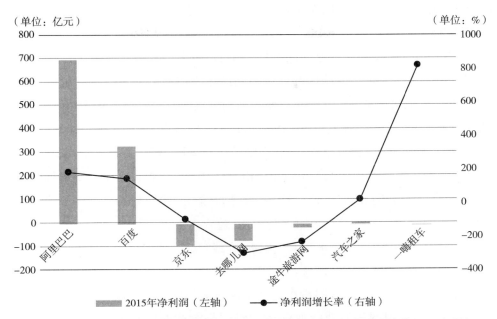

图1-15　2015年北京市互联网行业上市公司净利润及变化趋势（|净利润|≥5亿元）

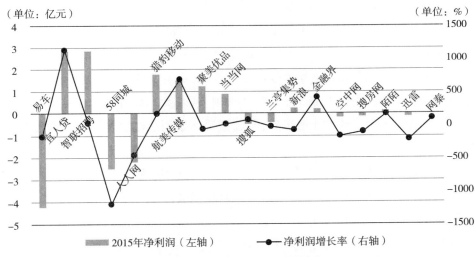

图1-16　2015年北京市互联网行业上市公司净利润及变化趋势（|净利润|<5亿元）

资产减值以及与腾讯战略合作涉及的资产及业务收购所产生的无形资产的摊销费用。而去哪儿网的净亏损扩大主要源于股票激励计划和员工换股方案带来的股权支出，这部分支出高达47.83亿元。但是即便剔出这部分支出，其亏损仍处于成倍扩大的状态。途牛的亏损情况也同样严重，净亏损达14.59亿元，这显示出OTA行业在过去几年持续恶性价格战带来的不良影响，营收增长难抵烧钱成本。2015年去哪儿网与携程网这两家中国最大的在线旅游企业合并也反映了两者都想摆脱价格战带来的负面影响。

乐视网 2015 年净利润虽然只有 2.17 亿元,但较之 2014 年增长了 68.57%,而且与普遍亏损甚至被迫退市的国内其他视频网站相比(比如:越亏越多的优酷土豆从美国退市),乐视网独树一帜连续 9 年保持赢利已实属不易。该公司 2015 年赢利主要源于版权分销(这部分收入相当于净利润的 357%)、硬件销售安排(从硬件销售价格中拆出一部分作为服务费)以及会计准则的巧妙运用(版权内容多购买少计提、研发费用资本化)。2015 年乐视网从版权分销、付费用户、广告这三个来源取得的收入规模虽然不大,但其财务状况与"烧钱+盗版"跑马圈地、单独依赖广告业务的其他视频网站相比有天壤之别。然而毋庸置疑的是,随着广告收入与会员收入越来越难以覆盖巨额的内容成本、宽带成本和人工成本,在线视频企业传统的商业模式将面临越来越多的挑战,赢利压力也越来越大。

对于游戏行业而言,手机游戏在近些年逐渐成为整个行业关注的核心,完美世界、乐逗游戏和空中网等游戏企业都逐步将网络游戏业务转型为手机游戏业务。2015 年,完美世界和乐逗游戏由于市值被低估等原因已从美国资本市场退市。空中网虽然尚未退市,但 2015 年约亏损 0.16 亿元,净利润同比下滑 171.84%。游戏企业净利润下滑主要源于不断加大的手游研发费用和市场费用投入以及布局泛娱乐文化产业链的资本投入。然而联众游戏在 2015 年约获利 1.14 亿元,净利润同比增长 17.11%,其主要原因除游戏业务营收稳步增长外,更重要的是其赛事赞助及转播授权等非游戏业务收入同比大涨 346.2%,约为 0.74 亿元。此外,联众在 2015 年更大幅度地加快进军智力运动产业的步伐,通过签署一系列战略合作协议为构建智力运动生态系统奠基坚实基础。

人人网 2015 年的营业收入仅有 0.41 亿元,而净亏损则高达 2.2 亿元,净利润同比下滑 464.09%,主要由于其主营业务不振以及董事长陈一舟 2015 年的投资策略失误导致了高达 9810 万美元的投资亏损。

图 1-17 为 2015 年北京市互联网行业上市公司净利润率及变化趋势。该图表明大多数北京市互联网公司 2015 年的净利润率较之 2014 年有所下滑,大部分源于公司转型升级所需的资本投入以及市场竞争日益激烈引起的公司营销支出大幅增加,导致营业收入的增长不及营业支出的增加,净利润率因而下降。但在众多互联网行业上市公司中,航美传媒异军突起,在 2015 年实现了高达 298.61% 的净利润率以及 3831.66% 的净利润率增长率,其背后原因在于出售航美广告 75% 的股权带来了 21 亿元现金收益。

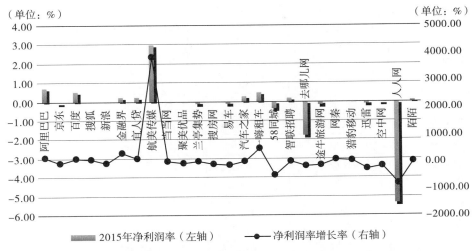

（单位：%）

图 1-17　2015 年北京市互联网行业上市公司净利润率及变化趋势

三、北京市互联网行业上市公司资本市场表现及比较

（一）北京市互联网行业上市公司资本市场个股表现

2015 年对于在美上市的 25 家北京市互联网企业来说，在资本市场上可谓"冰火两重天"。当年，宜人贷赴美上市，成为国内首家成功赴美 IPO 的 P2P 公司；而与此同时，奇虎 360、完美世界、乐逗游戏、高德软件和艺龙等互联网企业纷纷宣布收到私有化要约或达成私有化协议甚至完成退市。其他仍活跃于美国资本市场上的互联网企业，大部分都实现了股价增长（见表 1-9），其中航美传媒、易车网和去哪儿网表现优异，2015 年年底的股票收盘价分别比上年年底的收盘价上涨 131.80%、364.61% 和 96.87%。然而，阿里巴巴、百度、当当网、聚美优品和兰亭集势等互联网巨头及网上零售公司 2015 年年末股票收盘价却下跌了 12% 至 51% 不等。

表 1-9　北京市赴美上市互联网企业 2015 年股价及变化情况

	上市地	股价 2014/12/31（元）	股价 2015/12/31（元）	股价增长率（%）
阿里巴巴	N 股	636.01	527.73	-17.02
京东	N 股	141.59	209.52	47.98
百度	N 股	1394.95	1227.55	-12.00
搜狐	N 股	325.41	371.37	14.12

续表

	上市地	股价 2014/12/31（元）	股价 2015/12/31（元）	股价增长率（%）
新浪	N 股	215.21	301.58	40.13
金融界	N 股	32.55	40.33	23.90
宜人贷	N 股	—	61.36	—
航美传媒	N 股	15.66	36.30	131.80
当当网	N 股	56.85	46.69	−17.87
聚美优品	N 股	83.34	58.83	−29.41
兰亭集势	N 股	38.49	19.22	−50.06
搜房网	N 股	43.68	47.99	9.87
易车	N 股	44.67	207.54	364.61
汽车之家	N 股	222.49	226.76	1.92
一嗨租车	N 股	49.93	81.75	63.73
58 同城	N 股	254.24	428.32	68.47
智联招聘	N 股	92.89	99.48	7.09
去哪儿网	N 股	173.96	342.47	96.87
途牛	N 股	73.43	103.77	41.32
网秦	N 股	23.93	23.64	−1.21
猎豹移动	N 股	92.52	104.03	12.44
迅雷	N 股	44.67	49.09	9.89
空中网	N 股	33.10	48.70	47.13
人人网	N 股	15.36	23.90	55.60
陌陌	N 股	73.43	104.03	41.67

注:美元对人民币汇率使用 2014 年 12 月 31 日和 2015 年 12 月 31 日汇率,分别为 1：6.1190 与 1：6.4936。
资料来源:Wind 金融研究客户端。

　　航美传媒股价上涨主要源于其优化广告网络带来的利润率利好以及该公司CEO 以高于年中收盘价 70% 多的报价发出私有化要约,引起股价大幅上涨。易车网虽然在 2015 年多个季度中处于亏损状态,但其亏损基本源于新业务投放和京东所投入的无形资产的摊销,并且其在 2015 年年初获得美国最大汽车网站运营商 Auto Trader 的战略性投资,未来前景被看好,因此股价大涨。与易车网类似,去哪儿网2015 年也处于亏损状态,但是该公司绝大部分亏损源于其在“不惜以长年亏损来换取稳固的行业第一的地位”理念下建立“垂直搜索+SaaS 的一站式旅游服务提供商”的资本支出,因此去哪儿网在 2015 年受到与携程合并、三季度净亏损大幅收窄等多重利好刺激,股价实现大涨。同样地,京东的亏损绝大部分为非经营性亏损,是其主动的战略性选择,主要由于建设电商两大核心——供应链和物流的投资支出巨大,并且未来京东将聚焦在电商、金融和技术三大领域,市场对"等京东完成布局之后,纯利润的日子就会到来"的预期使得京东即使出现巨额亏损股价仍然保持平稳上涨。

然而,在2015年,阿里巴巴和百度则不像京东一样受到美国资本市场投资者的追捧,股价纷纷下跌。主要原因在于两者存在诸多问题,科技博客GigaOM编辑德里克·哈里斯曾表示:尽管阿里和百度拥有庞大的市场和规模,但是缺乏创新,更像传统生意人,而不是专注于技术开发。同时,这两家互联网巨头还将资金投向许多与主营业务无关的领域,业务线拉得很长,让本已对中国市场感到困惑的美国投资者疑虑加重,因此股价也随之下跌。此外,同为电商的当当网、聚美优品和兰亭集势的股价表现也很差。这些公司都倾向于不断烧钱、持续融资、不断扩张和持续投放,而忽视了服务质量、商品质量、客户重复购买率的提升,即忽视了产出效益的增加,导致定位和管理都出现了问题,在上市后业绩都不尽如人意。2015年当当网和聚美优品都迫不得已发出了私有化邀约,但是报价仅约为上市时价格的三分之一,说明两者业务发展模式均不被资本市场所看好。

与在美上市的北京市互联网公司股价表现"两极分化"不同的是,在香港以及国内A股上市的北京市互联网公司在2015年大部分迎来了股价上涨的好局面,六只股票有五只实现了股价增长,其中乐视网股价涨幅达298.98%(见表1-10)。乐视股价大涨原因有二:一是释放过去1年利空消息的抑制——2014年乐视网处于政策监管和创始人、董事长兼CEO贾跃亭个人不利传闻的影响中股价动荡下行,2015年贾跃亭回归后增加了市场信心;二是业务增长和新业务发展的预期,乐视网2015年各个季度财务状况良好,并且在投资者关系互动平台上表示未来可能将集团下已培育成熟的优质资产注入上市公司。这些都导致了乐视网被资本市场看好,引起股价大涨。游戏行业代表联众游戏股价也飙涨119.80%,股价上涨背后是其稳健业绩的支撑以及棋牌游戏和智力运动产业领导地位的拉升。

表1-10 北京市在港或沪深A股上市的互联网企业2015年股价及变化情况

	上市地	股价2014/12/31(元)	股价2015/12/31(元)	股价增长率(%)
人民网	A股	20.82	22.73	9.17
乐视网	A股	14.73	58.77	298.98
慧聪网	H股	7.23	4.68	-35.27
金山软件	H股	15.23	18.848	23.76
联众游戏	H股	2.616	5.75	119.80
神州租车	H股	10.42	12.84	23.22

数据来源:Wind金融研究客户端。

（二）北京市互联网行业上市公司资本市场表现对比分析

图 1-18 为 2015 年北京市互联网行业上市公司股价及变化趋势图。由图 1-18 可知,除航美传媒、易车和乐视网三个公司的股价表现得较为突出之外,北京市其他互联网行业上市企业的股价涨幅或跌幅都不是特别大,但是细分行业之间具有一定的差异性。股价表现差的主要集中在电商行业,慧聪网、当当网、聚美优品和兰亭集势等电商公司股价分别下跌了 35.27%、17.87%、29.41% 和 50.06%。其他细分行业的公司大部分则表现较好。搜狐、新浪和人民网等门户网站股价涨幅在 9.17% — 40.13%;神州租车和一嗨租车等互联网租车公司股价涨幅在 23.22% — 63.73%;58 同城、去哪儿网和途牛旅游网等信息服务网站股价涨幅则高达 41.32% 至 96.87%;互联网安全行业除了网秦的股价出现轻微跌幅之外,猎豹移动和金山软件股价分别上涨 12.44% 和 23.76%;游戏行业空中网和联众股价涨幅分别为 47.13% 和 119.8%;人人网和陌陌等社交软件公司股价也实现了 50% 左右的增长。

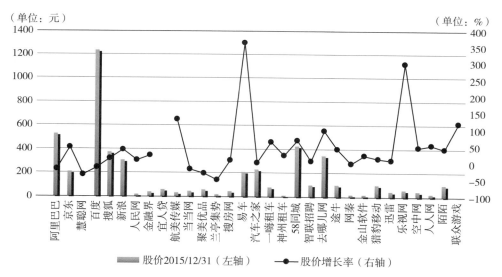

图 1-18　2015 年北京市互联网行业上市公司股价及变化趋势

注:宜人贷 2015 年才上市,因此无 2015 年的同比股价增长率。

规模较小的电商企业股价普遍下跌,除了映射出公司自身不被资本市场投资者看好的因素外,也在一定程度上反映了在阿里巴巴和京东等互联网巨头的垄断下其他网上零售商生存空间的狭小以及竞争的残酷。这些新兴电商企业接下来应该考虑放缓烧钱节奏,寻找自身独特的核心优势以保持竞争力,进而赢得投资者认可,实现企业长远发展。

四、其他省市互联网行业上市公司状况

为了更好地反映互联网行业的整体发展状况,本部分将选取具有代表性的外省市互联网行业上市公司进行概要性分析。

其他省市互联网行业上市公司主要对象包括:赴美上市的网易、第九城市、携程网、前程无忧、欢聚时代、凤凰新媒体、唯品会、500 彩票网和天鸽互动等 9 家公司;在港及国内 A 股上市的东方财富、上海钢联、生意宝、焦点科技、腾讯和网龙等公司。与前两年报告相比,剔除掉已从美国资本市场退市的盛大游戏、巨人网络、世纪佳缘、易居中国和麦考林等公司。

上述公司在互联网行业中涉及门户、垂直门户、游戏、传媒、电子商务、教育娱乐、综合 IT 等领域。

(一)其他省市互联网行业上市公司财务状况

2015 年,其他省市互联网行业上市企业 15 家中有 10 家取得了营业收入同比增长、11 家赢利、8 家净利润同比增长,但仅有 6 家净利润率实现上涨(见表 1-11)。与报告中北京市互联网企业相比,营收增长企业所占比例较低,但赢利企业所占比例较高。

表 1-11 其他省市互联网行业上市企业经营情况及变化趋势

企业	2015 年营收（亿元）	营收增长率（%）	2015 年净利润（亿元）	净利润增长率（%）	2015 年净利润率（%）	净利润率增长率（%）
网易	228.03	94.68	67.53	41.59	29.61	-27.27
第九城市	0.4641	-27.79	-3.05	-251.90	-657.17	-310.36
携程网	108.98	48.33	25.08	933.06	23.01	596.46
前程无忧	20.55	12.16	6.18	40.82	30.07	25.55
欢聚时代	58.97	60.32	10.33	-2.93	17.52	-39.45
凤凰新媒体	16.09	-1.75	0.73584	-72.03	4.57	-71.53
唯品会	402.03	74.11	15.90	89.27	3.95	8.71
500 彩票网	0.9955	-82.83	-3.24	-306.24	-325.46	-1301.16
天鸽互动	6.78	-2.06	1.52	241.20	22.42	248.38
东方财富	29.26	378.08	18.49	1015.79	63.19	133.39
上海钢联	213.57	182.61	-4.48	-3461.07	-2.10	-1289.30

企业	2015 年营收（亿元）	营收增长率（%）	2015 年净利润（亿元）	净利润增长率（%）	2015 年净利润率（%）	净利润率增长率（%）
生意宝	1.76	10.39	0.179211	−47.05	10.18	−52.03
焦点科技	4.95	−3.02	1.55	30.35	31.31	34.41
腾讯	1028.63	30.32	288.06	20.98	28.00	−7.17
网龙	12.87	32.33	−1.43	−180.92	−11.11	−161.15

资料来源：Wind 金融研究客户端。

在 15 家上市公司中，东方财富、上海钢联和网易的营收增长最为突出，分别同比增长 378.08%、182.61% 和 94.68%，而第九城市、凤凰新媒体、500 彩票网、天鸽互动和焦点科技营业收入出现下滑，500 彩票网的营收甚至下降了 82.83%。东方财富营业收入同比大幅增长得益于公司互联网金融电子商务平台基金投资者规模和基金销售规模扩大导致金融电子商务服务业收入同比大幅增加，以及公司金融数据和互联网广告服务业务收入迅猛增长。上海钢联营业收入同比大幅增加主要源于公司控股子公司——上海钢银电子商务股份有限公司的钢材现货交易服务业规模持续扩大、结算量快速增加。网易在 2015 年营业收入大增得益于其手机游戏大热，以及在交通类、网络服务类和房地产类广告服务需求增长的大环境下以及网易新闻客户端等移动端应用的商业化进展下公司广告服务毛利润的大幅增长。500 彩票网在 2015 年营业收入骤减主要由于公司按照相关部门对互联网彩票销售企业"自查自纠"的要求暂停互联网彩票销售业务，从而减少了收入来源。

净利润增长幅度较大的有携程网和东方财富，两家公司净利润分别同比增长 933.06% 和 1015.79%。而第九城市、500 彩票网和上海钢联在 2015 年亏损持续扩大，净利润下滑比例分别高达 251.90%、306.24% 和 3461.07%。在净利润率方面，同样是携程网和东方财富的净利润率增幅最大，而 500 彩票网、第九城市和上海钢联的净利润率下降最为严重。与去哪儿网在 2015 年亏损严重不同的是，携程网在 2015 年实现赢利大增，原因在于携程网在 2015 年将途家从主营业务中剥离，剥离日当天公允价值和账面价值之差导致了较多的收益确认。东方财富净利润规模扩大的原因在于其互联网金融和互联网广告服务带来的营业收入大幅增加，而 500 彩票净利润规模收窄原因在于其暂停互联网彩票销售业务导致营业收入减少。第九城市由于近些年一直处于转型未成亏损难改的局面，因此在 2015 年被迫进行可转债交易筹集资金。上海钢联营业收入大增然而亏损惨烈，原因有二：一是公司为快速提升钢银电商平台的服务水平及客户黏性，满足客户对不同品牌、规格和型号需求，公司在多个销售区域进行全品类扩充,形成了一定数量的库存,而2015年大宗商品行业持续低迷,钢材价格快速下跌,导致了公司亏损扩大;二是公司为建设大宗商品产业生态链引入高端IT人才并投入了大量资本,导致人力成本及三项费用大幅增加,公司亏损因而扩大。

(二) 其他省市互联网行业上市公司资本市场表现

与北京市互联网行业上市公司类似,其他省市有不少互联网公司在2015年已经进行私有化或者从资本市场尤其是从美国资本市场上退市,原因主要有企业价值被低估、美国严格的财务审核带来的高昂的财务管理成本、企业业务增长乏力或转型遭遇瓶颈导致财务状况不佳等等。然而仍留在资本市场上的公司的股票则大部分表现良好,15家企业中有10家2015年年末的股价同比实现增长(见表1-12)。尤其是东方财富、生意宝、第九城市和携程网四家公司股价同比涨幅分别达160.85%、179.81%、115.67%和116.12%。而前程无忧、上海钢联、唯品会、天鸽互动和凤凰新媒体股价则出现同比下跌,跌幅在12%到24%之间不等。

表1-12 其他省市互联网行业上市企业2015年股价及变化情况

	上市地	股价2014/12/31(元)	股价2015/12/31(元)	股价增长率(%)
网易	N股	591	1162.13	96.64
第九城市	N股	9.48	20.45	115.67
携程网	N股	139.21	300.85	116.12
前程无忧	N股	219.37	191.3	-12.79
欢聚时代	N股	381.46	405.66	6.34
凤凰新媒体	N股	50.85	39.09	-23.12
唯品会	N股	119.57	99.16	-17.07
500彩票网	N股	106.16	130.52	22.94
天鸽互动	H股	3.97	3.2	-19.58
腾讯	H股	111.91	152.04	35.86
网龙	H股	13.4	21.27	58.73
东方财富	A股	11.06	28.85	160.85
上海钢联	A股	60.36	50.7	-16.00
生意宝	A股	26.3	73.59	179.81
焦点科技	A股	53.63	94.45	76.11

注:美元对人民币汇率使用2014年12月31日和2015年12月31日汇率,分别为1:6.1190与1:6.4936。
资料来源:Wind金融研究客户端。

东方财富股价上涨背后是其 2015 年各季度漂亮的财报数据所体现的良好的经营状况。而第九城市虽然财务状况不佳，但是公司在 2015 年披露的可转债交易成为股价飙升的助推器，并且在披露拿下火热网游《穿越火线 2》在华的运营权之后，股价再度大涨。这在一定程度上说明仍留在美国市场上的低价中概股，已成为市场关注的炒作焦点。生意宝近几年致力于探索在供应链金融领域交易闭环、平台化以及与线下加大融合等模式创新与转型，尽管面临挑战，但由于符合趋势，资本市场依然对其表示认可。

与阿里巴巴和百度不同的是，腾讯这些年来一直在追求主营业务领域的创新，专注移动及通信、网络游戏、网络广告、互联网增值业务等等，发展自身的核心竞争力，注重产品用户体验，而不像前两者那样大范围拓展与主营业务无关的领域，因此前景被资本市场投资者看好，股价保持平稳增长。

五、总 结

2015 年，互联网行业发展风生水起，各类互联网平台都迎来了蓬勃发展。国家制定"互联网+"行动计划、互联网向移动端迁移，重磅合并事件频发、"共享经济"商业模式成为经济增长新引擎、电商实体加速资源整合、互联网金融监管进一步完善等等，无不意味着 2015 年互联网行业的发展风起云涌。

（一）国家首度提出"互联网+"概念，对互联网发展的重视提到新高度

2015 年，堪称"互联网+"元年。3 月 5 日，在十二届全国人大三次会议上，李克强总理在政府工作报告中首次提出"互联网+"概念——制定"互联网+"行动计划，推动移动互联网、云计算、大数据、物联网等与现代制造业结合，促进电子商务、工业互联网和互联网金融健康发展，引导互联网企业拓展国际市场。这是我国高层领导首次引申"互联网+"概念，承认并鼓励"互联网+"推动产业融合发展、提高科技创新能力并改善人们生活质量。2015 年 7 月，国务院发布《关于积极推进"互联网+"行动的指导意见》，12 月工业和信息化部出台了 2015—2018 年的具体行动计划。"互联网+"行动计划的正式提出，标志着我国工业化和信息化的深度融合进入了新阶段。

2015 年 12 月，以"互联互通、共享共治，共建网络空间命运共同体"为主题的第二届世界互联网大会在乌镇举行。国家主席习近平首次出席大会开幕式并发表重要讲话，提出各国应加强沟通、扩大共识、深化合作，共同构建网络空间命运共同体，以

及推进全球互联网治理体系变革,并就共同构建网络空间命运共同体提出"五点主张"。与会代表围绕互联网基础设施建设、数字经济发展、网络空间治理、网络安全和文化传播等议题进行了探讨交流,会议传递出我国转型成为网络强国的最强音。

从年初人大会议上"互联网+"的正式提出,到年末的世界互联网大会,一头一尾也表明了2015年国家层面对互联网发展的重视提升到新高度。

(二)互联网由 PC 端向移动端迁移,得移动互联网者得天下

2015 年,移动互联网迈入全民时代,截至 2015 年年底,移动设备规模已达 12.8 亿台,移动互联网接入流量消费达 41.87 亿 G,同比增长 103%。很多大型互联网企业 PC 业务用户往移动端迁移,呈现出 PC 业务增长放缓,移动业务增长迅速的态势。比如对于游戏行业而言,手机游戏在 2015 年已成为整个行业关注的核心,在线旅游、在线教育、O2O 等行业也都由 PC 端向移动端转移。在未来几年,如果一个互联网企业没有在移动端被用户高频使用的产品,它将很快被移动互联网的浪潮颠覆。深谙趋势的互联网三大巨头 BAT 不断拓展与完善移动端应用并早已形成垄断局面,在 2015 年用户覆盖率前 20 的应用榜单中,BAT 应用占了 16 款。尽管 BAT 巨头囊括高频使用的移动应用的绝大多数,其他互联网企业仍争相发展移动互联网业务,比如完美世界、乐逗游戏和空中网等游戏企业都努力将网络游戏业务向手机游戏业务转型。电商也在移动端持续发力,2015 年移动端网购交易额占全部交易额一大半。"双11"期间,天猫交易额突破 912 亿元,其中移动端交易额占比 68%,京东移动端下单量占比达到 74%,其余各大电商平台移动端的支付比例也在 60%—80% 之间。移动端在 2015 年首度超越 PC 端,成为网购市场的主流选择。2015 年,生活服务类 APP 如饿了么、美团外卖、百度外卖、滴滴打车等也快速崛起,无不意味着移动端产品日益受消费者欢迎。

此外,这也意味着移动互联网支付时代已经到来。无现金支付已成为人们生活的常态。移动互联网技术的渗透已改变原有的行业工作方式,提高效率,为产品、服务的提供者和使用者带来新的附加价值以及不一样的体验。

(三)O2O 强强联合求突破,七大重磅合并事件影响中国互联网新格局

2015 年,我国互联网行业出现了多起影响行业格局的重大合并事件。2 月,滴滴、快的两家十亿美元级的打车软件公司宣布战略合并;4 月,58 同城以现金加股票的方式获得赶集网 43.2% 的股份,两家公司合并;5 月,携程以 4 亿美元收购艺龙 37.6% 股份,共同布局旅游相关产业;10 月,美团和大众点评宣布达成战略合作,共

同成立一家专注于O2O领域的新公司;携程与百度达成股权置换交易,携程与去哪儿正式联姻;阿里巴巴以45亿美元收购合一集团(优酷土豆),中国互联网"第一并购"诞生;12月,世纪佳缘和百合网达成合并协议,世纪佳缘私有化。在互联网市场竞争激烈导致资本压力越来越大的情形下,互联网企业选择通过合作来实现资本的有效利用,从而寻求新的突破。

O2O等细分行业巨头合并的背后,主要原因有三:一是融资寒冬,投资者由最初狂热盲目回归理性。2015年国内A股暴跌,IPO一度关闭,中国概念股遭美国投资者冷落,特别是B轮C轮融资严重遇冷,通过合并可以强强联手扩大资产规模。二是追逐资本利益,形成垄断效益。几十亿美金量级的公司合并,会带来组织架构调整与裁员,能推动其合并的动力就是资本利益最大化,合并可以带来绝对垄断进而达到更高的估值,还有助于做成像BAT这样的超级平台。三是"互相掐架"两败俱伤不如抱团取暖。大部分联姻的互联网企业双方的赢利模式基本相同,之前一味地烧钱已让这些公司力不从心,比如滴滴快的补贴司机和乘客的钱曾每天高达1000万!通过合并能停止恶性竞争,减少烧钱,提早终止亏损,走向盈利。众多企业在宣布合并消息后,股价大涨也反映了投资者对这些企业合并的肯定。

此外,在互联网行业合并频繁发生的同时,中概股回归之势也已形成。2015年,巨人网络已借壳世纪游轮,盛大游戏欲借壳中银绒业,暴风科技成功登陆创业板,奇虎360、世纪佳缘、欢聚时代、陌陌、中手游等大批公司也在筹备回归A股。中概股回归A股之势说明A股市场的持续升温特别是成交量的增加已大大增强投资者的信心,也让在海外上市的公司回归A股的热情提升,对A股市场的信任度提高。

(四)"共享经济"创建新商业模式,成为经济增长新引擎

2015年10月,党的十八届五中全会公报中首次提出发展"分享经济","分享经济"即"共享经济",实质是公众通过互联网社会化平台,分享各自所拥有的闲置资源,帮助其他有需求的人完成消费并从中获利。2015年,"共享经济"的发展如火如荼,已深入渗透到人们交通出行和短租住宿等生活服务细分领域。比如,以一嗨租车和神州租车为代表的网络租车行业、以滴滴快的为代表的出租车行业,以小猪短租为首的短租行业等等,在移动互联网盛行的2015年迅速崛起。2015年可以说是这些以"共享经济"为新商业模式的O2O企业创造佳绩的一年。譬如,一嗨租车和神州租车在2015年无论是在经营方面还是在资本市场上的表现都很优异,而滴滴快的通过合并创造了互联网出租车行业的巨头。

"共享经济"利用互联网等新技术消除大部分的信息不对称,有利于在更大范围内实现资源的有效配置。"共享经济"带来了新的商业模式和商业机会,是"互联

网+"概念的实践,是借助互联网思维促进传统产业转型升级的典型案例。未来基于"共享经济"的移动互联网商业模式将会让更多客户享受更便捷、更高性价比和更优质的服务。

（五）电商实体加快线上线下融合、加速资源整合

随着电子商务交易模式发展逐渐平稳,电商实体也加快线上线下融合互补。2015年6月,阿里巴巴与银泰宣布银泰将成为阿里巴巴的"陆军战队",即阿里集团整合线上线下业务的重要平台;此外,阿里巴巴还与苏宁宣布达成全面战略合作,双方将发挥各自优势打通线上线下,对现有体系实现无缝对接;8月,京东与永辉超市签署了战略合作框架协议,双方将尝试打通线上与线下渠道,合作探索零售金融服务;9月,由腾讯公司、百度公司、万达集团合力打造的"飞凡电商"亮相,致力于为购物中心提供完整的"互联网+"商业解决方案。电商与实体的加速融合,有利于双方优势互补、资源共享,并且有利于提升消费者的消费体验。

（六）互联网金融进一步发展,监管体系日趋完善

2015年,互联网金融不断创新发展。这一年,互联网银行如深圳前海微众银行、浙江网商银行逐步诞生并开始营业,百度与中信银行共同成立的百信银行成为"互联网+金融"的创新标志。此外,在2015年12月,宜人贷成功赴美IPO,成为国内首家在美上市的P2P企业,该上市对中国互联网金融而言具有里程碑意义,有助于改变公众对互联网P2P企业的看法及减少疑虑,对中国互联网市场具有深远的影响。

互联网的创新发展也倒逼相关政府部门加快完善监管体系。2015年7月,央行、工信部、银监会、证监会、保监会、网信办等十部委共同联合印发了《关于促进互联网金融健康发展的指导意见》,《关于促进互联网金融健康发展的指导意见》将发展普惠金融、鼓励金融创新与完善金融监管协同推进,引导、促进互联网金融这一新兴业态更加健康地发展。12月,央行发布《非银行支付机构网络支付业务管理办法》,银监会联合工信部等三部门发布《网络借贷信息中介机构业务活动管理暂行办法(征求意见稿)》,这些监管规则的陆续落地对规范网络借贷市场,促进现代金融业健康发展将起到积极作用。

（七）互联网产业法治更健全,网络安全法律体系更完善

2015年,网络安全法治建设与网络空间治理持续推进。互联网产业发展法律环境日益优化,市场竞争更加规范有序;国家号召各国共同构建网络空间命运共同体。2015年7月,第十二届全国人大常委会第十五次会议初次审议了《中华人民共和国

网络安全法(草案)》,并面向社会公开征求意见。《草案》主要从保障网络产品和服务安全、保障网络运行安全、保障网络数据安全、保障网络信息安全等方面进行了具体的制度设计。此外,第十二届全国人大常委会第十五次会议通过的《中华人民共和国国家安全法》,第十六次会议通过的《中华人民共和国刑法修正案(九)》,以及第十八次会议通过的《中华人民共和国反恐怖主义法》,均对保护国家网络与信息安全、网络信息内容监管与责任作出了明确规定。相关法律法规的制定为维护我国网络安全提供了保障和依据,进一步完善了我国的互联网法律体系。

(作者简介:张晓涛,中央财经大学财经研究院院长、国际经济与贸易学院教授、博士生导师;陈国媚,中央财经大学国际经济与贸易学院硕士研究生)

第二部分　行业发展与行业管理

Part Ⅱ　Industry Development and Industry Management

电子商务 B2B 市场行业发展现状与未来发展趋势分析

杨亚琼

一、电子商务 B2B 市场已进入发展新阶段

2015 年,中国 B2B 电商行业整体发展延续了 2014 年发展态势的同时,开始从幕后走向台前,成为风口,获得更多资本和市场的关注。在中国宏观经济增速放缓的背景下,传统企业开拓市场、提升流通效率,降低流通成本、规避运营风险的诉求尤为突出。在"互联网+""一带一路"等宏观利好政策的支持与刺激下,B2B 电商行业在 2015 年进入新的发展阶段。

Analysys 易观分析认为,中国 B2B 电子商务市场交易规模在未来几年整体增速将呈放缓态势,但仍将保持缓慢发展。2015 年,中国 B2B 电子商务交易规模达到 10.7 万亿元人民币,较 2014 年增长 14.3%,预计到 2018 年市场整体交易规模将达到 15.4 万亿元人民币(见图 2-1)。

Analysys 易观分析认为,中国 B2B 电子商务市场收入规模未来几年增速平稳。2015 年,中国 B2B 电子商务收入规模将达到 245.2 亿元人民币,较 2014 年增长 27.58%,预计到 2018 年市场整体交易规模达到 470.8 亿元人民币。

2015 年,中国电子商务 B2B 市场的发展在经历了探索期和市场启动期后,已迈入了高速发展期(见图 2-2)。

(一)探索期(1999—2003 年)

1999 年至 2003 年,中国开始迎合信息化的发展趋势对传统商务进行改革和创新。这一阶段,企业对于电子商务的需求仍待挖掘,产业的发展由重点厂商推

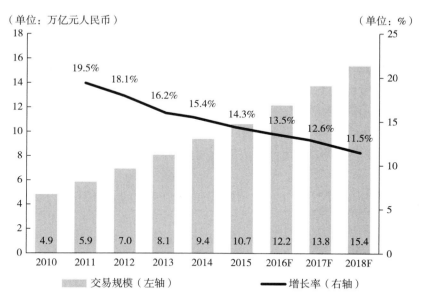

图 2-1   2016—2018 年中国电子商务 B2B 市场交易规模预测

资料来源：Analysys 易观智库，www.analysys.cn。

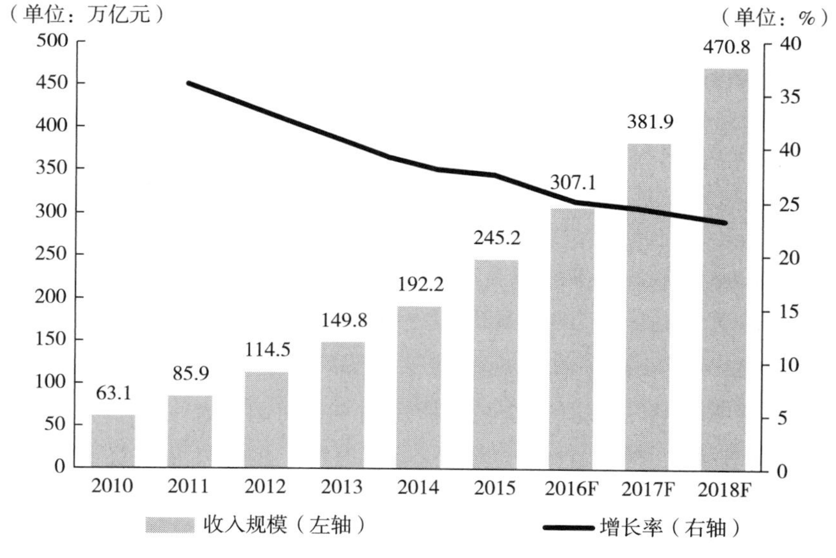

图 2-2   2016—2018 年中国电子商务 B2B 市场收入规模预测

资料来源：Analysys 易观智库，www.analysys.cn。

进。1999年,阿里巴巴的成立标志着中国电子商务B2B的正式开端。在中国电子商务B2B发展初期,企业对于低成本商机获取的需求较为强烈,由于互联网渠道所带来的低成本以及时效性,使企业愿意选择电子商务B2B作为其拓展业务的渠道(见图2-3)。

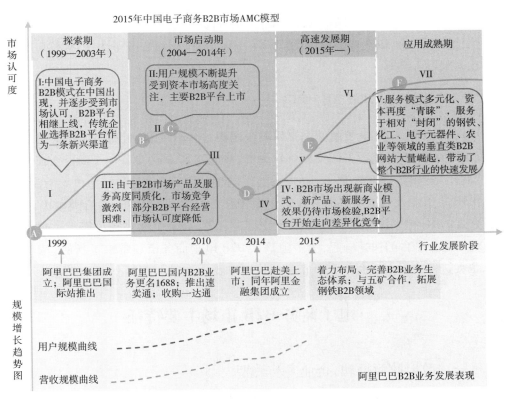

图 2-3   2015 年中国电子商务 B2B 市场 AMC 模型

资料来源:Analysys 易观智库,www.analysys.cn。

(二) 启动期(2004—2014 年)

2004 年至 2008 年,随着 IT 技术的高速发展、PC 的普及以及信息化进程的不断推进,企业对电子商务的需求不断增加,越来越多的参与者进入市场。进入 2008 年,中国的电子商务 B2B 市场达到第一次顶峰,企业在这一阶段开始大规模使用电子商务 B2B 平台的各项产品与服务。伴随着市场的火热,垂直品类的电子商务 B2B 应用开始出现。

2009 年至 2011 年,由于国际金融危机的影响,外贸订单数量减少,中国电子商务 B2B 发展中的问题被放大,同质化的服务使得 B2B 市场竞争激烈。信息服务已极大程度解决了信息不对称的问题,平台付费会员服务效果逐渐下降,其他运营模式在基于数据存储的探索中慢慢呈现出来,不过,企业对于电子商务的需求仍需进一步挖掘。

中国电子商务 B2B 市场在经过 2011 年的低迷之后,在 2012 年进行了初步的变革,2013 年市场运营模式多元化态势初显,2014 年,互联网广泛应用,信息相互互联,大数据、云计算等新科技不断被应用,B2B 1.0 时代以信息服务、广告服务、企业推广的时代已逐渐退去,以在线交易、数据服务、金融服务、物流服务等为主的 B2B 电子商务新时代已经到来。

(三)高速发展期(2015 年至今)

近两年,中国 B2B 电子商务垂直领域快速崛起。2014 年,科通芯城在港交所挂牌,找钢网在 2015 年获得 1 亿美金 D 轮融资,估值过 10 亿美金。电子商务正在进入相对"封闭"的领域(钢铁、化工、电子元器件、农业等),带动起万亿元市场的需求。资本市场对 O2O 及网上零售的关注度逐渐转移至 B2B 细分领域;垂直类 B2B 平台具备较强的服务"纵深"能力,其深入产业链上下游,满足企业多样化需求。垂直类 B2B 电子商务平台的快速崛起,为中国整个 B2B 电子商务市场带来了新的"增长动力",也促进了中国电子商务 B2B 市场的快速发展。

二、电子商务 B2B 市场主要特征

(一)政府政策推动,企业主动转型

2015 年,随着中国经济全面进入新常态,由人口红利、低劳动力成本带来的出口优势渐趋弱化,内需成为拉动经济发展的核心引擎。一方面,国家扩大内需的重要举措,给中小企业带来了更多发展机会,对上游供给与流通市场激活作用明显。另一方面,随着需求侧消费升级的展开,对上游供给侧的倒逼日益显现。2015 年下半年,国家频提"供给侧改革",对通过供给端的创新与改革实现整体经济结构优化的路径给予肯定。

在此背景下,中国企业(尤其是中小企业)转型动力巨大,而企业也逐步认识到 B2B 电商在帮助自身提升流通效率、降低流通成本、拓展市场渠道方面作用,开始纷纷主动转型触网,B2B 电商成为众多中小企业落实"互联网+"跨出的第一步。

(二)综合平台强化服务能力,拓展服务生态

传统的 B2B 综合电商平台角色进一步转变,从平台提供者到综合服务提供者。

随着传统 B2B 平台信息撮合红利的进一步缩减,交易模式和综合服务构建生态体系成为传统电商尤其是综合平台的发展方向。在进一步培养在线交易、实现数据闭环的基础上,提供供应链金融服务仍是商业模式的探索方向。另外,物流仓储服务、数据服务等增值服务模式也开始加速探索。

(三) 垂直领域百花齐放,受资本青睐

依靠对行业的深入洞悉,痛点发掘,垂直领域 B2B 平台凭借对垂直领域内企业的服务深度和资本助力在 2015 年迅速崛起。在产品标准化程度高、市场规模大的行业,如钢铁、煤炭、化塑、橡胶等行业,垂直 B2B 平台率先切入。此外,由于垂直类 B2B 电商行业固定、用户集中、企业间信任度高、同行监管较强,更容易形成用户黏性和实现在线交易。真实交易数据的累积为达成供应链闭环创造条件,使得平台能够在提供撮合交易服务外,拓展仓储、物流、金融等增值业务。

(四) 企业服务市场兴起,中小企业需求加速

目前,国内中小企业市场仍处于空白状态。一方面,软硬件环境的成熟、移动互联网的普及、即时通信技术的成熟,使得企业级服务产品使用成本大幅降低。另一方面,由于 B2B 市场长期面临产业链信息不对称、销售成本高、销售周期长、决策流程复杂、管理能力薄弱等诸多困境,中小企业在宏观经济下行背景下,亟须加速转型,提升自身运营效率、缩减成本,云计算、SaaS 等企业服务也受到中小企业的青睐。

三、电子商务 B2B 市场厂商竞争格局

中国电子商务 B2B 市场潜力巨大,市场规模、配套资源、资金实力、增长速度、用户规模等将是 B2B 企业资源能力评定的重要考量指标;同时,伴随电子商务市场的快速发展,一些细分领域的 B2B 市场逐渐被打开,资本市场的关注度在逐渐"升温",垂直领域 B2B 服务深度和服务模式具备一定的创新能力,将带动整个电子商务 B2B 市场的快速发展。其中,服务创新能力、供应链整合能力、人才储备、技术创新能力以及投资布局将是对厂商创新能力评估的主要衡量指标。本文将通过市场实力矩阵这一工具进行分析(见图 2-4)。

(一) 领先者象限分析

领先者象限,厂商的创新能力较强,并且在市场上得到了验证,市场占有率较高。领先者处于势能稳定状态,希望现有市场格局保持不变。

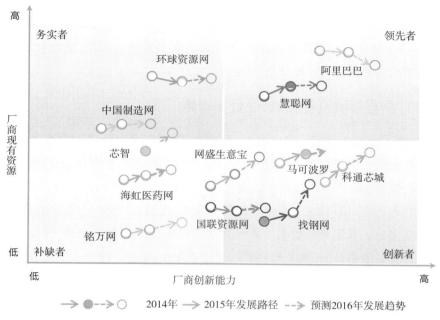

图 2-4　2015 年中国电子商务 B2B 市场实力矩阵

资料来源：Analysys 易观智库，www.analysys.cn。

代表厂商分析：阿里巴巴、慧聪网

阿里巴巴在中国电子商务 B2B 市场的领先地位不可撼动，近年来阿里巴巴 B2B 业务复苏态势强劲，特别是在国际批发方面，在自贸区以及跨境电商政策利好的情况之下，阿里巴巴国际市场的小额批发业务发展十分迅猛，平台展示出新的活力。2015 年，阿里巴巴为应对垂直电商的兴起，在服务生态体系和供应链体系层面做了深入布局以应对冲击。

2014 年，慧聪网从香港创业板转到香港联交所主板上市，慧聪网的转板上市将对业务发展、财务的灵活性以及日后的成长等方面带来诸多好处。深入交易、培养用户的在线交易习惯是慧聪网的工作重点。2015 年慧聪网 15 亿元收购中关村在线，意味其依托资本优势展开了对垂直细分领域的深入涉足。

（二）创新者象限分析

创新者象限，厂商的创新能力较强，但是由于在市场推广、定价、客户认知等方面的原因，在创新方面的投入没有得到相应回报。厂商急于改变现状，是产业变革的生力军。

代表厂商分析：马可波罗、科通芯城

2014 年，马可波罗已经完成 B 轮 3000 万美金融资，并且逐步切入交易环节以及互联网金融业务,同时,马可波罗与华南城牵手,加快O2O的战略布局。精准的搜索与强大的信息产品数据库一直是马可波罗的优势所在,马可波罗与华南城的强强联合,是资源优势互补、线上线下融合的全面体现。

科通芯城是中国最大的IC及其他电子元器件交易型电商平台,2013年,公司所完成的订单总商品交易总额约达人民币39亿元,2014年科通芯城上交所挂牌。2015年科通芯城启动了"芯火+"的战略计划,并与硬蛋联合协助传统制造商客户转型为"互联网+"企业。

(三) 务实者象限分析

务实者象限,厂商的市场占有率较高,但是技术/产品并没有明显的创新,可能处于不稳定的状态。可以继续通过良好的市场运作挑战领先者,但是后劲不足。

代表厂商分析:环球资源网

环球资源网是多渠道的B2B国际贸易平台,以外贸见长,主要为买家提供采购信息,并为供货商提供市场推广等服务,环球资源一直致力于促进大中华区的对外贸易。2015年,环球资源展览会业务增长态势凸显,举办了一系列的展会。另外,在垂直细分领域,环球资源网也开始进一步布局,推出了多个全新的垂直化行业网站,包括时尚配饰及鞋类、时装及面料、礼品及赠品、五金产品,家居用品。

(四) 补缺者象限分析

补缺者象限,厂商创新能力和市场占有率都不高,如果市场定位准确,投入产出比例均衡,厂商将会一直保持目前的市场定位,否则将会被市场淘汰。补缺者对产业格局的影响不大。

代表厂商分析:铭万网

铭万网协助中小企业建站推广,深入到帮助中小企业拓展市场,包括中小企业网络代运营、生产厂家直销商城、B2B网上支付,借助客户积累,搭建了中小企业融资贷款中介服务平台,协助中小微企业解决资金短缺困难。

四、电子商务B2B市场趋势预测

(一) 物流仓储、供应链金融服务能力将是未来竞争焦点

随着用户对互联网的进一步熟悉,供应采购开始呈现自动化趋势。交易环节的仓储物流、金融服务的价值的重要性也更为凸显。B2B平台的真正价值是通过交易

数据产生的大数据分析、物流服务、金融服务等深入供应链中的服务。而用户在线交易的习惯培养与平台本身提供的服务存在相互促动作用。2016 年完整有效交易闭环将成为下一个竞争点。

（二）垂直领域依靠补贴获取用户的模式难以持续，面临洗牌与整合

2015 年，市场涌现出众多垂直领域 B2B 电商。在资本的推波助澜下，目前垂直领域电商主要依靠补贴模式获取流量。与零售电商、O2O 相似，补贴模式本身并不是健康的商业竞争手段，垂直领域 B2B 电商最终仍需回归到商业本质，为用户提供价值。用户线上交易的习惯仍需时间培养，在探索出可行的赢利模式前，依靠资本维持的资金链一旦断裂，电商平台本身、平台用户便会陷入危机。

随着资本对 B2B 市场的进一步关注，传统巨头对细分领域的深度布局，2016 年 B2B 垂直领域存在洗牌与整合的可能性较高。

（三）线上线下进一步融合发展

1. B2B+O2O

线上线下融合仍是 2015 年甚至未来很长一段时间内 B2B 发展的大趋势，2014 年虽然各家 B2B 企业都在布局自身的 B2B+O2O 战略，但是离真正的实施以及落地还很远，线上线下联动仍然是 B2B 主流，而且线下的探索将重于线上。线上线下融合最大的价值是进一步打通行业供需双方资源的透明度，实现供需双方的有效对接，为 B2B 产业的良性发展提供了可能，国内电子商务 B2B 市场的竞争形式已经开始从线上延伸到线下。

2. 互联网+产业带

电商 B2B 平台在优化整个产业链的上下游、建立以区域特色为主的电商产业带中发挥着重要的作用。电商 B2B 平台能够帮助产业带的客户减少购买程序，优化采购渠道，降低采购直接成本。平台能够运用本身优势资源，为卖方做好网络营销，拓宽销路。由于电商产业带一般都与当地政府展开多方合作，电商产业带的模式对于孵化具有地方特色的电子商务生态圈也是积极的探索。

五、利好政策加快北京市电子商务 B2B 市场发展

北京拥有优秀的人才，依托高新技术，政策扶持以及京津唐经济圈，电子商务 B2B 市场发展势头良好。加之国家和北京市政府不断推出利好电子商务的政策，进一步促进北京市电子商务 B2B 市场发展继续保持全国领先地位。

2013 年,北京市就将发展电子商务上升为提升城市竞争力的重要内容。北京市政府发布了《关于促进电子商务健康发展的意见》(以下简称《意见》),明确提出到 2015 年,全市电子商务交易规模超过 1 万亿元,电子商务零售额占社会消费品零售额的比重力争达到 15%。为此目标,北京市提出了 23 条具体措施,从完善支撑体系、鼓励电子商务企业进行高新技术企业认定等方面对电子商务行业以及上下游产业进行扶持。

北京市商务委方面表示,统筹使用商业流通发展专项资金和中小企业发展专项资金,将对符合标准和要求的项目采取项目补助、政府购买服务、以奖代补等形式给予支持。以电子商务创新示范及商业流通领域线上线下融合发展项目为例,对电子商务创新示范和资源协同、传统商业转型升级、互联网+生活性服务业等项目架设,单个项目支持金额最高为 500 万元。

2015 年 9 月 24 日,阿里巴巴集团决定"北上",以北京为大本营,高强度推进在中国北方地区的战略执行和业务发展,正是看中北京特有的互联网产业优势。总的来说,北京市处于全国电子商务技术创新与应用的领军地位。北京市积极参与国家下一代互联网技术研发,推动三网融合、移动互联网、云计算、物联网应用,培育移动商务、物联网应用和信息增值服务等电子商务增长点。

(作者简介:杨亚琼,易观分析师。长期从事电子商务领域的研究工作,对传统行业电子商务转型、电子商务 B2B 市场、跨境电商、移动电商等细分领域有着深入的研究)

网络游戏市场发展现状与未来发展趋势分析

薛永锋

◇◇◇

一、网络游戏市场发展现状

（一）宏观利好因素促进网络游戏快速发展

在监管政策的支持下,随着居民收入水平提升和网络游戏产业链的成熟,大量的游戏用户群体扩大,依靠正在普及的智能设备和 4G 网络,中国的网络游戏市场正在快速发展(见表 2-1)。

表 2-1　网络游戏市场宏观环境分析

政治环境	技术环境
监管机构政策支持:文化部、原信息产业部 2005 年发布的《关于网络游戏发展和管理的若干意见》,指出要加大网络游戏管理力度,规范网络市场经营行为,提高我国网络游戏原创水平,促进网络文化产业的健康发展	游戏设备和网络的普及:互联网信息服务的蓬勃发展推动了智能终端的迅速发展,不只是 PC,更多是移动智能设备的快速普及;2013 年 12 月 4 日工信部正式向三大运营商发布 4G 牌照,促进了移动 4G 网络的普及
对网游营销的监管力度加大:2015 年 4 月,文化部发布《关于加强网络游戏宣传推广活动监管的通知》,对企业在网络游戏宣传推广活动掺杂暴力色情内容等进行治理	更好的画质效果和玩家体验:客户端网游的画面效果已经与主机游戏愈来愈接近,移动游戏也在通过 3D 引擎的运用和 AR、VR 技术提升画质效果和玩家体验
社会环境	经济环境
游戏用户群扩大:中国网民规模的快速增长,网络游戏群体也逐渐扩大	居民收入水平提升:居民人均可支配收入不断增长,游戏等娱乐项目的消费能力提升

续表

社会环境	经济环境
移动游戏付费习惯形成:移动游戏的收费模式以及玩家的消费倾向正在慢慢超越许多传统行业	网络游戏产业链成熟:网络游戏各个产业链发展成熟,移动游戏和电竞领域也是发展迅速,行业趋向于集中化
人们的娱乐需求加大:特别是85后、90后对于室内低门槛娱乐方式的多样化需求加大	资本催化市场热度:近年来资本市场在网络游戏特别是移动游戏企业上投入大量资金

资料来源:笔者整理。

(二) 网络游戏市场规模稳健增长

近年来,中国网络游戏市场的整体规模保持稳健增长,2015年达到1361.8亿元人民币,较2014年增长24.1%(见图2-5)。

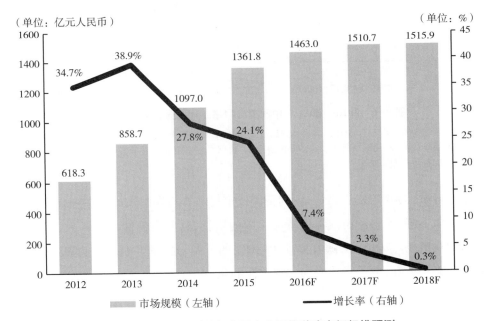

图 2-5　2016—2018年中国广义网络游戏市场规模预测

注:中国广义网络游戏市场包含:1.中国客户端网络游戏市场;2.中国网页游戏市场(含社交网页游戏);3.中国移动游戏市场(包含移动网络游戏和移动单机游戏)。数据来自上市公司财务报告、专家访谈、厂商深访以及易观智库推算模型得出。

2015年,中国广义网络游戏市场规模为1361.8亿元人民币,其中移动游戏为541.8亿元人民币,占比约40%,相比2014年有显著增加;客户端游戏为582.4亿元人民币,占比约43%,相比于2014年有微小的提升;网页游戏为237.6亿元人民币,占比约17%,相比于2014年呈增长趋势。2016年网络游戏进一步保持增长,特别是移动游戏,将超过客户端游戏市场规模。未来三年,端游将会基本持平或有微小下降,移动游戏市场增速将继续放缓。

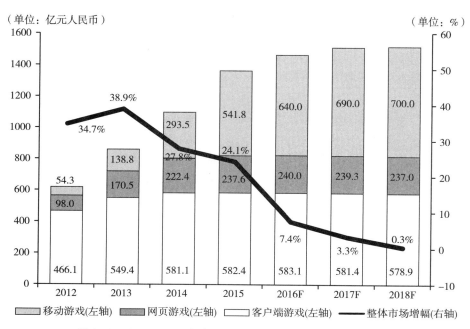

图 2-6　2016—2018 年中国广义网络游戏细分市场规模预测

注:中国广义网络游戏市场包含:1.中国客户端网络游戏市场;2.中国网页游戏市场(含社交网页游戏);3.中国移动游戏市场(包含移动网络游戏和移动单机游戏)。数据来自上市公司财务报告、专家访谈、厂商深访以及易观智库推算模型得出。

目前,网络游戏的发展趋势是:网页游戏市场和客户端游戏市场在未来将保持稳定或有细微下降,而移动游戏将保持进一步的增长,且所占份额不断扩大,将成为最主要的游戏市场。2015 年,随着移动 4G 网络的普及与技术方面的成熟和突破,移动游戏发展势头良好,电子竞技成为大家关注的焦点。

二、移动游戏市场发展分析

(一)移动游戏发展现状

1.移动游戏市场规模稳定增长

中国移动游戏市场交易规模未来几年将保持稳定增长,2015 年市场规模为541.8 亿元人民币,相比于 2014 年增长 84.6%,实现了大幅增长(见图 2-7)。预计未来三年,移动游戏市场规模将持续上涨,增速将继续放缓。

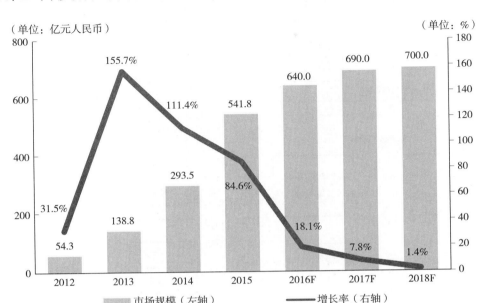

图2-7　2016—2018年中国移动游戏市场规模预测

注:1.中国移动游戏市场规模,即中国游戏企业在移动游戏业务方面的营收总和。具体包括其运营及研发的移动游戏产品所创造的用户付费收入以及企业间的游戏研发与代理费用,游戏周边产品授权,内容外包与海外代理授权费用的总和。2.上市公司财务报告、专家访谈、厂商深访以及易观智库推算模型得出。

资料来源:Analysys 易观智库,www.analysys.cn。

2.移动游戏产业生态链

在不断摸索与成长后,各主要的移动游戏发行企业已经建立起了相当程度的行业壁垒,在其各自优势领域继续深耕拓展、跑马圈地。从整体来看,中国移动游戏市场发行商阵营进一步扩大,新老发行商竞相推出精品产品,共同推动市场走向繁荣(见图2-8)。

（1）移动游戏研发商

移动游戏的研发企业,主要以聚集产品 IP,打造产品研发的核心团队,依靠自身的智力和创意作游戏内容的创生。在此之外,或将自主研发的产品独家代理给发行企业,或将产品投放到移动游戏的分发渠道,做自主的运营,进而将自己的产品向产业链的下游输出。

（2）移动游戏发行商

主要经营的业务为独家代理上游研发厂商的移动游戏产品,通过全渠道的发行能力、强大的市场推广能力,将代理的产品投放到多个渠道,进行产品的推广及运营。

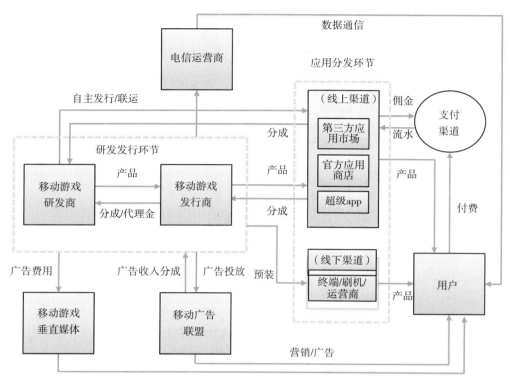

图 2-8　中国移动游戏产业链

（3）移动游戏渠道商

又称作移动游戏运营平台，直接对接用户，是用户接触移动游戏的第一个环节，也是移动游戏内容流向用户的最后一公里。目前中国移动游戏运营平台以应用商店为主，包括官方（苹果 App Store、Google Play）与第三方应用商店（360 手机助手、91助手、应用宝等）。此外，还包括运营商渠道（爱游戏、咪咕游戏、沃游戏）以及硬件厂商的应用商店（小米、华为等）。

（4）移动游戏支撑环节

包括电信网络、服务器、营销媒体、支付等环节。随着手游行业的竞争带来了红海的现状，也催生了周边产业的兴起。除了开发商、发行商和渠道商，手游产业链上的美术外包、云技术服务、社交工具、测试平台、游戏交易、游戏直播等业务，如雨后春笋般兴起。移动游戏产业链更加地细分与优化。

3. 移动游戏市场目前处于高速发展阶段

截至目前，中国移动游戏市场的发展主要经历了市场探索期和启动期，已经在2015 年步入高速发展期（见图 2-9）。

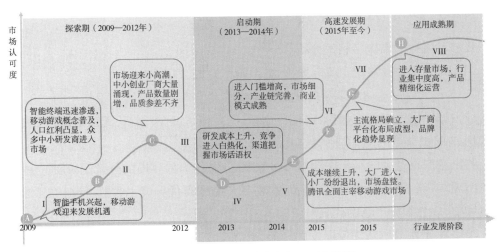

图 2-9　中国移动游戏市场 AMC 模型

资料来源：Analysys 易观智库，www.analysys.cn。

（1）探索期（2009—2012 年）

2009—2010 年，中国移动游戏市场由于智能终端尚未普及，市场处于孕育期。2011—2012 年中国智能机用户规模剧增，移动游戏用户规模也随之增长，中国移动游戏市场处于从非智能终端转向智能终端平台的阶段，移动游戏产业结构发生变化。以《愤怒的小鸟》《水果忍者》为代表的海外游戏引入中国市场，移动游戏创业厂商大量涌现，但行业内游戏品质参差不齐，产业链不完善，商业模式不清晰，中国移动游戏市场尚处于探索期。

（2）启动期（2013—2014 年）

随着中国移动游戏市场的快速发展，大量资本和创业团队涌入市场，中国移动游戏市场在 2013 年和 2014 年备受资本市场青睐，并购频繁，PE 倍数普遍高达 15 倍左右。随着市场竞争进入白热化，研发和推广运营成本也逐渐提高。由于移动游戏的产品特性，移动游戏依赖于游戏平台和渠道，平台的集中度相对较高，开发者数量较为分散，在平台对接中渠道把握主要话语权。大量产品无力进行推广和发行，在这一过程中专注于发行的厂商出现，成为中国移动游戏市场中的重要产业环节和推动力量，其中以资金雄厚的大厂商为主要参与者，行业集中逐渐成形，市场进入盘整期。

（3）高速发展期（2015 年至今）

经过 2014 年的爆发后，2015 年移动游戏市场开始趋于理性增长。随着研发、运营成本不断提升，资本热度降低，大批中小团队死亡，移动游戏产出量未减，厂商囤积大量 IP。移动游戏行业进入寡头化，腾讯、网易等大厂商主宰移动游戏市场，移动游戏进入门槛提高，主流格局逐渐确立。

（二）移动游戏市场竞争格局

1. 移动游戏厂商竞争格局分析

（1）2015 年中国移动游戏市场领先者：腾讯游戏、网易游戏

2015 年无疑是这两家端游时代的巨头在移动游戏市场继续开疆拓土的一年，二者合计占据中国过半的市场份额，模式创新、产品创新、玩法创新，无论是在自研还是在代理方面，二者都成为行业的风向标与引领者。

腾讯游戏在过去的一年连续发布多款产品，既作为内容提供商又作为发行、平台角色出现，依靠手 Q 与微信的强势流量，多款产品取得优异流水收益，同时在多个细分市场中，成为细分市场的代表与引领。

2015 年是网易游戏集中爆发的一年，其在端游时代积累的多个 IP，成功转化为强势的移动游戏产品，开创了新的细分市场，奠定了网易游戏领先者的行业位置。

（2）2015 年中国移动游戏市场创新者：乐元素、乐逗游戏、蜗牛游戏、游族网络

乐逗游戏在 2015 年连续发布了多款成功产品，在 IP 的发行策略中进行了诸多创新，同时坚持引进海外的大作进行中国市场的本地化；蜗牛游戏作为老牌的端游企业，过去的一年将多款积累多年的优质端游 IP 成功移植为移动游戏，发行的多款产品在玩法方面有诸多创新；同样作为 PC 时代重要的游戏企业，游族网络也将多个页游产品转换为手游，利用 IP 的联动、跨终端的运营引领了移动游戏的新的发行思路。

（3）2015 年中国移动游戏市场务实者：胜利游戏、掌趣集团、巨人网络、盛大游戏

2015 年中国移动游戏市场持续增长，行业发展初期积累起先发优势的企业持续放大企业价值，而务实者象限中的企业，无一不是在 2015 年取得了良好游戏收益的企业。胜利游戏作为发行商的典型代表，过去的一年中依托前期积累的丰富的优质 IP 资源，发行了包括《功夫少林》《新仙剑奇侠传》等 IP 产品；而掌趣集团依靠《不良人》《拳皇》等自研产品取得了较高流水，通过收购天马时空团队，获得了较强的研发能力，同时也依靠《全民奇迹 MU》这样的产品，为掌趣带来了数十亿的流水收入。巨人网络与盛大游戏在端游时代均是国内 TOP6 的巨头，虽然进入移动游戏的时代并不早，但是均在过去的一年通过自身丰富的产品经验、多年积累的 IP、强大的发行团队获得了良好的市场效果，也成为端游企业全面进军移动游戏的一个缩影。

（4）2015 年中国移动游戏市场补缺者：完美世界、蓝港互动、触控科技

身处补缺者的企业在 2015 年均面临不同的内外部问题，致使能力抑或资源有重大缺失，而上述的三家企业过去一年中，或没有新产品推出，或产品的整体表现难以支持其自身体量，均不同程度地影响了企业的发展。未来的发展态势，一方面考验其产品能力，另一方面也需要企业理顺内外部资源与问题，进而走向健康发展的象限。

2. 移动游戏运营平台竞争格局分析

（1）2015 年中国移动游戏市场领先者：腾讯移动游戏、360 手游、百度移动游戏、小米互娱

腾讯游戏作为自成一体的生态平台，其在研发、代理发行、渠道建设等方面自成体系，2015 年腾讯游戏对旗下安卓应用商店——应用宝进行了大量品牌推广和宣传，月度用户覆盖率居行业第一，收入增长迅速。

百度移动游戏继续固自身"搜索引擎+应用商店+媒体社区"的多核分发体系，玩家覆盖率及收入水平持续提升，依然处于行业领先者的位置。

360 手机助手依靠安全卫士的用户崛起，在 2013 年到 2015 年上半年一直是国内最强的手游分发渠道，但随着腾讯、硬核渠道的夹击，2015 年下半年玩家覆盖率下滑，呈现出流量逐渐饱和，游戏平台业务营收增长放缓的态势。

小米互娱在 2015 年玩家份额不断提升，业绩增长明显，2016 年将推出的"小米广告平台"整体分发能力将更上一层楼。

（2）2015 年中国移动游戏市场务实者：豌豆荚、华为

随着智能手机市场的不断发展，华为智能手机的出货量逐年上升，凭借过硬的技术品质定位冲击中高端机市场。手机作为终端渠道存在天然的分发优势，华为通过在华为手机上配置自己的 APP 商店和预装游戏进行用户导量。2015 年分发渠道最大的变化就是硬核联盟的崛起，华为作为其中占有率最大的渠道，分发能力表现十分抢眼。

（3）2015 年中国移动游戏市场创新者：UC 九游、爱奇艺 PPS

UC 九游渠道的用户质量相对较高，存量也还算可观，且在中重度游戏分发上具有优势。但在领先渠道的挤压下，UC 九游的用户会持续萎缩，其属性更偏向于手游媒体。

爱奇艺和 PPS 于 2013 年合并，隶属于百度旗下的视频内容网站。PPS 游戏平台 2008 年就开始做游戏运营，从页游时代到手游爆发式增长的这两年，PPS 游戏平台取得了不错的成绩。2015 年爱奇艺以影视发行作为推动游戏发行的方式，获得了巨大的用户流量和业绩。

（4）2015 年中国移动游戏市场补缺者：OPPO、vivo、当乐、拇指玩

OPPO 和 vivo 为硬核联盟的组成成员，市场占比低于华为。OPPO 的可可游戏中心 2014 年用户规模突破 5000 万，vivo 平台也已经覆盖 5000 万用户。OPPO 和 vivo 都以"音乐手机"起源，主打年轻、时尚化的用户群体市场，游戏用户的转化率相对较高。

当乐自 2004 年成立起，一直专注于中重度手机游戏下载与运营，成立十年来见

证了中国手机游戏从冷到热的巨大转变,也依靠其较强的媒体和社交属性,积累了一大批高质量手游用户。但在以互联网巨头把持的手游分发渠道市场中,更强调媒体属性的当乐其市场份额日趋下降。

(三) 移动游戏发展趋势

1.产品呈现重度化、细分化和电竞化

目前而言,虽然轻度游戏仍然占大多数,但是畅销居于前列的大多是重度游戏,可见中国移动游戏产品呈现重度化趋势。另外,随着游戏用户群体的不断扩大,移动游戏类细分也愈加丰富,主要是以消除类、棋牌类和益智类为主。除此之外,移动电竞虽然起步晚,但行业发展迅速。2015 年随着移动游戏市场的重度化程度逐渐加深,MOBA、FPS、TCG 等各类细分领域的游戏产品出现,未来,随着行业的发展与产品的出现,将会出现更多强竞技性的游戏产品,丰富移动电竞市场的游戏类型和数量。

PC 端游戏 IP 加速转化为手游产品,移动游戏市场掀起泛娱乐 IP 改编热潮,遍布动漫、影视、文学、综艺等领域。

2.手游厂商向研运一体化发展

中国移动游戏企业成败的关键点在于游戏产品,端游厂商经过多年的发展拥有较强的研发优势和运营经验。腾讯游戏和网易游戏作为研运一体的端游大厂,进入移动游戏行业后迅速到达领先者的位置。纵观全球移动游戏畅销榜,排名领先的发行商也绝大部分拥有自研业务,研发和运营一体化可以保证运营过程中得到研发的足够支持,提高产品的综合竞争力,因此大部分中国移动游戏厂商都在向研运一体化发展。

3.渠道厂商纷纷布局全产业链业务

进入 2015 年以来,随着玩家对游戏品质要求的提高,手游渠道市场的竞争也更加激烈,头部位置依旧由腾讯、百度、360 把控,互联网巨头把控的大型移动游戏渠道通过打造服务平台,提升运营能力、扶持中小研发商、争夺 IP 等多种方式,加强自身综合实力。

2015 年,移动游戏出现了市场集中化、游戏精品化的趋势,移动游戏渠道市场的竞争也更加激烈。渠道纷纷采用拓展业务模式和流量入口的方式来增加市场份额。

三、电子竞技市场发展分析

(一) 电子竞技市场发展现状

电子竞技即竞技运动,指利用电子设备作为运动器械进行的人与人之间的智力

对抗运动,可以锻炼和提高参与者的思维能力、反应能力、心眼四肢协调能力和意志力,培养团队精神。目前电子竞技已经成为正式体育竞赛项目。

1. 电子竞技产业生态链

以电竞俱乐部、选手、主播以及电竞赛事运营和节目制作方为核心的电竞内容生产环节,是整个产业链最大的价值来源(见图2-10)。与此同时,电视和网络直播、转播平台也越来越受到资本和行业的重视。未来,兼具内容生产能力和内容播出渠道的厂商将在市场竞争中占据优势,也更有机会依靠打通产业链拓展更多商业模式。

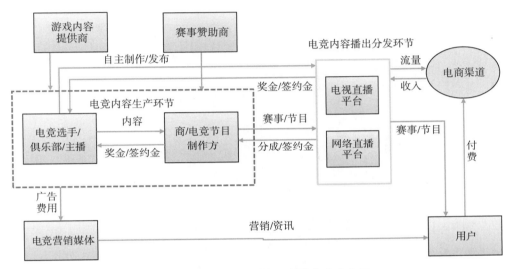

图2-10 2015年中国电子竞技产业生态链

资料来源:Analysys 易观智库,www.analysys.cn。

(1)游戏内容提供商

国内电竞产业的内容提供商以海外游戏厂商为主,国内代理商辅助运营,其主要原因在于:一是国内游戏设计以 F2P 为主要模式,在竞技性方面对电竞需求的满足能力较弱;二是中国电竞市场尚处于发展期,相对于海外成熟的电竞环境尚有许多不足,使得厂商在电竞游戏开发上的动力不足。

(2)电竞俱乐部及联盟

电竞俱乐部联盟相继成立,中国电竞职业化程度开始提升,但约束力及权威性依然较弱。其中中国电子竞技俱乐部联盟(简称 ACE)成立于 2012 年 2 月 9 日,主要负责国内职业电子竞技战队注册、管理、转会、赛事监督等多方面工作,并颁布相关条例。

(3)电竞赛事

后 WCG 时代,电竞行业进入爆发增长阶段,电竞赛事也逐渐由单纯赞助商模式走向多元化发展道路。伴随着游戏开发商和运营商占据主导地位,综合性赛事日渐衰落,单项赛事愈加火爆,而电竞赛事的主办方和执行方也更加多元:越来越多的地方政府、游戏媒体、直播平台等主体开始举办电竞赛事。

(4)游戏直播平台

游戏直播和视频行业极其类似,直播平台的竞争就是有关电竞赛事版权、优质游戏主播和电竞选手的竞争。目前,游戏直播平台还没有形成较强的品牌价值,未来合理挖掘主播新人的机制和平台 PGC 内容将成为游戏直播平台提高用户黏性的关键。

2. 电子竞技市场目前处于高速发展阶段

电子竞技市场主要经历了市场探索期和启动期,正处于高速发展期(见图 2-11)。

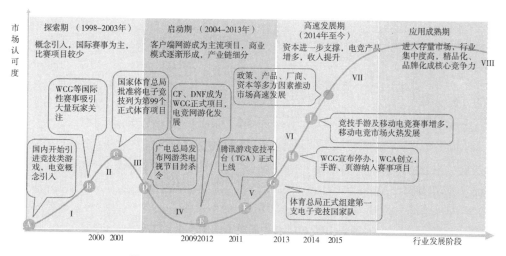

图 2-11 2015 年中国电子竞技市场 AMC 模型

资料来源:Analysys 易观智库,www.analysys.cn。

(1)探索期(1998—2003 年)

2003 年之前,中国电子竞技市场处于探索期,电子竞技的概念开始引入国内,国内电竞产业开始起步,韩国成熟的电子竞技商业化运作成为中国电竞产业发展的重要借鉴。2003 年,电子竞技被国家体育总局列为第 99 个体育项目,国内主流媒体都对电子竞技表现了极大支持。

(2)启动期(2004—2013 年)

2004 年 4 月 12 日,广电总局一纸禁令,发布了《关于禁止播出电脑网络游戏类节目的通知》,电竞节目全部被停播。2008 年受金融危机的影响,国内多家电竞俱乐部倒闭,资本方也蜂拥撤离,中国电竞市场骤然变冷,电竞俱乐部和电竞选手的生存岌岌可危。

2009 年,起步于韩国的世界电子竞技大赛(WCG)在中国成都举办,而腾讯代理的 CF、DNF 等网络游戏也正式成为 WCG 的比赛项目。2010 年,腾讯推出腾讯游戏竞技平台(TGA),涵盖了旗下多款竞技网游。随着网络游戏在全球范围内的流行,电竞赛事项目网游化发展趋势明显。

(3)高速发展期(2014 年至今)

2014 年年初,WCG 宣布官方考虑世界趋势及商业环境等因素,将不再举办相关比赛。同年,由银川市政府主办的 WCA 成立并举办首届赛事,成为传承 WCG 的全球性第三方综合赛事。WCA 将时下流行的竞技页游和手游纳入比赛项目,并设立高额奖金,观赛人次得到极大提升。与此同时,受政策、资本、厂商、产品、赛事等多方因素的利好影响,国内电竞市场进入快速发展通道,直播平台也在资本的推动下加强营销力度,市场热度快速提升。

未来,随着移动电竞产品增多,以及资本市场的进一步支撑,中国电子竞技市场将保持高速发展。相关厂商也将探索创新型的商业模式,整体市场收入将有所提升。

(二) 移动电子竞技市场竞争格局

1. 中国移动电竞厂商市场领先者:腾讯游戏、英雄互娱、网易游戏

腾讯游戏于 2003 年进入游戏市场,凭借海量社交产品用户,已成为国内游戏市场的领头羊。在 PC 端电竞领域,兼顾重度和休闲项目的多层次赛事体系;在移动电竞方面,囊括了多款自研产品,覆盖用户广泛。电竞产品研发运营能力以及强大的用户触及能力,是腾讯游戏成为移动电竞厂商领先者的关键因素。

英雄互娱作为 2015 年新成立的公司,是首家基于移动电竞概念登陆新三板的企业,其核心资源主要包括产品、赛事以及行业联盟。产品方面,英雄互娱自研及代理了多款电竞产品;赛事方面,已由最初的自有产品拓展至其他研发商的产品,并形成全球化的移动电竞赛事平台;行业联盟方面,其主导成立的中国移动电竞联盟成员涵盖了整个移动电竞生态链,对于推动行业标准的制定具有重要意义。英雄互娱在移动电竞市场具有先发优势,自身定位清晰,并引领行业厂商进行资源互换和合作,随着赛事及产品的发展,预计 2016 年英雄互娱将扩大其领先者优势。

网易游戏目前的电竞产品以自研手游《乱斗西游》以及代理手游《炉石传说》为主。依托暴雪的赛事举办经验和品牌号召力,网易得以在移动电竞领域取得较高份额。而未来凭借较强的游戏研发运营能力,以及暴雪的金字招牌,网易将继续留在领先者象限。

2. 中国移动电竞厂商市场创新者:盖娅互娱、龙渊网络

盖娅互娱和龙渊网络均为 MOBA 手游《自由之战》的发行商。该游戏已成为 MOBA 电竞手游的标杆,拥有超过 2000 万注册用户,并入选 WCA2015 和 NEST2015

正式比赛项目。在电竞赛事举办方面，2015 年龙渊网络的动作更为高调，包括与研发商上海逗屋、TT 语音联合举办了自由之战官方联赛。盖娅互娱则是在 iOS 版本中推行赛季制运营模式，以赛季为单位对玩家积分进行排位，且伴随着每个赛季的开启，游戏还将发布新的游戏内容，该模式具有一定创新性。

2015 年 9 月，盖娅互娱宣布收购《自由之战》研发商上海逗屋，未来该产品将成为盖娅互娱研运一体的产品，从而也使得盖娅互娱将掌握《自由之战》电竞化运作的主导权。

3. 中国移动电竞厂商市场务实者：龙图游戏

龙图游戏凭借一款卡牌手游《刀塔传奇》成为 2014 年最大的黑马发行商。DOTA 元素再加上微操作的玩法创新，使得该游戏成为现象级产品，并入选 WCA2014、NEST2015 等第三方赛事的比赛项目。由于《刀塔传奇》的对抗性操作体验较为初级，随着产品进入成熟期，用户流失现象严重，且由于侵权问题遭到苹果下架，也使得《刀塔传奇》作为一款电竞手游日渐衰落。

4. 中国移动电竞厂商市场补缺者：联众游戏、巨人移动、昆仑游戏、蜗牛游戏

联众游戏专注于棋牌游戏细分市场，早在 2007 年就曾与中国移动联合举办手机棋牌大赛。棋牌游戏玩法相对固定，创新及变化较小，但用户基数大、年龄跨度广、运营成本低等特点，也成为其进行长期赛事化运作的基础。联众游戏连续三年参与举办了世界扑克巡回赛（WPT），并在 2015 年 6 月以 3500 万美元的价格全资收购了 WPT。WPT 在全球 150 多个国家和地区的播出渠道将为联众游戏的全球化棋牌竞技业务提供有力支持，预计 2016 年联众游戏将从补缺者象限升至务实者象限。

巨人移动成立于 2014 年，是老牌端游厂商巨人网络旗下的全资子公司。巨人游戏此前积累了丰富的市场、商务以及渠道推广资源，从而使巨人移动在手游发行领域拥有一定的经验和资源积累。作为新晋市场参与者，巨人移动目前旗下电竞产品数量较少，且赛事运作经验较为匮乏，处于市场补缺者地位。

昆仑游戏于 2015 年 10 月加入中国移动电竞联盟，目前主要围绕其在 2015 年年底公测的《梦三国手游》开展移动电竞业务。过硬的产品品质，与英雄互娱的赛事合作，以及中国移动电竞联盟的大量资源，或将助力昆仑游戏在 2016 年进入创新者象限。

蜗牛游戏具有明显的 RPG 和 ARPG 重度游戏研发基因，在从 PC 端和主机端向移动端转移的过程中，其研发优势也通过《太极熊猫》的成功得到体现，但在电竞赛事方面目前尚有空白，因而处于补缺者位置。随着未来移动电竞市场更加火热，蜗牛游戏或将对其产品进行电竞化运作，市场资源及创新能力均将有所提升。

（三）电子竞技市场发展趋势

1.电竞行业走向专业化、规范化

国内电子竞技产业正逐步得到玩家、政府、企业及资本的普遍认可,随着更多游戏企业、资本的进入,以及电竞行业联盟的成立,整体电竞市场正在走向专业化和规范化。一方面,电竞赛事数量及奖金池的提升,推动电竞选手的职业化发展,产业链环节的细分,也给相关企业更多专业化发展的空间;另一方面,国家体育总局以及地方政府对电竞行业的支持和参与,行业联盟对于市场规则的共同制定,都使得电竞市场更加规范化。

2.移动电竞迎来高速发展期

中国移动游戏市场经过几年的爆发式增长,市场规模已经接近端游市场的体量,且随着市场细分的深入,包括休闲、FPS、MOBA、TCG等类型在内的拥有较好竞技性基因的产品,依靠强大的用户基础,通过电竞化运作,将实现更大的价值变现。2015年被称为移动游戏电竞元年,大量相关的行业联盟、赛事、项目不断涌现,资本热炒现象明显。随着行业的不断发展与成熟,尤其在移动游戏行业激烈竞争的背景下,竞争力较弱的企业会相继被淘汰出市场,同时一部分电竞企业将找到与资本的结合点。行业的热炒状态将在2016年结束,迎来较为平稳的高速发展期。

3.游戏直播平台对优质内容更加倚赖

2014年以来,游戏直播平台融资密集,资本推动市场火爆。在资本的刺激下,大量新兴的游戏直播平台涌现,并针对部分知名主播展开争夺。由于游戏直播平台的带宽、主播等成本极高,且目前变现方式较为单一,亏损已成为游戏直播平台的常态。未来随着游戏直播平台内容生产机制更加成熟,主播UGC及平台PGC比例更加平衡,草根主播培养机制逐渐完善,直播内容主题更加多元,游戏直播平台将对商业模式作出更多探索,而基于优质内容的变现将成为重点。

四、北京市网络游戏市场发展势头良好

随着中国移动游戏开始进入黄金时代,北京市移动游戏企业快速发展。乐动卓越、中清龙图、蓝港互动等移动游戏企业继续保持高热度。同时,原创移动游戏也成为北京游戏出口中的新锐力量,乐动卓越、触控科技、掌趣、蓝港互动、中清龙图等移动游戏企业出口金额均有较大增长。北京得益于首都的区位优势,已成为全国游戏的研发、制作、出版和运营中心,聚集了一批有鲜明北京特色的游戏企业,形成了一批具有代表性的游戏产品,创造了一批具有国际影响力的游戏品牌。北京市以完美世

界、金山、智明星通、昆仑游戏等为代表的游戏企业不但积极研发,倡导原创,而且还积极布局全球市场。伴随着北京游戏出口产值的激增,北京市网络游戏企业正逐步走向世界,不断开拓新的蓝海。为推动北京网络游戏产业发展,加快北京国家网络游戏产业基地建设,增强北京地区网络游戏企业研发制作能力和市场竞争力,北京市委市政府出台了《北京市关于支持网络游戏产业发展的实施办法(试行)》等一系列政策,以鼓励并促进网络游戏发展。

未来,在中国的网络游戏发展商,受益于监管环境向好、直播平台融资、游戏厂商投入等利好因素,中国电子竞技市场将出现繁荣发展景象。随着移动电竞产品的增多、移动电竞玩法的优化、赛事以及直播平台的发展,移动电竞市场迎来爆发,市场规模将快速扩大。2015 年,《梦幻西游》手游的成功使行业掀起将 PC 游戏改编为手游的热潮,目前市面上顶级 PC 游戏 IP 尚未被完全挖掘,随着 IP 成为畅销榜头部游戏的标配,游戏厂商将加速 PC 游戏 IP 向手游产品的转化,以在激烈的市场竞争中立足。而且以硬核联盟和小米互娱为代表的终端厂商渠道崛起,未来市场份额将快速增长。另外,在各大企业纷纷进行泛娱乐布局的同时,虚拟现实(VR)游戏成为新增长点。随着国内 VR 设备的量产,以及更多 VR 游戏内容的出现,作为 VR 技术最重要的商业应用领域,VR 游戏市场的爆发被寄予厚望。

(作者简介:薛永锋,易观互动娱乐行业中心研究总监,高级分析师。致力于 TMT 行业、互联网、移动互联网的行业研究,长期深入关注互动娱乐、网络游戏、数字音乐、数字阅读等多个细分领域)

智能终端行业发展现状与
未来发展趋势分析

杨　帆

◇◇◇

一、智能终端行业发展现状分析

（一）政策法规成智能终端行业发展有力保障

国家对智能终端产业明确行业规定,2013 年 11 月正式执行由中华人民共和国工业和信息化部(以下简称工信部)发布的《关于加强移动智能终端进网管理的通知》,对申请进网许可的智能终端操作系统和预置应用软件提出了要求,同时颁布了移动智能终端安全能力技术要求和相关测试方法两个行业标准。加大抽查力度,加强监督管理,工信部颁布了《电信设备证后监督管理办法》,对获得进网许可证的智能终端进行监督抽查,重点检查抽测终端产品与获证产品的一致性,敦促企业严格遵守已经颁布的两个行业标准和其他相关的标准,对违反规定的将按照相关规定严肃处理。工信部要求智能终端生产厂家将申请进网的智能终端中预装的应用软件相关信息通过说明书或者网站等方式向社会公示,用户可以将购买到的智能终端的预置应用软件信息与公示的信息进行对比,发现问题可以随时举报。

2015 年 11 月,工信部起草《移动智能终端应用软件(App)预置和分发管理暂行规定》,明确规定,生产企业和互联网信息服务提供者应确保除基本功能软件外的移动智能终端应用软件可卸载。

2016 年 9 月,国务院办公厅印发《消费品标准和质量提升规划(2016 — 2020年)》(以下简称《规划》)。智能终端产品是本次《规划》中的重点领域之一,《规划》

提出要提升多品种、多品牌家电产品深度智能化水平,推动智能家居快速发展,加快高质量产品生产线及智能工厂建设,引导生产企业不断开发新技术、新产品、新应用。从安全性、稳定性、可靠性角度,进一步完善智能终端技术标准体系。制定智能手机、可穿戴设备、新型视听产品等智能终端产品标准,强化信息安全、个人隐私保护要求,开展人体舒适性、易用性评估评价,规范众包众筹产品市场、线上线下销售市场。

(二)经济增长刺激智能终端行业消费

根据国家统计局发布的数据显示,2015 年全国居民人均可支配收入达 21966 元。

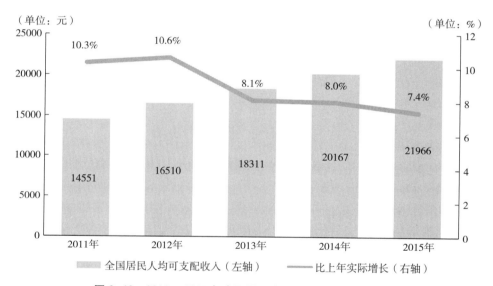

图 2-12　2011—2015 年全国居民人均可支配收入及增长率

由数据显示,中国居民人均可支配收入正逐年增长,居民消费能力大大提升,这将极大刺激消费品行业的发展与增长。随着智能终端在中国的快速发展,居民对智能终端的消费力度也将有大幅提升。

(三)智能终端完美融入生活

2015 年,对于经过爆发式发展的智能终端产业来讲,可谓是平稳发展的过渡年。总体来看,在这一年里,中国俨然成为全球智能终端领域表现最抢眼的国家之一,以及最大的智能终端制造国和消费国,所以,对国内的智能终端市场来说,虽然具有放缓的发展趋势,但参与者仍源源不断地涌入,不断地深耕现有市场、开辟新市场。

随着信息时代的来临,人们对智能终端的使用已经成为依赖,智能手机甚至逐渐成为人们生活中的"标配"。响应国家"大众创业,万众创新"的口号,社会中涌现出了一大批智能终端行业的创新者,从制造到渠道再到营销,智能终端的产业链不断延伸。

(四) 智能终端技术不断突破

移动互联时代已经完全改变了智能终端产业的生态模式。而智能终端自身更融合了通信技术、计算技术、IOT 技术,涵盖了产品设计、芯片方案、关键器件、电源、显示、应用开发以及生产制造。智能终端产业正在置身一个丰富并不断创新的产业生态环境中,互相影响互相作用,只有产业链各环节紧密协作,开放共赢,技术创新才能更好实现。而国际间产业竞争的关键,更是产业生态环境能力的竞争;企业产业生态链的掌控能力,也成为企业间市场竞争的关键。

目前终端产业操作系统、基本算法、主要芯片等软硬技术制式基本稳定,核心企业市场格局短期难以改变。在产品层面,产品形态模式相似。划时代的创新短期内较难实现,手机微创新时代已经到来。一方面,在以用户体验为关键衡量的终端产业,任何一个产业链上细节的微创新,都可能带来巨大的市场改变和商业成功。另一方面,互联网思维的影像和"互联网+"在终端产业的深入,也在改变终端产业技术创新模式,微创新让用户参与、技术分享在更大范围成为可能,也为创客创业提供更大空间。

二、智能手机市场分析

(一) 智能手机市场发展已经处于成熟期

智能手机是指具有独立的操作系统,可以由用户自行安装软件、游戏等第三方服务商提供的程序,通过此类程序来不断对手机的功能进行扩充,并可以通过移动通信网络来实现无线网络接入的这样一类手机的总称。目前中国智能手机市场已经进入产业成熟期。

1. 探索期(2008—2009 年)

智能手机于 21 世纪初出现,因为价格和易用性问题,用户群更多局限于需要移动办公的商务人士。直到几年后,新一代智能手机操作系统 Android 和 iOS 出现,智能手机才被广大消费者所接受。而开源的 Android 则直接推动了中国智能

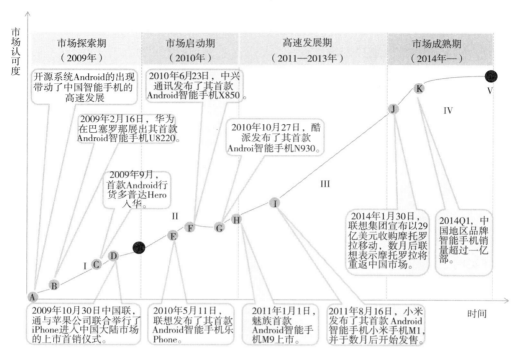

市场认可度

| 市场探索期（2009年） | 市场启动期（2010年） | 高速发展期（2011—2013年） | 市场成熟期（2014年—） |

开源系统Android的出现带动了中国智能手机的高速发展

2010年6月23日，中兴通讯发布了其首款Android智能手机X850。

2009年2月16日，华为在巴塞罗那展出其首款Android智能手机U8220。

2010年10月27日，酷派发布了其首款Androi智能手机N930。

2009年9月，首款Android行货多普达Hero入华。

2014年1月30日，联想集团宣布以29亿美元收购摩托罗拉移动，数月后联想表示摩托拉将重返中国市场。

2014Q1，中国地区品牌智能手机销量超过一亿部。

2009年10月30日中国联通与苹果公司联合举行了iPhone进入中国大陆市场的上市首销仪式。

2010年5月11日，联想发布了其首款Android智能手机乐Phone。

2011年1月1日，魅族首款Android智能手机M9上市。

2011年8月16日，小米发布了其首款Android智能手机小米手机M1，并于数月后开始发售。

时间

图 2-13　2015 年中国智能手机市场 AMC 模型

资料来源：Analysys 易观智库，www.enfodesk.com。

手机产业的崛起。随着 Android 操作系统的进入，中国智能手机市场正式从探索期快速发展。

2. 启动期（2010 年）

2010 年，中国智能手机市场迎来井喷式发展的一年。随着移动互联网的迅速普及，智能手机的商务、娱乐等应用功能越来越被消费者认可，用户关注度再度攀升。同时，智能手机作为手机市场新的利润增长点，操作系统之间的对决进一步升级，各大厂商之间的争夺也更加激烈，占据关注优势的国外品牌在很大程度上左右着智能机市场的发展方向。其中，苹果在智能手机市场的风生水起尤为值得关注，如何平衡市场份额及利润成为值得各大厂商思考的问题。受其他操作系统产品影响，诺基亚用户关注比例持续下滑；HTC、摩托罗拉借力 Android，上升势头迅猛。

3. 高速发展期（2011—2013 年）

依托中国 3G 业务的发展，移动手机市场近几年来发展火爆全面智能化。中国的智能手机占据手机市场的比重也越来越大，功能机正在被智能手机逐步替代。中国的智能手机品牌繁多，三星、苹果占据着中国智能手机的大部分市场份额，由于智能手机发展迅速,正借智能手机的普及大潮而重新发力。华为、中兴、联想、OPPO、金立、酷派等纷纷迎来新一轮春天,小米、魅族等新兴品牌崛起。使得国产智能手机占据着一部分市场份额。中国本土品牌手机的爆发证明了它们的能量,华为、小米、中兴等品牌在市场在占据了不错的市场份额。

在高速发展期间,国产品牌面临两大问题,一是国内品牌以低端产品为主,没有形成强势品牌,国内的联想、夏新、华为等智能手机价格偏低,和诺基亚、三星、摩托罗拉等品牌相比属于低端产品,主要是原件、芯片和核心技术研发方面落后于这些品牌,考虑到国内很多手机品牌进入智能手机时间不长,研发能力相对落后,这个问题会随着国内品牌的不断发展而得到解决;二是盗版问题是智能手机行业面临的重要问题,盗版问题一直是困扰我国手机行业的难题,山寨机、仿真机等大量出现不但损害了行业的正常发展,也对消费者带来隐患。

4.市场成熟期(2014 年至今)

随着 4G 商用和硬件成本降低,中国智能手机产业迎来市场成熟期,国产品牌市场份额进一步扩大,以华为、小米为代表的国产手机企业强势崛起,出货量迅猛增长,品牌认知度显著提升。同时,由于运营商渠道调整,电商及公开渠道比重加大,产品"同质化"现象加剧,"价格战"日趋激烈。中国本土智能手机企业在产品研发和市场营销投入加大,凭借价格和渠道优势,在产品销量和市场份额上,与国外品牌差距进一步缩小。同时,消费者对于华为、小米等国产品牌认知度明显提升。在三大运营商 4G 先后投入商用后,中国智能手机市场随之步入"4G 时代"。从市场表现来看,今年以来,4G 制式智能手机销量稳步提升,正逐步取代 3G 成为市场主流。从产品层面来看,华为、中兴、酷派等企业都已经将研发和营销重心转向 4G。由于缺少突破性的技术应用,中国智能手机市场产品"同质化"现象明显,"价格战"进一步加剧。国内手机企业重心开始逐步向中高端市场倾斜。

(二) 智能手机增长速度减缓

2016 年中国智能手机销量达到 4.58 亿,较 2015 年增长 3.8%。预计 2018 年中国智能手机销量将在 4.73 亿左右,整体增长速率呈现出下降趋势(见图 2-14)。

目前智能手机已进入到产业发展的成熟期,市场品牌格局相对稳定,2015 年整体智能手机市场超过 80% 的是国产手机,2015 年智能手机市场虽然销量仍保持增长,但是增速明显下降。

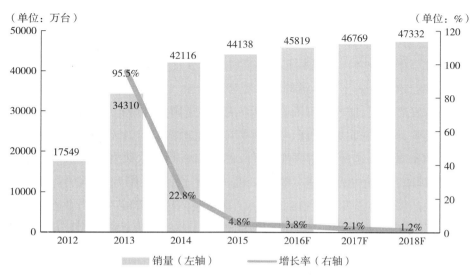

图 2-14 2016—2018 年中国智能手机销量预测

（三）智能手机发展带来的影响

1. 对个人用户的影响

随着硬件价格的逐步压低,消费者可以购买性价比较高的智能手机,目前已进入第二轮智能机换机时期,这一阶段用户往往会进行消费升级,个性化、定制化发展并且优化其服务已经成为能够凝聚用户的关键,大数据时代,部分厂商已经开始针对用户回传数据进行分析,针对用户偏好等方面进行机型设计,从而能够提升用户体验。

2. 对手机厂商的影响

在中国智能手机厂商蚕食国际智能手机厂商份额的同时,其内部竞争亦愈加激烈,尤其在营销层面。自小米在中国开创"互联网营销"之先河,并获得成功后,其他中国中国智能手机厂商开始争相效仿。将更多资源用于营销而非产品,已经成为中国智能手机厂商常态。

尽管中国智能手机市场已达到市场成熟期,但随着未来中国 4G 的高速发展和先进技术的创新,中国智能手机市场格局将被扭转。当前中国智能手机线上线下销售格局基本成 7∶3 的比例,在电商模式崛起的今天,线下渠道仍成主流,即使是开创了电商销售模式的小米,也在线下寻求突破。随着互联网化加深,诸多专攻线下渠道的传统厂商分流出电商品牌,例如大神、奇酷、乐视、ZUK、荣耀等,从而实现线上线下齐头并进的销售模式,为其在中国智能机的红海中赢得更佳的销量。

3. 对投资者的影响

手机行业在更新换代上的速度,已经超过了像电脑、相机等众多数码产品。整个手机市场也从拼参数时代向用户体验时代递进。智能手机的红海奋战,使投资者更加沉着冷静,手机厂商研发个性化、人性化、工艺化等较为强劲具有竞争力的手机,将是引起投资者关注的关键。

(四)打破中国智能手机市场僵局的关键

1. 持续创新的产品设计

在互联网营销大规模爆发之前,中国智能手机厂商长期依赖运营商补贴与渠道,在千元价位左右开展价格战,利润被大幅挤压,随之带来便是产品同质化严重。当中国智能手机厂商开启互联网营销模式,并且在产品硬件配置无法互相拉开差距时,更具创新的功能与设计则成为产品制胜关键。在加强产品设计的基础上,许多厂商也开始尝试通过提高产品售价和服务,打造高端产品,如华为 Mate 系列和联想 VIBE 系列。厂商通过打造高端产品线,既能够展现其技术与设计实力,同时又能够树立高端品牌形象,这将成为未来提升品牌价值的关键。

2. 提升产业链配套能力

中国智能手机厂商一般采用来自高通、联发科或英伟达的硬件方案,这导致了其产能受制于上游硬件厂商。历史上曾经多次出现因为上游芯片厂商产能不足而导致智能手机厂商难以满足市场需求的情况。当前中国智能手机厂商仅有华为拥有自己的海思平台,因此提升其自身产业链配套能力将成为中国智能手机厂商在未来占领市场先机的关键。

阻碍智能手机市场发展的因素其中之一是智能手机市场本身产品已缺乏新意,目前为了应对市场竞争,各家厂商的产品更新周期都在缩短,快速迭代虽然在同一品牌内能带来技术提升,但是品牌之间横向比较很难见到差异化创新,导致硬件产品之间竞争趋同。

3. 更具创意的营销模式

联想在 2012 年开始效仿小米,运用互联网思维打造自己的粉丝团队。而华为则将最受用户欢迎的"荣耀"独立出来,以电商运作的方式与小米进行竞争。尽管许多中国智能手机厂商以不同的方式效仿小米,且取得了一定的市场效果,但单纯的模仿难免让消费者感到厌烦,这也注定了效仿小米不可能成为中国智能手机厂商的主流模式。因此更具创意的营销模式将成为吸引用户的关键。

三、智能家居设备市场分析

智能家居设备指以住宅为平台,基于物联网技术,由硬件(智能家电、智能硬件、安防控制设备、家具等）、软件系统、云计算平台构成的一个家居生态圈,实现人远程控制设备、设备间互联互通、设备自我学习等功能,并通过收集、分析用户行为数据为用户提供个性化生活服务,使家居生活安全、舒适、节能、高效、便捷。

智能家居平台的关键作用是将智能设备提供给用户的孤立的数据和信息进行整合,通过对数据的交互分析,得出最适合用户的家居环境数据,从而为用户的生活带来舒适和便利。

同时,通过开放接口(API),将各个智能家居平台、云服务平台的能力开放给第三方开发商/开发者,将更多的产业链中的合作企业聚集到平台中,将线上线下的资源进行整合。

未来将智能设备间相互孤立的数据和信息将被打通,实现数据和信息共享后,将产生更多的商业机会和赢利模式。

从投资价值看,生活服务 O2O、智能安防、医疗类智能家居产品及服务较高。从投资表现看,医疗、老人、儿童等的智能家居产品及服务较好。综合以上因素,2015年的重点投资区域将围绕生活服务 O2O、智能安防、医疗类智能家居产品及服务等相关企业。

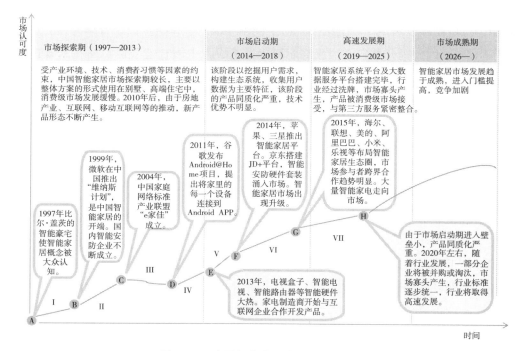

图 2-15　中国智能家居市场 AMC 模型

资料来源:Analysys 易观智库,www.analysys.cn。

（一）中国智能家居正处于市场启动阶段

1. 探索期（1997—2013 年）

1997 年，比尔·盖茨的智能豪宅使智能家居概念被大众认知。受产业环境、技术、消费者习惯等因素的约束，中国智能家居市场探索期较长，主要以整体方案的形式使用在别墅、高端住宅中，消费级市场发展缓慢。2010 年后，由于房地产业、互联网、移动互联网等的推动，新产品形态不断产生。

2. 启动期（2014—2018 年）

2014 年，苹果、三星推出智能家居平台。京东搭建 JD+平台，智能安防硬件套装涌入市场。智能家居市场出现升级。该阶段以挖掘用户需求，构建生态系统，收集用户数据为主要特征。该阶段的产品同质化严重，技术优势不明显。

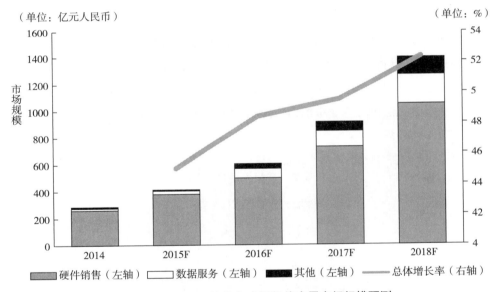

图 2-16　2015—2018 年中国智能家居市场规模预测

资料来源：易观智库根据公开数据、行业访谈估算。

（二）智能家居市场即将进入高速发展期

得益于市场上不断增多的智能家居硬件产品，并在消费市场中的日渐普及，中国智能家居市场规模在 2016 年将出现明显增长。

至 2018 年，随着主要的智能家居系统平台及大数据服务平台搭建完毕，下游设备厂商完善，智能家居产品被消费级市场接受，智能家居行业将进入高速发展期，市场规模将达到 1000 亿元人民币以上。

四、智能电视市场分析

智能电视指具有全开放式平台,搭载了操作系统,使用户在欣赏普通电视内容的同时,不仅可观看互联网内容、交互式内容,也可自行安装和卸载各类应用软件,持续对功能进行扩充和升级的新电视产品。

目前的智能电视产业生态主要由芯片厂商、零部件厂商、内容提供厂商、应用服务提供商、操作系统厂商、电视机生产厂商、互联网电视牌照方、销售渠道、家庭用户等部分组成。

视频内容资源按照国家要求必须要接入到互联网电视播控平台中才允许播放内容,这一点对于智能电视厂商形成了很大的限制,特别是对于像乐视和小米这样具有互联网基因的智能电视。未来智能电视的盈利重点将放在内容平台,而盈利方式还是以广告、应用分发等常见的模式为主。

智能电视作为客厅的大屏设备之一,用户的浏览体验比智能手机和平板电脑要强很多,同时由于其具备操作系统和第三方应用扩展能力,在 2013 年成为各大企业竞争的内容入口之一。但是 2014 年由于广电总局收紧对智能电视的政策管控,使许多互联网视频播放平台无法进驻客厅市场,同时也对智能电视产业造成了巨大影响。

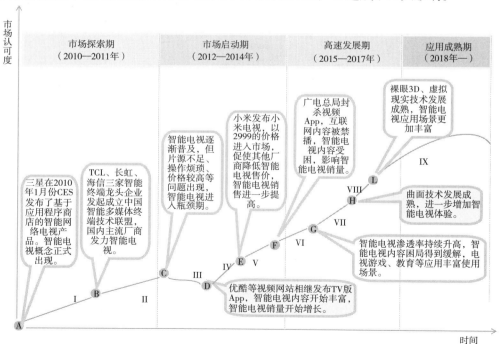

图 2-17 中国智能电视市场 AMC 模型

资料来源:Analysys 易观智库,www.analysys.cn。

（一）智能电视市场正处于高速发展阶段

1. 探索期（2010—2011 年）

2010 年 1 月份，三星在 CES 发布了基于应用程序商店的智能网络电视产品，智能电视概念正式被提出。对于竞争激烈的电视行业，国内电视厂商迅速跟进，2011 年 TCL、长虹、海信三家智能终端龙头企业发起成立中国智能多媒体终端技术联盟，国内主流厂商发力智能电视。

2. 启动期（2012—2014 年）

经过厂商的推广，智能电视逐渐普及，但片源不足、操作烦琐、价格较高等问题开始出现，智能电视进入短暂的瓶颈期，但随着各视频网站 TV 版 APP 的推出，以及小米进入市场迅速拉低智能电视售价，智能电视市场进入启动期。

但在 2014 年中，广电总局封杀视频 APP，互联网内容被禁播，智能电视内容受困，影响部分智能电视销量。

3. 高速发展期（2015—2017 年）

智能电视渗透率持续升高，而智能电视内容困局也得到缓解，电视游戏、教育等应用逐渐丰富，智能电视使用场景越来越广泛，随着曲面电视、裸眼 3D、虚拟现实技术的逐渐成熟，智能电视的使用场景及用户体验进一步得到提升，智能电视进入高速发展期。

（二）智能电视市场增长趋势将放缓

2015 年后中国智能电视市场将呈现以下趋势：

1. 内容提供商与互联网视频播控牌照方将加紧合作

2014 年智能电视发展中最大的限制来自广电总局的政策管控，在政策调整初期，所有视频应用均被要求在智能电视应用商店中下架，后期不仅要求应用下架，还同时限制了用户从第三方渠道安装的视频应用，优酷、乐视、迅雷、搜狐、腾讯等第三方视频网站的电视 APP 均无法播放视频内容，唯一视频来源为智能电视中播控平台牌照持有者聚合的内容。这种管控使以内容盈利的企业受到了极大限制，而唯一解决方案就是与牌照持有者深度合作。

2. 智能电视渗透率持续上升，智能电视游戏将成为下一个智能电视上的核心应用

智能电视销量市场渗透率持续上升，2014 年已经接近 60%。随着智能电视覆盖率不断上涨，以及硬件配置和运算能力的不断提升，越来越多的游戏开发者被吸引至智能电视平台。大屏幕优势和优质的 CPU 运算能力为大型电视游戏提供了很好的发展环境，预计智能电视游戏产业将成为下一个智能电视领域爆发内容资源。

在 2016 年,中国智能电视销量预计在 4017 万台,环比 2015 年销量上涨 23.5%,预计 2017 年智能电视销量将达到 4668 万台(见图 2-18)。

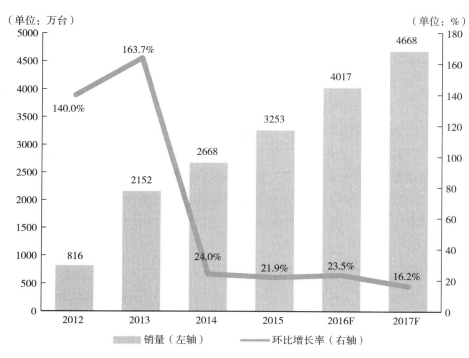

图 2-18　2016—2017 年中国智能电视机销量及预测

五、智能可穿戴设备市场分析

智能可穿戴设备是一种由人穿戴和操控,具备计算能力、通信能力、存储能力,并能与用户进行交互的计算机设备。

可穿戴技术泛指被整合进可穿戴设备中,以实现各项功能的科学技术。主要包括:嵌入技术、识别技术(语音、手势、眼球等)、传感技术、连接技术(Wi-Fi、蓝牙、GSM 等)、柔性显示技术、电池技术等。

智能可穿戴设备是应用穿戴式技术对日常穿戴进行智能化设计、开发出的可以穿戴的设备的总称。目前智能可穿戴设备的产品形态丰富,包括手表、腕带、头戴式、戒指、纽扣、跑鞋等形态。

(一) 智能可穿戴式设备重点覆盖领域

1. 智能手表

将手表内置智能化系统、搭载智能手机系统连接于网络而实现多功能,能同步手机中的电话、短信、邮件、照片、音乐等。

2. 智能腕带

内置传感器芯片,可以通过人体的体温、运动、脉搏等生命特征来侦测人体机能,并通过数据形式呈现。

3. 智能头戴式设备

指具有独立操作系统,可以由用户安装应用程序,并可通过语音或动作操控进行人机交互的眼镜和头盔等设备。

智能可穿戴式设备市场产业链主要涉及:芯片、传感器、屏幕、电池、硬件厂商、系统平台、云服务及健康大数据平台、开发者生态系统、语音控制与交互技术、制造业代工与封装、线上销售渠道、线下销售渠道、软件商店、应用软件和用户等环节。

（二）智能可穿戴设备正处于市场启动期阶段

中国可智能穿戴市场的发展周期分为四个阶段,即探索期、市场启动期、高速发展期和应用成熟期,目前中国智能可穿戴设备正处于市场启动期阶段。

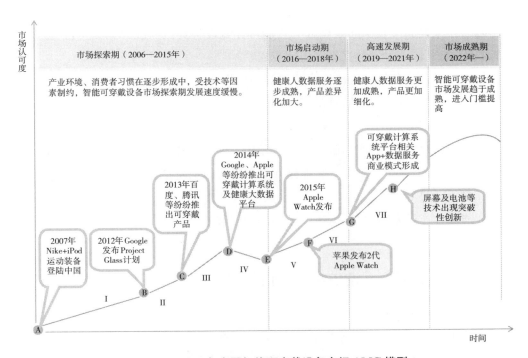

图 2-19 2015 年中国智能可穿戴设备市场 AMC 模型

资料来源:Analysys 易观智库,www.analysys.cn。

1. 探索期(2006—2015 年)

2007 年,Nike+iPod 运动装备正式登陆中国市场,意味着运动数字化设备首次进入中国普通消费者视野。同年,Fitbit 发布首款智能可穿戴的追踪设备,到 2012 年 Google 发布 Project Glass 计划预示着智能可穿戴设备时代的即将到来。2014 年是智能可穿戴设备真正爆发的元年,软硬件方面 Google 发布了转为智能可穿戴设备设计的操作系统 Android Wear 和 MOTO 360 智能手表,Microsoft 发布了 Microsoft Band,Apple 发布了 Apple Watch;生态系统方面,Google、Microsoft 和 Apple 都在健康大数据和云服务领域发布了平台,分别是 Google Fit,Microsoft Health 和 Apple Healthkit。

智能可穿戴设备将在人体健康监测等领域发挥重要的作用,配合大数据和云服务,此类产品会在健康、运动、医学等市场未来使用场景广泛。根据 Analysys 易观分析,中国智能可穿戴设备市场在 2013 年的市场规模为 9 亿,2014 年的规模为 22 亿元人民币;在 2015 年,市场规模达到 125.8 亿元人民币。

2. 市场启动期(2016 年至今)

健康大数据服务逐步成熟,产品差异化加大。2015 年 Apple Watch 的推出吸引越来越多的消费者关注智能可穿戴设备,更多的关注带来更多的产品诞生,产品差异化将加大,为消费者带来更多的产品选择。

随着苹果发布 2 代 Apple Watch,智能可穿戴设备提供的服务愈加完善,健康类数据快速增长,健康类大数据服务将逐步成熟。

智能可穿戴设备将在人体健康监测等领域发挥重要的作用,配合大数据和云服务,此类产品会在健康、运动、医学等市场前景广泛。

3. 高速发展期

商业模式逐渐完善,产品服务呈现多元化发展;基于健康大数据的产品和第三方服务紧密整合,产品更加细分。智能硬件类产品将被消费市场接受。

4. 应用成熟期

智能硬件市场发展趋于成熟,市场格局相对稳定。智能硬件行业将进入门槛提高、竞争加剧。

(三) 智能可穿戴设备发展带来的影响

1. 对个人用户的影响

随着中国经济水平的快速发展,社会老龄化越来越严重,人们对运动健康越来越重视,对运动健康相关产品也更加关注,所以智能可穿戴在中国市场上快速发展,但由于用户的使用习惯不同以及产品的用户体验一般,目前市场上可穿戴设备用户黏性均偏低,未来可穿戴设备将进一步优化,通过智能腕带设备获取用户只是第一步,在获得用户后,将搜集用户使用过程中产生的相关数据到云端,并对此健康大数据进行分析解读,以提供个性化的健康服务,为用户提供持续性的增值服务。提高用户体验才是可持续发展的商业模式;而云服务平台,以及健康大数据的分析则是该商业模式背后的关键。

2. 对企业的影响

目前的智能可穿戴设备厂商,主要还依靠销售硬件产品来获取利润,少数厂商已经在尝试从大数据的角度为用户提供增值服务来获取利润。这类增值服务,主要是通过设备收集用户的数据到云端,再通过对大数据的处理分析,为用户提供有价值的建议和服务,持续地获得收益。随着产品的不断发展和数据量的迅速积累,智能可穿戴设备厂商可通过与医院、健身场所、商业保险等第三方机构合作,共享健康大数据,从而为用户提供医疗保健、运动健身、医疗保险等方面的更多增值服务,这将是智能可穿戴设备市场未来主要的商业模式。

3. 对投资者的影响

经历 2014 年的投资热潮后,2015 年智能可穿戴领域的投资相对平淡,普遍认为目前的消费级市场还处在早期阶段,市场上的产品大多未能抓住用户的刚需,没有真正击中用户的痛点,产品间同质化也较为严重,但在整体市场快速增长的大环境下,资本还将持续关注及投入,具有独特产品特征、解决用户痛点的公司将更受资本的青睐。

(四) 智能可穿戴设备增势迅猛

得益于市场上日渐增多的智能可穿戴设备,以及在消费者中的日渐普及,中国智能可穿戴设备市场在 2015 年的规模为 125.8 亿元人民币。2015 年,Apple Watch 在中国的上市极大地带动了整个智能可穿戴设备市场规模。在 2018 年,市场规模增速有所回落,但预计市场规模依然会接近 400 亿元人民币(见图 2-20)。

在 2016 年中国智能可穿戴设备市场将呈现以下趋势:

1. 健康大数据服务逐步成熟,产品差异化加大

随着苹果发布 2 代 Apple Watch,智能可穿戴设备提供的服务愈加完善,健康类数据快速增长,健康类大数据服务将逐步成熟。

2. 人机交互成为重点突破方向

2015 年可穿戴设备呈爆发增长,各大硬件厂商纷纷推出新品,但是市场上主流产品还是通过设备或手机进行触摸交互,未能给用户带来良好的用户体验,预计 2016 年将重点发展人机交互技术,充分实现人机无缝连接,释放双手,在语音交互、体感交互、触觉交互、眼球追踪交互等方面取得创新突破。

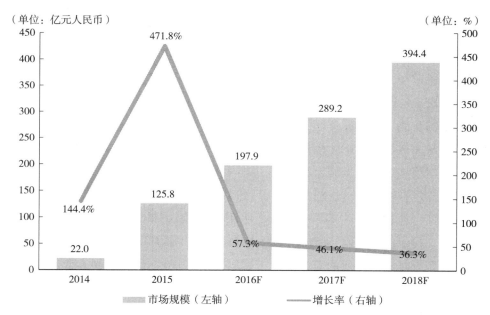

（单位：亿元人民币）　　　　　　　　　　　　　　　　　　　　　　　（单位：%）

图 2-20　2016—2018 年中国智能可穿戴设备市场规模预测

六、北京市智能终端市场现状

经过 2015 年中国智能终端市场爆发式增长后,2016 年智能终端市场继续维持火热态势。北京智能手机市场 2016 年北京本土企业发力智能终端新技术领域,暴风、小米、乐视、优酷土豆等一批具有代表性的企业,在 VR/AR 技术全球化的趋势下,纷纷做好了迎战的准备。

北京市对高新技术研发及应用一直处于全国领先地位,2016 年 VR 技术的兴起,同时也为北京市智能终端市场带来了前所未有的新活力。在行业政策和政府监管上,北京市智能终端行业获得工信部等相关部门的高度重视,工信部领导人多次出席北京举办的智能终端行业峰会,并强调北京市智能终端领域的发展,需要以重视知识产权的积累,需要处理好开放和自主的关系,不拒绝任何新技术,坚持开放创新,此外,在推动发展北京市智能终端领域的时候,必须以"信息安全"为前提,真正体现"安全是发展的前提,发展是安全的保障,安全和发展要同步推进"。

在"互联网+"的大背景下,"互联网+智能终端"是北京市众多新兴领域的一颗明珠。北京小米科技在这场互联网化的变革中,证明了国产终端及操作系统未必没有出路。小米不把自己定位为硬件公司,而是通过提供最高性价比硬件来获得互联网入口,以入口为基础做小米电商、小米支付或者其他互联网业务。在智能硬件方面,继手机、电视、机顶盒、平板电脑、路由器、手环之后,许多智能硬件公司有望在智能监控、智能插座、智能灯泡、智能运动产品等领域布局。云狐公司就打造了全球户外运动领域第一手机品牌云狐手机等,综合而言,未来硬件平台化,产业难点在于如何对传感器采集的海量信息进行分析、挖掘、运营和维护。另外,智能终端操作系统也在不断探索,已经不再是早期仅做内存管理、技术调度、设备管理等简简单单的系统,也逐渐并不专指桌面操作系统或手机操作系统,这样的操作系统已经成为过去时,已经没有多大意义。

（作者简介:杨帆,易观高级分析师,致力于互联网终端及应用领域研究,专注于智能硬件、Wi-Fi 网络、应用分发、传统产业互联网化等细分领域）

网上零售 B2C 市场行业发展现状与未来发展趋势分析

杨亚琼

◇◇◇

一、网上零售 B2C 市场现状及发展阶段

1999 年,中国出现第一批网络零售企业,截至 2015 年第四季度,中国网络零售交易规模达到 3.83 万亿元人民币,在社会消费品零售总额中的比重超过 10%,已发展成为中国国民经济的重要组成部分。

中国网上零售市场发展周期过程如下:

(一) 探索期(1999—2003 年)

在中国网络零售发展的早期阶段,诞生了 8848、当当、易趣等一批网络零售企业,但当时的市场环境,用户、企业、支撑服务体系,都处于发展初期,甚至是空白。2001 年中国遭遇互联网泡沫破裂,电商的发展很快沉寂下来。

(二) 市场启动期(2003—2008 年)

2003 年,在 B2B 领域已具备一定规模的阿里巴巴,推出中国零售平台淘宝网,同年推出支付宝;国际电商巨头 eBay 则收购易趣,正式进入中国市场,国内电子商务市场进入新一轮发展期。

2007 年,已成为中国最大网络零售平台的淘宝网,推出了阿里妈妈广告平台,正式确立了以竞价排名为基础的广告赢利模式。加上支付宝,淘宝网进一步完善了电商平台的布局,也奠定了中国网络零售市场的霸主地位。

京东商城同样成立于 2003 年,2007 年完成了北京、上海、广州三大物流基地

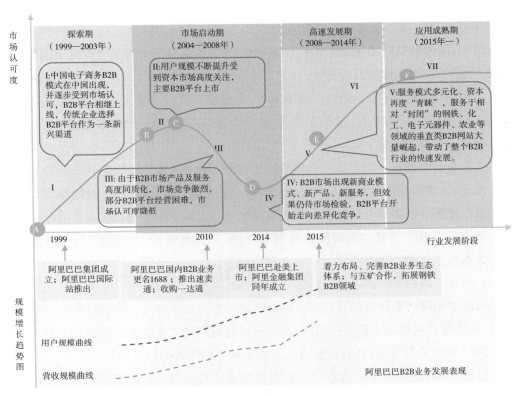

图 2-21   2015 年中国网络零售市场 AMC 模型

资料来源：Analysys 易观智库，www.analysys.cn。

的建设，2008 年上线大家电，补完了 3C 品类布局，奠定了其在 3C 品类中的优势地位。

（三）高速发展期（2008—2014 年）

从 2008 年开始，网络零售市场进入高速发展期，此时的中国网络零售市场，电商支撑服务业的发展已达到一定水平，网民数量达到 2.98 亿，以 80 后为主的网购人群逐渐进入社会，成为主力消费群体。此时的市场，也涌现了大量创新型的网络零售企业，如唯品会、聚美优品，传统零售企业苏宁、国美也开始涉足电商业务，整个市场在消费者、资本、企业的多方推动下，实现迅猛发展。

（四）应用成熟期（2015 年至今）

2014 年，聚美优品、京东、阿里巴巴先后成功上市，在经过几年的高速发展之后，整个网上零售市场已形成"双超多强"的格局，市场份额基本稳定，网民红利逐渐消失，网络零售市场进入成熟期，主要表现在以下几个方面：

增长进一步放缓。目前网络零售市场的增速已降至33.9%,易观分析预测,未来三年网络零售市场整体增速或降至20%以下。过去网络零售依托人口红利实现了高增长,随着网络购物渗透率达到较高水平,未来网络零售的增长将有赖于国民人均收入水平、人均消费能力的提升。

多模式、多业态并存。随着企业的发展,各种模式之间的界限变得模糊,不同商业模式和业态进一步融合。无论是自营式、平台式、商城式、特卖式,电商企业普遍存在多种模式并存的情况。

工具化趋势明显。随着各类企业触网力度的加强,网络零售的工具化趋势进一步显现,网络零售逐渐从新兴产业,向社会基础设施的方向发展,社会对网络零售业态的依存度正在不断提升。

网上零售B2C市场的发展现状的利弊,将从个人消费者、上游制造商和资本方三个方面得以体现。

1. 对个人用户

目前中国网络零售市场,已进入成熟期,无论是品类丰富度、物流速度、购物便利性,在世界范围内均处于较为领先的地位,消费者对网络零售的接受度也处于较高水平。2014年以来跨境电商的兴起,更进一步丰富了消费者的选择。

假货及售后服务,是中国整个零售市场的老大难问题,也是直接影响消费者购买的主要因素。但假货和售后牵扯多方面的因素,在网络零售兴起的背景下,相关法律法规,监管及政策未能适应网络零售的高速发展,导致问题被放大;由于中国特殊的国情,消费者知假、买假的现象也较为普遍,使得整个市场变得更为复杂、混乱。

2. 对上游制造商

对制造商而言,网络零售的高普及率给了众多企业新的拓展市场的机会。制造企业对互联网的重视度达到空前水平,绝大部分品牌制造企业都尝试入驻电商平台,或自建电商平台开展电商业务。但是同时,如何运营互联网渠道,通过互联网进行营销、推广,制造企业仍有很多东西需要学习。

目前,相对于互联网及网络零售的发展,传统企业在品牌塑造、产品研发等方面的位置要相对落后,这使得互联网渠道表现得更为强势。品牌商及制造企业在此背景下,更应该积极学习,合理利用互联网技术,实现企业跨越式发展。

3. 对资本

对资本而言,网络零售市场已度过了爆发式增长的阶段,竞争格局趋于稳定,资本市场对电商领域的关注度也在下降。随着电商发展的深化,电商领域的并购类投资机会开始出现。

新的机会主要集中在 90 后、00 后的个性化消费,校园电商等新兴市场。垂直领域电商多数已出现领先企业,新进入者机会不大。

电商服务领域,中国电商服务市场规模庞大,企业数量众多且分散,除物流外,仍有不少机会,电商服务市场重点关注有关流程改造、产业链整合方面的机会,以及移动电商服务及电商大数据方面的创新。

二、网上零售 B2C 市场厂商竞争格局

中国网上零售 B2C 市场的市场格局及竞争态势已趋于稳定,现有企业之间的竞争则更多的是针对未来零售业趋势的把握和布局。网上零售行业是典型的具备规模效应及先发优势的行业,在评价网上零售 B2C 市场主要参与者现有资源方面,市场规模、用户规模是最主要的参考指标。此外,配套资源、增长速度、资金实力等也是重要的参考指标。

目前,网上零售行业已经出现了巨头企业,在用户规模、市场渗透率无法实现进一步快速增长的背景下,厂商的创新能力则体现在如何在现有规模下提升效率、实现差异化竞争;另一个重要方面则是布局于未来趋势。

根据 Analysys 易观近期发布的《2015 年中国网上零售 B2C 市场实力矩阵专题研究报告》,对 2014—2016 年主要网上零售 B2C 厂商在实力矩阵中所处的位置、现有资源、创新能力的变化情况作如下解读。

模型分析结果表明,天猫、京东处于领先者象限,亚马逊中国、苏宁易购处于务实者象限,一号店、国美在线、当当属于补缺者象限,唯品会、聚美优品处于创新者象限。

(一) 领先者象限分析

领先者在商业模式创新、产品/服务创新性上拥有较强的独特性,同时具有很好的系统执行力,能够把创新性提供给市场并获取较高的市场认可。

中国网上零售 B2C 市场领先者:天猫、京东

天猫作为中国网上零售 B2C 市场中的领先者,在市场规模、用户规模、模式创新等层面均处于行业领先地位。2015 年阿里集团对淘宝与天猫的定位进行了调整,天猫开始提高入驻门槛,商家数量或呈现下降趋势。而在物流领域,菜鸟已形成一定规模,对整个阿里电商生态的支撑作用将进一步得到体现。

京东在获得腾讯投资之后,移动端得到微信的流量支持,但移动端主要流量仍来自京东移动 APP,微信的作用未能达到预期。凭借供应链优势,京东已形成较高的竞争壁垒,在 3C 数码、家电品类方面的优势已充分显现。

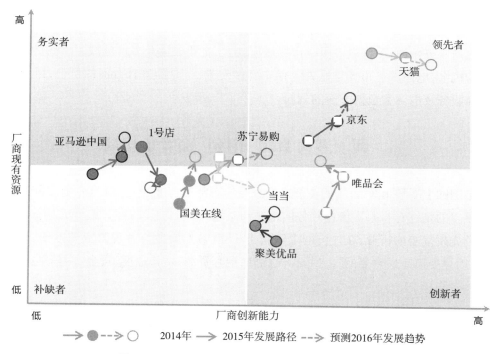

图 2-22　2015 年中国网上零售 B2C 市场实力矩阵

资料来源：Analysys 易观智库，www.analysys.cn。

京东的主要挑战，集中在第三方平台的运营管理，能否拉近和天猫的差距，能否在不断完善仓储、物流体系的基础上，凭借更高的效率和成本优势，实现收入的多元化。

（二）创新者象限分析

创新者在商业模式、技术或者产品服务的创新性上有独特的优势。

中国网上零售 B2C 市场创新者：唯品会、聚美优品

唯品会凭借在特卖领域长期积累的运营能力和供应链优势，连续两年保持100%以上的增速，并连续 12 个季度赢利。虽然目前唯品会的规模相比天猫和京东仍有较大差距，但凭借其较快的增长和赢利能力，发展空间可期。

目前，唯品会在跨境和母婴领域持续发力，Analysys 易观分析认为，母婴和跨境在品类分布、用户资源方面与唯品会现有资源有较强相关性，预计 2016 年唯品会将进入网上零售 B2C 市场领先者象限。

聚美优品在 2014 年年底的假货风波中遭受重大打击，整体业务萎缩。进入2015 年，聚美优品通过取消第三方平台，扩充服装、母婴品类，发展跨境业务等手段，成功转型，其业绩在 2015 年下半年开始呈现良好的增长势头。Analysys 易观分析认为,凭借持续创新能力和快速转型,聚美优品摆脱了假货风波,实现了公司的转型升级,在网上零售B2C市场中处于创新者象限。

(三) 务实者象限分析

务实者拥有丰富的资源,执行能力较强,但是创新优势不明显。

中国网上零售B2C市场务实者:苏宁易购,亚马逊中国

苏宁经历转型之后,确立了"全渠道零售O2O"的发展战略,凭借早年在3C家电领域的积累,线上业务(苏宁易购)实现较快增长,但仍无法和天猫、京东等平台竞争。品类扩充方面也未能取得明显进步。2015年苏宁易购推出了"云店",在母婴,跨境、农村电商方面也有布局,8月引入阿里战略投资,补足自身的资金和线上流量资源,Analysys易观分析认为,2016年苏宁易购有望进入领先者象限。

亚马逊作为较早进入中国市场的电商平台,发展受制于美国母公司,国内业务增长缓慢,2014年年末推出的"全球购"业务,是其在国内为数不多的创新亮点。进入2015年,亚马逊受管理模式制约,未能在跨境业务方面更进一步。Analysys易观分析认为,2016年亚马逊中国将继续位居务实者象限。

(四) 补缺者象限分析

2015年中国网上零售B2C市场补缺者:1号店,国美在线,当当

1号店在食品、快消品、医药等品类方面均属于行业领先,在获得沃尔玛投资之后,逐渐失去了对公司战略的主导权,发展逐渐落后,创始人的离职影响了公司的发展,业务萎缩,落入了补缺者象限。

国美在线2014年、2015年业务增长强劲,目前3C家电领域已经出现京东、苏宁易购等优势厂商,加上天猫电器城的强势地位,国美在线恐难摆脱其补缺者的地位。

当当在2014年和2015年的表现相对保守低调,在竞争激烈的电商市场中逐渐被市场淡忘。目前当当坚持退市和转型"两步走"战略,基本放弃全品类和平台化发展策略,转型为以电子书、社区、IP孵化平台为主体的新兴电商平台。Analysys易观分析认为,2016年,当当将以创新者身份,从渠道发行方切入,向文化产业上游渗透。

三、网上零售B2C市场趋势预测

根据Analysys易观预测数据显示,2015年中国网络零售市场规模将达到38351.7亿元人民币,较2014年增长33.9%。预计到2018年,中国网络零售市场规模将达到约6.5万亿元人民币(见图2-23)。

图 2-23　2016—2018 年中国网络零售市场交易规模预测

资料来源：Analysis 易观智库,www.analysys.cn。

　　Analysis 易观预测数据显示,2015 年中国移动网购市场规模将达到 20752.7
亿元人民币,增长 140.8%(见图 2-24),其在网络零售市场中的占比将达到

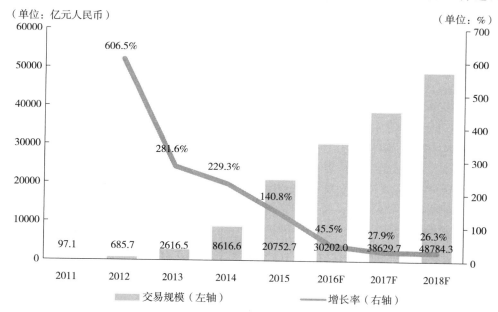

图 2-24　2016—2018 年中国移动网购市场交易规模预测

资料来源：Analysis 易观智库,www.analysys.cn。

54.1%（见图 2-25）。移动端的重要性已超越 PC 端,成为网络零售市场中最重要的入口。

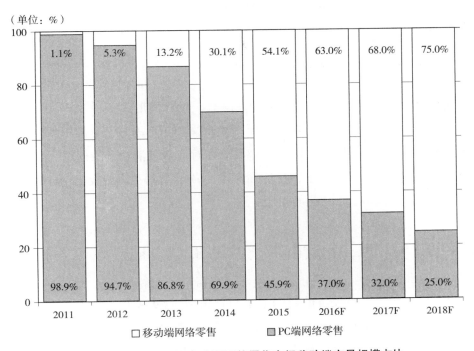

图 2-25　2016—2018 年中国网络零售市场移动端交易规模占比

资料来源:Analysys 易观智库,www.analysys.cn。

已进入成熟期的网络零售,在持续发展过程中仍表现出一些新的趋势:

(一) 企业间收购、合并案例增多

2016 年,网络零售市场的合并、收购的案例数量快速增长。市场红利逐渐消失,巨头企业为保持自身竞争力,对中小型电商的收购将变得频繁。受资本方压力,一些估值较低的中小型电商或采取合并的方式,通过抱团提高整体估值。

(二) 企业间竞争变得激烈

2016 年,巨头之间的竞争变得更为激烈,特别是以阿里、京东为代表的电商巨头之间的竞争。另外,中小型电商之间的市场宣传、公关战也将变得频繁。

易观智库分析认为,阿里、京东在 2016 年将加速收购、兼并的步伐,在大型促销活动(6.18,11.11)中的竞争也将更为激烈。此层面的竞争,主要是对新兴业务的布局及优质资产的争夺,同时提升企业在资本市场的表现。

另一个层面的竞争主要存在于中小型电商之间（年交易规模在30亿—100亿元人民币）。此类竞争主要表现在市场宣传和公关层面，为企业融资、上市做准备。另外，中小型电商在可能出现的被收购、被合并风险下，也需要通过市场发声来提升其议价能力。

（三）线上线下融合步伐加速

2016年，网络零售和线下零售将加速融合。融合的形式多种多样，如京东投资永辉超市、当当开设实体书店、银泰百货开设天猫旗舰店、苏宁云店打通线上线下等。易观智库分析认为，零售业的线上线下融合，是对消费者消费场景的进一步争夺，在线上零售发展趋缓的大背景下，对线下市场的争夺将显得更为重要，全渠道发展将是零售业发展的大趋势。

四、北京市网上零售 B2C 发展良好

电子商务对北京市经济的影响力正与日俱增，这主要得益于北京在网上零售B2C和网络团购方面的优势。其中，北京的网上零售B2C不仅服务于北京本地，更重要的是面向全国的市场。

北京市聚集了一大批全国知名的B2C网站，以京东商城、亚马逊、当当、凡客诚品为代表的B2C电子商务应用是北京市网上零售B2C市场发展过程中的优势领域。在全国自营B2C网站中，京东、亚马逊、当当、国美在线等企业位列前茅。其中，聚美优品、京东在美国上市，相继成为国内最大的化妆品垂直电商和市值最高的综合电商。

2015年，北京社会消费品零售额突破万亿元门槛，随着消费结构的逐步变化，北京整体消费水平将实现跨越式增长，北京社会消费（含服务消费）有望于2016年突破2万亿元的规模。2015年上半年，据北京市商务委公布数据，北京全市网上零售额实现792亿元，同比增长38.9%。2015年全年，北京市全部消费对于经济增长的贡献力为70%，在消费中电子商务的贡献更是高达80%。消费类电子商务已成为北京市经济发展新的重要引擎。

为进一步推进北京市网上零售B2C市场的发展。2016年，首届北京跨境电商消费体验季在中国（北京）电子商务大会上正式启动，成为主流跨境电商企业搭建的线下体验平台。京东全球购、中粮我买网等不同业态的多家跨境电商企业将进驻北京西单大悦城、in88、世贸天阶、爱琴海购物公园、首开·福茂、福海国际等商场，拉近优

质进口商品与消费者的距离。

（作者简介:杨亚琼,易观分析师。长期从事电子商务领域的研究工作,对传统行业电子商务转型、电子商务 B2B 市场、跨境电商、移动电商等细分领域有着深入的研究）

在线旅游市场发展现状与未来发展趋势分析

朱正煜

◇·◇

一、宏观分析:多方面因素助力在线旅游快速发展

近年来,在线旅游业受政策、经济、社会、技术等多方面利好因素影响,实现了快速发展。当然,最根本还是源于人们存在旅游休闲的需求。各个旅游相关的企业都致力于提供更好的产品和服务,以全面推动旅游产业的发展。

(一) 在线旅游获得高度关注,诸多利好政策出台

2015 年,国家出台的《关于进一步促进旅游投资和消费的若干意见》和《关于积极推进"互联网+"行动的指导意见》,充分体现了国家对信息和互联网技术与旅游业融合发展的高度重视,智慧旅游成为多个领域交汇融合的关键纽带。整体上政策利好因素如下:

明确产业地位。政府将旅游业定位为国民经济的战略性支柱产业,明确旅游服务是人民生活的重要组成部分。

支持新业态发展。鼓励发展乡村旅游、游学游、康养旅游等新兴旅游业态,强调线上线下有机结合。

积极发展"互联网+旅游"。推动在线旅游企业发展壮大,拓展旅游企业融资渠道,鼓励金融机构加大信贷支持。

(二) 居民收入水平提高,旅游对就业拉动作用明显

居民收入水平提高:由于国家对经济发展的持续重视和推动,我国经济发展一直

保持较高增长速度,全民收入水平提高,生活质量有所提升;旅游产业有效拉动就业:旅游产业涉及的环节较多,上游提供商就包括酒店、客栈、航空公司、景区和租车等,在线旅游平台包括代理商、搜索比价类和点评攻略类等,众多参与者需要大量的人力维持良好的经营,在一定程度上拉动就业。

（三）80后、90后是消费主力人群,引领消费潮流

80后、90后成为劳动人口和消费人群的主要构成,其消费观念具有跨代际的影响和带动作用。如今,消费者在选购旅游产品过程中希望掌握更多的主动权,相比过去,他们更加注重自主性和趣味性,而且在预览过程中,也更加地注重旅游体验和服务品质。

（四）新兴技术发展迅速,为在线旅游创新提供支撑

技术对于整个社会的带动发展是不可或缺的,对在线旅游同样也是。比如PMS系统,针对酒店及非标住宿产品的PMS厂商发展迅速;移动支付日渐普及,为在线旅游预订的即时性、便捷性提供了技术基础;新兴技术,如数字地图、智能穿戴、虚拟现实等在旅游领域开始初步结合。

在科技发展浪潮中,运用互联网、大数据、信息通信等科技手段,全面改善旅游供给,丰富延展旅游内涵,提升旅游市场监管效能,已成为推动旅游业蓬勃发展的动力和方向。

二、在线旅游市场发展现状

近年来,移动互联网发展方兴未艾,移动互联网确保用户随时随地使用在线旅游服务,极大拓展了在线旅游市场空间,成为在线旅游市场发展的强刺激因素。Analysys易观分析认为,在线旅游移动端市场近年来高速发展,推动资本热情和业内不断创新,2015年是在线度假旅游快速发展的关键年,在线旅游标准品市场经过资本整合,竞合发展后基本格局初定。

（一）在线旅游市场规模持续增长

中国在线旅游市场的整体规模近几年保持稳定增长,2015年达到4737亿元人民币,较2014年增长49.59%。

根据Analysys易观发布的《中国在线旅游市场趋势预测报告2016—2018》数据显示,2016年将达到6663亿元人民币,环比增长40.66%,预计到2017年市场交易规模达到8955亿元人民币(见图2-26)。

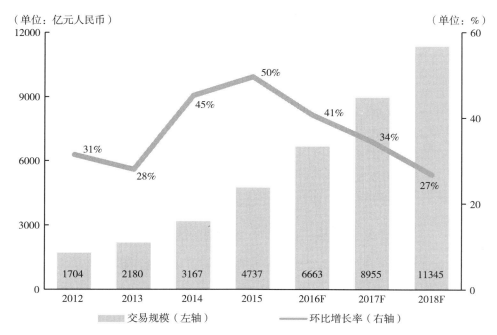

图 2-26　2016—2018 年中国在线旅游市场规模预测

资料来源：Analysys 易观智库，www.analysys.cn。

（二）中国在线旅游市场正处于高速发展期

目前,中国在线旅游市场已经经历了市场探索期和启动期,目前正处于高速发展阶段(见图 2-27)。

1. 探索期:1997—2003 年

20 世纪 90 年代中国旅游产业开始信息化进程,一批传统旅行社开始探索在线销售旅游产品。1997 年至 1999 年,华夏旅游网、中青旅在线(现更名为"遨游网")、携程旅行网和艺龙旅行网等中国主要在线旅游网站相继成立,拉开了中国进行在线旅游产品代理的发展序幕。在此阶段,在线旅游主要为用户提供旅游资讯、机票预订和酒店预订业务,酒店预订代理是主要收入来源。2001 年,互联网泡沫的破灭淘汰了一批业务同质化的小厂商,2003 年非典疫情对在线旅游产业形成较大打击,在线旅游产业陷入短期低谷,2003 年下半年开始复苏,携程在纳斯达克上市。

2. 市场启动期:2004—2006 年

2004 年,在线旅游市场进一步复苏,艺龙在纳斯达克上市。由于技术发展,旅游产品在线代理进入标准化阶段,在线机票销售平台已较为成熟,机票代理发展迅速,成为在线旅游厂商主要收入来源。同程、去哪儿、酷讯、芒果旅行等在线旅游网站相

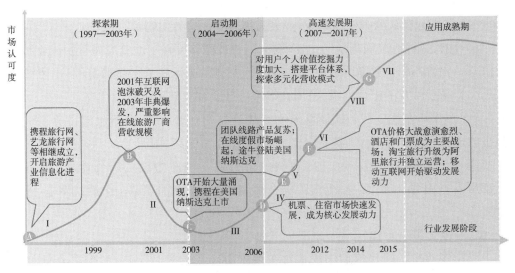

图 2-27 2015 年中国在线旅游市场 AMC 模型

资料来源：Analysys 易观智库，www.analysys.cn。

继诞生，在线旅游市场形成包含机票、酒店、门票等在线预订 OTA 业务和平台类业务共存的多元化业务结构。

3. 高速发展期：2007 年至今

2007 年至今，在线旅游市场处于高速发展期。大量资本涌入在线旅游市场，推动细分市场创新和行业整合。标准品（机票、酒店预定）市场趋于成熟，并诞生了如航班管家、飞常准等聚焦移动端的机票厂商，巨头格局通过市场竞争、股权转换基本形成，在线旅游市场竞争热点集中表现为在非标准产品市场（在线度假市场）的竞争。领先在线旅游厂商通过融合线上线下资源不断提高市场份额和整体产业渗透率。携程、途牛、同程等厂商都在致力于整合线下产业链资源，通过收购传统旅行社、建立线下服务中心，提升对线下资源的掌控力。阿里、百度、海航等资本不断肯定在线旅游产业，自营或投资在线旅游厂商；垂直领域企业成长迅速，非标准住宿等领域厂商如途家成为新独角兽。

（三）在线旅游市场发展的影响

1. 对个人用户而言

随着整体在线旅游行业的快速发展，游客出行前中后的行为习惯正在被颠覆。

出行前，在线交通预订、在线住宿预订的高速发展极大程度地改变了消费者旅游产品预订习惯。根据 Analysys 易观对在线旅游市场的监控以及 2015 年对游客的调研数据显示，消费者在线旅游产品预订习惯基本形成。其中从游客客源地到目的地的大交通预订和游客住宿预订暂时还是在线旅游市场份额最高的业务板块。Analysys易观分析认为，在线旅游行业大大提升了消费者出行预订效率。

出行前，随在线度假板块的迅速崛起，消费者能够更轻易地获取海量度假旅游产品信息。旅游产品信息量的进一步丰富拓展了游客选择旅游产品的范围，出境游等产品成为触手可及的出行选项，整体在线旅游产业升级随之正在进行中。

出行中，随在线度假板块团队游和专线产品的日渐壮大，在线旅游行业正在提升整体旅游行业产品质量，消费者正在享受性价比更高、更具品质保障、体验更多舒适个性化的在线旅游产品。随在线旅游行业与消费金融的跨界融合，更多更丰富更有针对性的在线金融产品正在服务在线旅游消费者，让消费者出行更便捷。

2. 对行业客户而言

随着移动互联网和信息化技术对在线旅游市场的渗透率逐渐增高，产业链上下游行业客户正在获得在线旅游发展红利。传统旅行社正在依托在线旅游分销平台等更新各自的"互联网+"进程，并通过互联网大大提升整体产业链的生产运营效率。

随在线旅游行业的持续快速发展，社会认可程度和用户习惯的逐渐培育养成，在线旅游行业正在通过资本、技术、运营等多种方式进行创新发展。行业客户正在逐渐垂直和主题化，通过对细分市场的准确定位和对消费者体验的定制设计，在线旅游行业客户正在借助互联网平台为消费者提供更多更具个性化的旅游产品。

3. 对投资者而言

在线旅游行业在高速发展的同时，在主要的行业业务大板块正在进入寡头竞争时代；平台型厂商投资红利期基本关闭。随着交通预订和住宿预订的逐渐成熟以及在线度假业务板块的快速发展，投资者更多地将视野聚焦于在线度假型厂商。Analysys易观分析认为，未来1—3年，在线旅游行业的投资将在在线度假板块充分发酵，更多聚焦在线度假，能够为消费者提供创新和个性化体验的厂商将得到青睐；另外，在线旅游厂商也将通过投资方式最大限度地重构传统旅游行业的产业格局，并对整体工作效率进行加速。

三、在线旅游市场竞争格局

根据Analysys易观近期发布的《2015年中国在线旅游市场实力矩阵专题研究报告》，Analysys易观对2014年至2016年主要在线旅游厂商在实力矩阵中所处的位置以及执行能力和创新能力的变化情况作如下解读（见图2-28）。

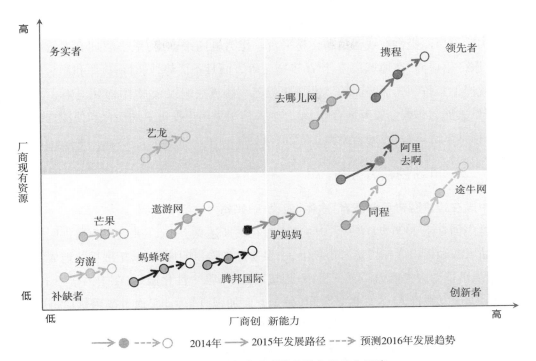

图 2-28　2015 年中国在线旅游市场实力矩阵

资料来源：Analysys 易观智库，www.analysys.cn。

（一）市场领先者分析

中国在线旅游市场领先者：携程、去哪儿、阿里去啊

携程近年来在旅游业通过连续投资收购加强产业渗透，投资标的包括线上渠道商和线下资源运营商及服务商。2015 年携程最主要投资标的为艺龙和去哪儿，艺龙和去哪儿作为携程长期竞争对手，加入携程体系后奠定了携程体系作为在线旅游企业的绝对领先地位，在线交通和住宿预订两个市场体现尤为明显。通过投资收购艺龙和去哪儿，携程加强了渠道端控制，增强了对产业上游厂商的议价能力，在度假旅游市场，也拥有更多资源和能力进行线上线下整合，通过自身完善的在线度假旅游业务体系与线下资源紧密结合，不断提升用户体验，具备较强的核心竞争力。

去哪儿 2015 年在机票预订市场和住宿预订市场增速突出，通过在无线端的先发布局及技术优势，以及巨额市场推广投入，去哪儿用户规模和交易规模仅次于携程，并不断逼近携程。同时在住宿预订市场，去哪儿 2015 年成立目的地事业部，加强酒店直签业务，有效提高收入规模，但整体市场投入远高于收入，在 2015 年资本市场降温的背景下，去哪儿融资面临难题，通过和携程合并，去哪儿可以继续加强在通过垂直搜索领域的技术优势，不断加强在标准化旅游商品上的领先优势。

阿里去啊成立于 2014 年,前身是淘宝旅行。阿里去啊继承淘宝网的电商基因,为各类旅游厂商提供在线营销和交易平台。作为电商平台,阿里去啊拥有大量旅游产品/服务供应商,在地域覆盖、产品丰富度等方面具备优势,同时在机票和酒店预订交易规模上具备领先优势。2015 年阿里巴巴集团成立蚂蚁金服,并推出芝麻信用体系,阿里去啊与蚂蚁金服开展合作,结合个人信用为用户提供更加简化和便捷的旅游服务,提升旅游体验,在创新能力上表现突出。

(二) 市场创新者分析

中国在线旅游市场创新者:途牛、同程、驴妈妈

途牛创立于 2006 年 10 月,2014 年 5 月在纳斯达克上市,主要为用户提供度假旅游产品服务和销售。在出境游市场上,途牛通过加强目的地服务,拓展目的地成团模式,增强出境游服务能力,采用"机票+地接"模式增强个性化服务;在国内市场上,一方面增加出发地投入,发展区域公司,另一方面加强直采力度,通过改善供应链提升利润空间,加强服务效率和质量;在服务方式上,途牛加强体验门店建设,通过线上线下流量和服务的转化提升用户体验;在业务体系上,途牛收购了中山国旅、经典假期两家旅行社,获得台湾游市场经营资质,已形成覆盖国内游、境外游的完整业务体系。途牛新成立了途牛影视传媒,并推出多个旅游金融产品,建立起"旅游+互联网+金融"的生态圈。

同程成立于 2005 年,2008 年起通过门票业务进入周边游市场,多年发展形成包含周边游、国内中长线和出境游的完整业务体系。2015 年同程加大景酒业务投入,成立周边自由行事业部;在邮轮产品上发展迅速,从服务人数看已达到领先地位。同时,借助于控股方万达旅游在线下旅行社的广泛布局,同程在线上线下资源整合上具备较强创新空间。

驴妈妈以为消费者提供优惠门票、自由行、特色酒店为核心,同时兼顾跟团游的巴士自由行、长线游、出境游等在线旅游业务。在度假和景点门票等细分市场上,驴妈妈具有较强的竞争力,发展空间较大。借助于景域集团在旅游资源的布局,驴妈妈具备较强的业务整合能力,随着自助旅游人群的急速增加,驴妈妈可以逐渐实现从"中介型网站"向"服务型网站"的转型,在景域集团体系下,形成线上线下体验一体化的旅游 O2O 平台。

(三) 市场务实者分析

中国在线旅游市场务实者:艺龙

艺龙是国内最早一批进入在线旅游市场的厂商之一,主要提供酒店预订业务。

艺龙业务聚焦于在线酒店预订,具备较高的服务水平和服务效率。但只有酒店业务的业务模式会对艺龙未来发展空间带来较大不确定性,酒店预订业务竞争壁垒较低,在服务质量上,各厂商各有优势和短板,在酒店覆盖面上,其他线下执行力较强的竞争厂商易于跟单,短期可以大幅提高酒店覆盖面,艺龙面临较大的竞争压力,2015 年携程通过获得 Expedia 在艺龙的全部股份,成为艺龙控股股东。艺龙作为携程体系的组成部分,竞争压力骤减,可以聚焦于在线酒店预订市场,通过不断优化服务体验,形成有特色的酒店在线预订平台。

(四) 市场补缺者分析

中国在线旅游市场补缺者:遨游网、芒果网、腾邦国际、蚂蜂窝、穷游网

遨游网和芒果网均是传统旅行社的在线旅游平台,分别借助于中青旅集团和港中旅线下资源,进行旅游 O2O 业务布局。作为传统旅行社集团信息化战略的重要环节,遨游网和芒果网能够获得集团高额的资金和资源投入,但在线上运营上,传统旅行社在线平台仍未能形成差异化特色,业务模式和服务水平较携程、途牛等存在差距,受大型在线旅游厂商的挤压效应明显。

腾邦国际是首家在国内上市的在线旅游厂商。腾邦国际是第一批进入票务代理行业的厂商之一,主要竞争优势在于在线预订平台的技术实力。从发展初期,腾邦国际就采用以在线预订为主的轻资产模式,没有呼叫平台的巨额成本,赢利能力较强,近年来通过收购或并购机票代理平台、线下旅行社、差旅管理平台和欣欣旅游等,腾邦国际开始介入度假旅游市场,业务体系逐渐多元化。但整体品牌推广力度和认知度仍然较低。

蚂蜂窝和穷游网主要业务是旅游 UGC,通过多年运营积累大量活跃用户和用户数据。随着大数据技术投入实际应用,蚂蜂窝和穷游等旅游 UGC 网站开始将海量数据结构化,并进行个性化抓取,通过精准匹配为用户推荐旅游产品,有效增强变现能力,形成特色化的旅游产品交易业务。

四、在线旅游市场发展趋势

(一) 北京在线旅游市场发展潜力较大

2015 年 12 月 16 日,在第二届世界互联网大会开幕式上,中共中央总书记、国家主席习近平发表演讲,专门提到"旅游",而且在关于互联网发展的综合论述中也释放出有利于旅游发展的信号,可见未来的在线旅游市场发展趋势良好。

北京发展旅游产业有着得天独厚的优势,作为旅游业比较发达的重要国际型旅游城市,北京基础设施完备,交通便捷发达,旅游资源丰富,旅游产品多样,旅游服务水平和质量相对较好。作为全国的科技创新中心,北京云集了大量高校和高新技术企业,拥有全国顶尖的科技力量,这些构成了北京发展旅游产业的良好基础。目前,北京部署实现了北京旅游行业管理智能化,并初步形成各具特色的智慧旅游发展模式。虽然北京得天独厚的优势促使其旅游产业发展良好,但是在互联网的时代,需要基于智慧旅游的发展,发挥北京科技创新的资源优势,推动"旅游+"与"互联网+"的深度融合。

根据《北京市"十三五"时期旅游业发展规划》要求,按照建设国际一流旅游城市的目标,在新科技发展浪潮中,运用互联网、大数据、新一代通信技术,提高旅游市场监管效率和服务水平,改善旅游供给,满足旅游者不断增长的需求。

(二) 中国在线旅游整体发展趋势

随着中国居民收入逐步提高和对旅游休闲的重视程度大幅增加,居民对旅游出行的需求迅速增长。未来整体在线旅游发展的亮点将集中体现在在线度假以及主要厂商对上下游资源的深度整合中,Analysys 易观分析认为,2016 — 2018 年中国在线旅游市场将呈现以下趋势:

1. 在线度假旅游市场持续升温,非标准产品将成为市场亮点

2015 年国内主要航空公司进入零佣金时代;携程入主艺龙、与去哪儿换股之后,标准品市场(机票+酒店)即将进入更优化的竞争环节;在线旅游标准化产品基本定局,将稳步增长。在线度假产品因产品供应链长、涉及渠道和服务商众多整合力度较大。随中国在线旅游市场需求的不断升级、移动互联网技术和库存管理信息化水平的持续升高,在线度假旅游市场的壁垒逐渐降低,市场参与者正在针对产品持续创新。在线度假品类方面,出境游、周边游以及游学、蜜月游等主题游快速发展,非标准产品将成为 2016 年发展最大亮点。

2. 资本整合持续发力,优化 O2O 竞争格局

线上线下资本通过整合重组正在重塑在线旅游行业的产业格局。继百度与携程换股入股携程、阿里大力运营阿里旅行等之后,BAT 在在线旅游行业的布局不断深入,2016 年整合成果可期。随线下巨头万达、海航等传统资本不断渗透,2016 年将在在线旅游行业通过整合上游资源、拓展线下渠道等方式进一步优化产业 O2O 竞争格局。线上巨头携程持续加快资本层面对行业的整合步伐,进一步扩大在线旅游领域话语权,避免行业恶性竞争,提升在线旅游产品品质,鼓励创新产品研发。

另外,主要在线度假厂商正在推动线上产品线下体验的提升,途牛、同程等厂商

正在核心客源城市建立地面游客服务中心体系,进一步提升在线旅游产品尤其是高客单价产品的整体服务水平和交易质量。

3.创新跨界发展,构建在线旅游生态体系

在线旅游产业天然与多个产业连接,涉及用户吃住行游购娱等多环节,具备强跨界基因。2015年在巨头的引领下,在线旅游纷纷实践跨界初探。2016年,围绕金融、娱乐、教育等方面在线旅游行业势将构建以征信体系、旅游微贷、在线旅游+综艺、在线旅游+互动娱乐、在线旅游+教育(游学、亲子游等)等为核心的在线旅游生态体系。

(作者简介:朱正煜,易观高级分析师。从事互联网及互联网化市场、互联网企业的分析及前瞻性研究,致力于在线旅游、电子商务等细分领域的市场及企业深度分析)

在线医疗健康发展现状与未来发展趋势分析

姜昕蔚

一、互联网医疗

（一）中国互联网医疗市场发展现状

1.2015 年移动医疗市场的发展特点

随着移动互联网的发展,其对医疗行业产生着越来越大的促进作用。作为中国互联医疗主力军的移动医疗,其在 2015 年的发展呈现出以下特点:

（1）国家相关政策促进和保障市场的健康发展

2015 年,卫计委公布了医师多点执业条件,允许临床、口腔和中医类别医师多点执业。明确多点执业的医师应当具有中级及以上专业技术职务任职资格。医生多点执业解决医生的自由执业问题,为移动医疗市场医疗资源的开放和丰富提供保障。9月,国务院办公厅推出《推进分级诊疗制度建设的指导意见》(以下简称《意见》),提出了 2020 年全国分级诊疗制度基本建立,2017 年基本实现大病不出县的明确目标。《意见》要求在全国 100 个城市,福建、安徽、青海、江苏四省全面进行分级诊疗,逐步建立基层首诊、双向转诊、急慢分治、上下联动的分级诊疗制度。《意见》的出台为医疗信息化企业、互联网企业、移动医疗企业提供了发展空间。

（2）移动医疗市场实现垂直细分多元化发展,企业不断创新业务

中国移动医疗市场已进入启动期,在资本市场持续关注加剧的背景下,市场呈现出问诊、挂号、自诊自查、疾病管理等多个垂直细分领域共同发展的形势。以春雨医生为代表的移动医疗企业将业务拓展至线下,通过投资并购、自建或合作的方式开展

线下诊所业务,并力求与线上业务形成无缝对接,逐步建立医疗生态闭环。平安好医生等移动医疗企业还通过投资、合作的方式打通"医疗+药品+保险支付"的服务体系,从而助力其商业模式的创新,实现赢利。

(3)移动医疗赢利模式尚不清晰,仍在不断探索中

2015年,移动医疗市场出现商业健康保险、线下诊所收费、药品销售等不同的赢利点,但都还处于市场探索阶段。保险是医疗服务重要的支付方,在国家政策推动下,商业健康保险与移动医疗的距离逐渐缩短。目前,春雨医生、平安好医生、微医等移动医疗企业纷纷以合作、自营等方式推出不同的商业健康保险,然而中国商业保险市场份额仍处于较低水平,商保所带来的赢利还需要较长的探索时间。线下诊所的付费服务成为又一赢利模式的创新实践,春雨医生、丁香园分别以合作、自营的方式开设了线下诊所,回归传统付费诊疗模式,而医保支付痛点成为这种赢利模式的主要阻碍。还有一些企业,例如微医通过投资医药电商企业,进行"医+药"生态闭环的构建,从而谋求变现,而处方药禁止网售的政策环境给他们带来了一定的变现压力。

2. 移动医疗市场规模分析

2015年中国移动医疗市场规模将达到48.8亿元人民币,较2014年增长62%。预计2018年中国移动医疗市场规模接近300亿元人民币,2016年至2018年的年均复合增长率超过60%(见图2-29)。

图 2-29　2015—2018 年中国移动医疗市场规模预测

资料来源:Analysys 易观智库,www.analysys.cn。

3. 互联网医疗市场目前处于启动阶段

中国互联网医疗市场已经经历了市场探索阶段,目前,互联网医疗市场正处于启动阶段(见图2-30)。

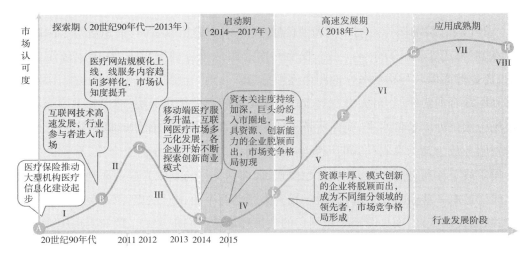

图2-30　2015年中国互联网医疗市场 AMC 模型

资料来源:Analysys 易观智库,www.analysys.cn。

(1)探索期:20世纪90年代至2013年

从20世纪90年代开始,随着医疗保险的出现,推动了医疗信息化建设,互联网医疗由此成为政府扶持的重点行业。2000年,通过医疗信息化建设的初见成效,加上互联网技术获得长足发展后走向成熟,一些初创互联网医疗企业进入市场,成为继医疗信息化后又一推动医疗互联网化进程的驱动形式。早期的互联网医疗产品以医疗健康门户网站为主,自2010年起,线上咨询服务出现,并逐渐形成一定的市场认知度。同期,在移动互联网快速发展的背景下,一些移动医疗服务随之兴起。2013年,互联网医疗企业数量逐渐规模化,产品、服务趋向多样化,各企业不断进行创新商业模式的探索。

(2)市场启动期:2014—2017年

2014年,互联网医疗进入启动期。资本市场对互联网医疗的关注度大大加深,巨头企业借势纷纷进入市场,以腾讯入股挂号网、丁香园为代表的投融资事件成为全年互联网医疗领域的焦点。同时,互联网医疗呈现出问诊、挂号、自诊自查、疾病管理等多个垂直细分领域共同发展的形势。2015年,以春雨医生为代表的互联网医疗企业将业务拓展至线下,通过投资并购、自建或合作的方式开展线下诊所业务,并力求与线上业务形成无缝对接,逐步建立医疗生态闭环。平安好医生等互联网医疗企业还通过投资、合作的方式打通"医疗+药品+保险支付"的服务体系,从而助力其商业模式的创新,实现赢利。预计到 2017 年,互联网医疗市场在产品服务、商业模式不断创新的基础上获得飞跃式变革,资源丰厚、模式创新的企业将脱颖而出,成为不同细分领域的领先者,市场竞争格局在逐渐形成。

(3)高速发展期:2018 年之后

预计从 2018 年开始,互联网医疗行业进入高速发展期,互联网医疗的市场需求逐渐增大,用户渗透率逐渐增加,产业链上游的医疗机构、药品流通企业、软硬件方案商等纷纷在市场立足,成为产业链重要环节。其中,互联网医疗企业加速发展 O2O 医疗业务刺激了用户规模的快速增长,促使其赢利模式逐渐清晰化,市场规模也得以高速增长。

(4)应用成熟期

在应用成熟期,互联网医疗市场发展将趋于成熟,市场进入门槛提高,市场竞争也逐渐加剧。从产业链角度来看,互联网医疗产业链完善,实现了在 PC 及移动端上的 O2O 医疗服务的无缝对接。商业模式上,大数据应用、数据变现能力提升,成为互联网医疗的核心竞争力;用户付费意愿提升,促使行业商业模式成熟化。

(二) 中国互联网医疗市场的竞争格局

根据 2015 年中国互联网医疗市场各企业的发展状况,Analysys 易观对 2014 年至 2016 年主要互联网医疗企业在实力矩阵中所处的位置以及现有资源和创新能力的变化情况作如下解读。

1. 领先者分析

中国互联网医疗市场领先者:春雨医生、平安好医生、丁香园、微医

随着"互联网+医疗"的日益高涨,互联网医疗开始以不同垂直领域挖掘不同患者需求,市场出现问诊、挂号、疾病管理、自诊自查、医疗学术等细分领域。而互联网医疗市场的领先企业在经历前期高成本产品、服务研发与运营阶段后,在 2015 年进行不同方向的业务结合,比如医疗与药品电商、金融产品的结合,以及医疗 O2O 的升温;在不断提升用户体验的同时,继续在产品创新与生态闭环布局上实践。

春雨医生与好药师网上药店进行合作,成为较早开展"医疗+药品"服务的企业。2015 年,春雨医生尝试布局线下"春雨诊所"业务,将线上问诊与线下诊所服务相互融合,与中英人寿建立合作关系,接入就医商业保险报销业务。在更好地解决患者问题的同时,也逐步建立"线上咨询—线下就医—保险报销—药品配送"的移动诊疗生态系统。

平安集团旗下平安好医生通过短短一年的发展,快速跻身领先者行列,主要归功

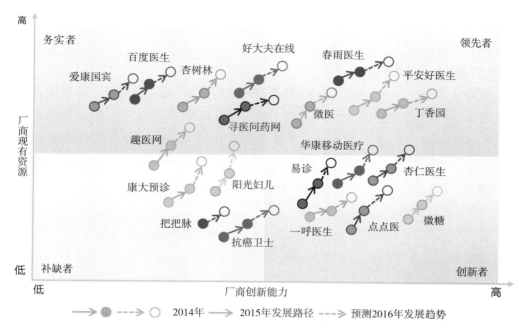

图2-31　2015年中国互联网医疗市场实力矩阵

资料来源：Analysys易观智库，www.analysys.cn。

于其拥有平安集团优质的用户群，以及自营的专业医疗团队，形成易管控的家庭医生与专科医生的在线诊疗服务体系。在赢利模式上，平安好医生推出一站式健康管理打包服务——健康卡，包括健康体检、基因检测、家庭医生及名医预约四大服务，打通健康管理流程中的了解、管理以及保障三个环节。2015年，中国平安先后入股掌上微糖、药给力，在问诊业务的基础上，开发慢性病管理、医药O2O业务，从而促进其未来互联网医疗健康生态闭环的构建。

2. 创新者分析

中国互联网医疗市场创新者：杏仁医生、华康移动医疗、易诊、点点医、微糖、一呼医生

点点医于2014年上线，是中国最早的医疗O2O服务平台之一。点点医起初以垂直医生点评平台为切入点，改善医患关系不对称的问题；在考虑到赢利局限的情况下，通过升级医护上门服务来创新服务内容，探索更具发展空间的商业模式，成为互联网医疗市场O2O业务实践的典型代表。点点医的医护上门包括一些轻医疗的服务，如导尿管、打针、按摩、胎心监护、器械租赁等轻医疗服务，将一些不必去医院就能完成的医护服务进行整合，为患者提供方便。未来，点点医还需在医疗资源上进行提升，切入其他医疗相关业务来丰富业务链，促进品牌发展。

3. 务实者分析

中国互联网医疗市场务实者:好大夫在线、寻医问药网、杏树林、爱康国宾、百度医生、趣医网

趣医网致力于为患者提供一站式移动就医服务,移动端趣医院成为其主要产品之一,涵盖预约挂号、报告查询、支付、住院管理等全流程就医服务。在 2014 — 2015 年间完成两轮融资,B 轮为百度领投,双方将共同探索医疗领域的创新服务模式。2015 年趣医网与 1 药网达成战略合作,将共同实现就诊、配药到送药的医疗 O2O 闭环。未来,趣医网将发展重心放在其核心产品"医院+"上,支持开放式接入第三方服务,为医疗机构向移动互联网服务模式转型提供便捷服务。从趣医网的 C 端业务看,顺应市场的发展方向,但过于同质化,短期内较难脱颖而出;而在 B 端业务上具备一定创新性,将帮助其商业模式的拓展。

4. 补缺者象限分析

中国互联网医疗市场补缺者:阳光妇儿、康大预诊、抗癌卫士、把把脉

把把脉于 2015 年上线,专注于打造中医垂直健康服务平台,并在"双十一"期间上线"把脉街"电商频道,快速展开商业模式的实践。从把把脉的主营业务看,在线咨询、医生预约及医疗资讯都过于同质化,无法与具资源优势的企业进行竞争;另一方面,互联网药品交易服务受国家政策监管和制约,对于把把脉试水电商的创新尝试并不具可持续发展性,无法与拥有互联网药品交易资质的企业,以及拥有丰富线下药店合作资源的平台企业在电商品类上进行对抗。未来还需在做好产品、服务、用户体验的前提下进行合理赢利模式的探索。

(三) 移动医疗市场发展趋势

未来,在中国移动医疗市场发展趋势上可以关注以下几点:

1. 患者端产品趋向 O2O 模式发展

基于医疗服务的特殊性,线上医疗服务终归需要落到线下,方可实现移动医疗的价值。2015 年,已有一些企业开始了线下服务布局的实践,例如春雨医生设立线下诊所、平安好医生启动"万家诊所"计划、微医集团与华数集团共同打造 O2O 医疗平台、丁香园自营线下诊所。这些企业的医疗业务布局都是在解决患者就医痛点基础上建立的,成为市场中典型的创新案例,从而促进主流移动医疗趋势的形成。医疗 O2O 创新模式对于企业的医疗资源要求甚高,打通线上线下医疗资源,实现资源紧密融合是未来移动医疗领先企业的突破点。

2. "医+药"布局加剧,一站式、定制化医疗健康服务成为主要创新方向

医疗服务与药品销售具有强相关性,同时服务相辅相成,因而构建"医+药"生态

成为移动医疗企业短期内实现创新商业化发展的有利方向,通过对不同患者的看病及用药数据的检测与积累,未来移动医疗企业将逐步实现一站式、定制化的医疗服务,优化用户体验,增强用户黏性。2015年,少数移动医疗企业开启医药电商业务的布局,例如微医集团收购金象网布局医药B2C业务、平安好医生联手华氏大药房打造一站式快捷购药体验、春雨医生与叮当快药共建O2O生态闭环。未来,移动医疗企业的药事服务布局还将逐渐清晰、多元化。

3. 微信渠道促进社区医疗圈的建立,实现社区医疗人员与居民健康的紧密连接

目前,面向C端的移动医疗产品、服务不再以APP为主渠道,微信渠道的兴起为移动医疗企业提供了流量入口,成为提升品牌影响力的支撑平台。基于微信的强社交属性,一些移动医疗企业创立微信社区医疗圈,以区域、科室等不同主题划分群组,分配专业医生进行在线咨询、患者互动,从而挖掘潜在用户、提升用户活跃度、提升知名度。

4. 细化慢性病管理服务逐渐成主流布局

在中国,慢性病已成为居民健康的头号杀手。慢性病的最大特点是患病时间长,患者往往需要持续照护、长期服药、高频复检,且患者的主动参与程度、自我管理能力及依从性将会极大影响疾病发展。因此,患者需要合理的慢性病管理模式来帮助他们完成治疗方案、加强自我管理,而长期和密切的监护及管理并不适宜由集中化的医院来提供,这为移动医疗企业提供了强大的发展机遇。移动医疗降低了慢性病管理的成本,能够帮助患者改善慢性病预后、减少并发症的发病概率、节省医疗开支,为医保降低成本。目前,市场上已出现以糖尿病、高血压为代表的细化慢性病管理产品,但用户活跃度较低、流失率较高。未来随着巨头、移动医疗企业介入,细化慢性病管理服务将逐渐主流化,用户认知度不断提升,服务质量有待经受市场考验。

二、医药电商

(一) 中国医药B2C市场发展现状

1. 2015年中国医药B2C市场发展特点

(1)中国平台、自营医药B2C主流企业形成,医药O2O企业兴起

2015年,中国医药B2C市场已进入启动期,在国家政策尚未完全放开的背景下,市场形成以阿里健康、1号店为代表的平台式B2C。以1药网、康爱多网上药店为代表的自营式B2C主流企业集团。同期,以叮当快药、药给力为代表的医药O2O企业规模逐渐增加,再加上百度直达号、京东到家、饿了么等陆续切入送药服务,使医药O2O快速发展,成为行业新兴服务模式。

（2）中国医药 B2C 企业移动端渠道布局迅速,用户渗透力有待提升

在中国移动互联网高速发展的背景下,2015 年中国医药 B2C 企业加速移动端的多渠道布局,其中自营医药 B2C 企业表现最为突出。以 1 药网、康爱多为代表的自营医药 B2C 企业已实现自建 APP、WAP,入驻天猫医药、微信、京东等第三方移动平台的多移动渠道拓展。然而,中国用户的药品网购习惯尚未形成,整体用户渗透率还处于较低水平,医药 B2C 还需不断优化用户体验、拓展延伸服务来提升用户留存、培养用户黏性。

（3）中国医药 B2C 企业拓展医疗服务,"医+药"业务布局升级

中国医药 B2C 市场参与者多样化,一些企业率先通过自建、投融资、合作开辟不同细分的移动医疗业务,促进"医+药"业务布局升级。2015 年,阿里健康构建"未来医院"与天猫医药的"医+药"活力生态圈;岗岭集团旗下 1 药网实现了以易诊为入口、以药品为切入点的"医+药"业务流;微医集团通过收购金象网来植入医药电商元素,完善一站式移动便捷就医流程;叮当快药通过与春雨医生合作,切入专业在线健康咨询和用药指导服务。

2. 医药 B2C 市场规模分析

2015 年中国医药 B2C 市场规模将达到 134.1 亿元人民币,较 2014 年增长75.7%。预计 2018 年中国医药 B2C 市场规模达到 657.4 亿元人民币,2016 年至2018 年的年均复合增长率达到 56.7%(见图 2-32)。

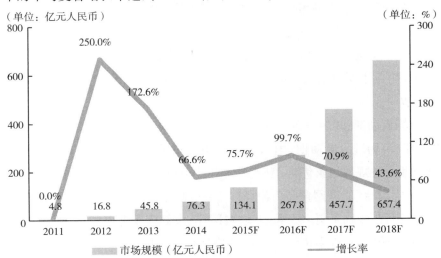

图 2-32　2015—2018 年中国医药 B2C 市场规模预测

注:中国医药 B2C 市场规模为所有获得《互联网药品信息服务资格证书》和《互联网药品交易服务资格证书》的平台 B2C 和自营 B2C 企业,并经营可在线交易的网上药店或入驻平台 B2C 进行医药品网上交易的规模总和(不包括独立的医疗器械、计生用品、保健品等品类网上专卖店的交易规模);交易品类包括:OTC 药品、家用医疗器械、计生用品、保健品及其他。

资料来源:Analysys 易观智库,www.analysys.cn。

3. 医药 B2C 市场目前处于启动阶段

截至现在,中国医药 B2C 市场经历探索期,目前正处于启动阶段(见图 2-33)。

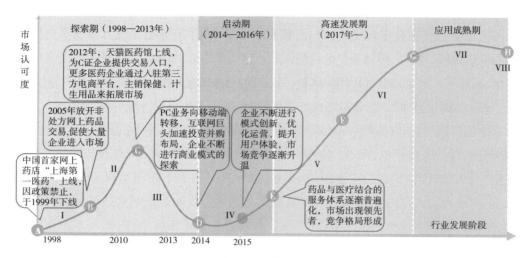

图 2-33 2015 年中国医药 B2C 市场 AMC 模型

资料来源:Analysys 易观智库,www.analysys.cn。

(1)探索期:1998—2013 年

受政策制约,医药 B2C 市场探索期发展速度缓慢。1998 年,中国首家网上药店 "上海第一医药"上线,因政策禁止,于 1999 年下线;2005 年,国家放开非处方网上药品交易,促使大量厂商进入市场;2012 年,天猫医药馆上线,为 C 证厂商提供交易入口,更多医药企业通过入驻第三方电商平台,主销保健、计生用品来拓展市场。探索期医药 B2C 企业主要以争取流量、赚取差价收益为主要特征,依靠产品种类、微利竞争,用户转换率低下。

(2)市场启动期:2014—2016 年

2014 年,市场进入启动期,国家相关政策尝试放开、用户网上购药意识不断增加,促进企业通过规模运营优化、服务创新提升用户忠实度,行业的资本关注度也有所提升。国家出台《互联网食品药品经营监督管理办法(征求意见稿)》,征求放开处方药的网上销售,鼓励了更多医药、互联网医疗、大健康企业开始通过投资并购的方式加速布局医药电商,许多传统药企也借势进行互联网化。2015 年,阿里健康反向收购天猫医药,形成以阿里健康、1 号店为代表的平台式 B2C,以 1 药网、康爱多网上药店为代表的自营式 B2C 主流企业集团。同期,以叮当快药、药给力为代表的医药 O2O 企业规模逐渐增加,再加上百度直达号、京东到家、饿了么等陆续切入送药服务,使医药 O2O 快速发展,成为行业新兴服务模式。随着巨头凭借投资并购布局医药 B2C 业务不断升级,市场集中度逐渐加深,主流商业模式探索开始。

（3）高速发展期：2017 年之后

预计从 2017 年开始，医药 B2C 行业进入高速发展期，互联网、移动互联网用户对医药 B2C 行业的需求逐渐增大。网上药店依靠提供健康解决方案进行供应链整合，各企业间开始实施差异化战略，移动端医药布局逐渐完善，赢利模式清晰化，投资热潮凸显。

（4）应用成熟期

在应用成熟期，医药 B2C 行业经营模式将趋于成熟，市场进入门槛有所提高，行业内部竞争也逐渐加剧。从产业链角度来看，医药 B2C 产业链完善，实现了在 PC 及移动端上的 O2O 医药服务的无缝对接。从商业模式来看，大数据应用不断实现在企业端营销、用户端健康解决方案的商业化进程，从而提升网上药店的数据变现能力及核心竞争力；用户付费意愿的不断提升促使行业商业模式趋向成熟。

（二）　中国医药 B2C 市场竞争格局

根据 Analysys 易观近期发布的《2015 年中国医药电商市场实力矩阵专题研究报告》，Analysys 易观对 2014 年至 2016 年主要医药电商企业在实力矩阵中所处的位置以及现有资源和创新能力的变化情况作如下解读。

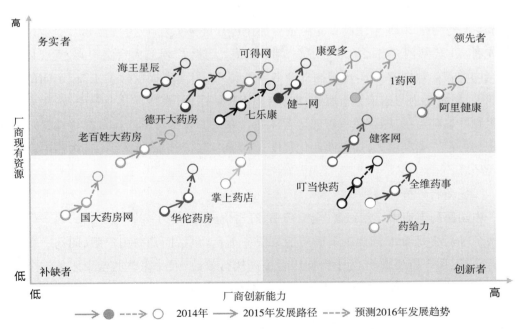

图 2-34　2015 年中国医药电商市场实力矩阵

资料来源：Analysys 易观智库，www.analysys.cn。

1. 领先者分析

中国医药电商市场领先者：阿里健康、1 药网、康爱多、健一网、健客网

在国家倡导大力发展医药电商的政策背景下，医药电商的参与者不再局限于获得互联网药品资质的企业，一些医药 O2O 平台也陆续上线，市场出现平台 B2C、自营 B2C 及一些医药 O2O 服务企业。

阿里健康（原名"中信 21 世纪"）于 2014 年获得阿里巴巴战略投资，成为阿里巴巴布局医疗健康业务的重要举措。阿里健康旗下主要运营云医院平台、阿里健康 APP、药品电子监管体系为用户提供即时、便捷的医药、医疗、健康管理等方面专业服务；其中，阿里健康药品网上零售业务采取"B2C+O2O"的平台模式。2015 年，阿里巴巴转让天猫在线医药业务的营运权给予阿里健康，壮大其医药品销售的渠道能力、丰富其供应商资源、实现天猫流量的导入，从而占有中国医药 B2C 市场的最高份额。同年，阿里健康与鱼跃科技宣布建立战略合作关系，双方将在医疗智能设备、医疗影像、医疗医生资源管理、互联网健康服务拓展，开拓市场与客户、信息及医疗产品、阿里健康云医院平台等方面进行合作。未来阿里健康将继续在"未来医院+未来药店"的战略构建中推动市场的创新变革。

1 药网是中国第一批获得国家食品药品监督管理局颁发的《互联网药品交易许可证》的合法网上药店，并通过切入移动医疗健康领域，实现"医疗+药品"的业务全布局。1 药网在 2015 年完成 C 轮融资后加速提升自身实力，成为自营 B2C 企业中的领先者。1 药网创立自己的配送中心，拥有上海、天津、广州三大仓储中心，实现订单的全国覆盖。数据方面，1 药网拥有商务智能体系，为商家提供数据工具，定向的患者属性、患者行为与需求分析服务；并拥有 CRM 体系，可直接连接商家系统，为商家提供顾客追踪监测，顾客关系管理运营体系。未来 1 药网将不断探索其移动医疗业务中的可行性赢利模式，加深商业化程度；拓展 B 端医药电商业务，完善医药电商生态闭环。

2. 创新者分析

中国医药电商市场创新者：全维药事、叮当快药、药给力

全维药事是全维科技旗下医药健康服务平台，包括问药—用户版、问药—商户版、药联三系产品及服务，为平台使用者提高执行效益、强化完整的健康服务。全维药事目前的主体业务包括 B 端与 C 端。B 端是为制药企业提供低成本、高效率的品牌营销服务，提升企业铺市率；为线下药店提供运营协助服务，拓展药店销售和服务渠道，提升药事服务专业度，有效管理重点客户，以精准营销提升顾客黏性。C 端是为线上用户提供便捷购药、送药上门、用药指导服务。未来全维药事还将不断加大与线下药店、制药企业的合作力度，丰富其业务覆盖范围，不断优化药店服务，保障顾客安全、信任用药体验。

3. 务实者分析

中国医药电商市场务实者：可得网、七乐康、德开大药房、海王星辰、老百姓大药房

可得网隶属于上海可得光学科技有限公司，经过 8 年垂直眼镜及相关附件产品网上零售的发展，具备眼镜行业集约采购价格优势、电子商务管理服务经验；拥有由多名视光学专家及高级验光师组成的客服团队，为用户提供专业的配镜及使用指导服务。同时，可得网自主开发眼镜在线模拟试戴系统，打造优质的用户购买体验。2015 年，康恩贝入股可得网，将其眼健康产品与可得网进行业务层面的协同，从而促进双方在产品上的营销拓展。从可得网的销售渠道看，还是围绕 PC 端的自营、第三方平台，移动端主要通过微信进行销售，在用户体验上不及 PC 端的自营平台，未来仍有突破空间。O2O 布局方面，可得网目前线下店服务覆盖仅局限于上海地区，未来可得网还将拓展 O2O 体验店的覆盖力度，从而不断提升渠道创新能力。

4. 补缺者象限分析

中国医药电商市场补缺者：掌上药店、国大药房网、华佗药房

国大药房网是国药控股收购国药控股国大复美大药房连锁有限公司后进行的医药 B2C 业务布局。与其他医药 B2C 企业相比，国大药房网的起步较晚，虽依托复美大药房线下门店流量、国药集团第三方物流平台、国大 ERP 系统等优势，但缺乏对互联网、电子商务的经营经验和市场敏感度，在线上布局较为保守、服务滞后、发展缓慢。未来，国大药房网还需要不断提升创新能力，利用好自身优质的线下资源，将线上线下业务进行系统化运营，从而加速抢占市场。

（三）中国医药 B2C 市场发展趋势

1. 政策放开推动市场发展潜力释放

国家一直未放开处方药网售的管制是医药电商市场发展最主要的制约因素，近几年国家通过发布相关文件来逐渐改善医药电商市场的政策环境：2013 年党的十八届三中全会通过并发布了《中共中央关于全面深化改革若干重大问题的决定》，文件明确指出：取消医疗机构"以药补医"模式；2014 年国家食药监总局发布了《互联网食品药品经营监督管理办法（征求意见稿）》，《互联网食品药品经营监督管理办法（征求意见稿）》的正式落实将为医药电商的未来发展创造更大的空间；2015 年国务院发布了《国务院关于大力发展电子商务加快培育经济新动力的意见》，文件明确强调完善互联网食品药品经营监督管理，推动医药电子商务发展。医疗机构执行零差率等政策将促使包括网上药店在内的医院外渠道销售规模潜力的提高。

2.市场领先者推动创新赢利模式清晰化

对于企业来说，获得 C 证即可开展自营 B2C 业务，而赢利模式成为较难突破的关键点。目前，自营式 B2C 赢利模式以销售价差为主，可以攫取产业链利润；平台式 B2C 赢利模式以收取流量佣金为主。预计到 2016 年，自营 B2C 企业中将出现领先企业，领先企业具备多样化产品服务模式，将发展重心从售药逐渐转移到用户定制化服务上，依靠提供健康解决方案进行供应链整合，实施差异化战略，不断完善移动端医药布局，创新赢利模式逐渐清晰化。

3.医药 B2C 企业结合 O2O 运营

未来医药电商 O2O 运营的最佳模式是与 B2C 业务相结合，对于自身网上药店已经具备一定营销基础和销售基础的药品零售企业来讲，应当尽量平衡经营重心，在保持网上药店既有优势的基础上，寻求线上与线下渠道的相互融合途径，通过网上药店带动实体门店的销售。而对于网上药店运营基础较为薄弱的药品零售企业来讲，目前经营的重心仍应放置于实体门店，保证生存的基础，将网上药店作为辅助手段激发实体药店的潜力。同时通过实体药店的"交易中心"及"体验中心"的职能，改善网上药店最后一公里的体验，从而推动网上药店成长。

4.医药 B2C、B2B 双模式运营仍待经受市场考验

在医药 B2C 竞争加剧的背景下，一些医药 B2C 企业开始进入 B2B 市场，以开展 B 端业务谋求差异化发展，探索与工业企业间的业务流和资金流，抢占医药电商市场一席之地。然而，目前，中国医药、上海医药和华润医药 3 家国企背景的医药企业瓜分了大部分市场，而且医药 B2B 电商区域性强，难以满足跨地区的采购需求，在商业模式不成熟的情况下也难以与传统企业抗衡。基于中国医药市场较为封闭、受国家政策制约，医药 B2C 与 B2B 双模式运营虽具创新性，但短期内将发展缓慢，需经受市场考验。

三、北京市在线医疗健康市场发展领先

根据 Analysys 易观专题报告《医疗健康领域用户画像专题研究报告 2016》中的数据可以得到，较发达地区人群构成了医疗健康行业的主力。而北上广作为集聚资源的发达城市，是中国互联网医疗企业的主要分布地域，其中北京一直处于领先地位。我国地区发展不平衡的问题也反映了我国医疗资源匮乏并且分配不均，优质资源更多地集中在一线城市，包括相关技术人员数量也是一线城市远高于中西部城市。所以，北京基于丰富的医疗资源，发展互联网医疗健康市场就更加可实施。

2015 年，借势"互联网+"，北京居民的健康福利通过以下改革进行拓展：从电话

到移动终端,试点"非急诊挂号全面预约",且多家医院探索自主开发APP、微信服务号,为更多患者预约就诊提供便利;双向转诊绿色通道,各个医院联合开辟分级诊疗新模式;有效管理医生资源,启动医师执业电子化注册工作;脊灰灭活疫苗纳入免疫规划,疫苗接种异常反应引入商保补偿;因地制宜进行慢性病管理,北京启动5年期"城市减重行动",促进人们健康生活;京津冀致力于医、养协同发展,三地居民逐步享同质健康服务。总的来说,这一系列基于互联网医疗健康发展下的改革措施,致力于实现资源共享,提供更加便捷的医疗健康服务。北京作为互联网医疗健康市场发展的领先地域,已经有一个很好的"互联网+医疗健康"的规划蓝图。不过就全国市场而言,在线医疗健康领域还处于模式探索阶段,未来的行业格局未定,对于业内企业而言,在各细分领域存在着很多的机会,但也催化了行业激烈的竞争。

（作者简介:姜昕蔚,易观医疗及旅游行业中心研究总监。致力于传统旅游产业互联网化产业研究,深耕在互联网医疗、互联网医药、在线大健康、在线旅游等细分领域）

生活服务类市场发展现状与未来发展趋势分析

杨　欣

◆◇◆◇◆◇◆◇◆◇◆◇◆◇◆◇◆◇◆◇◆◇◆◇◆◇◆◇◆◇◆◇◆◇◆

一、生活服务类市场发展现状

移动互联网的发展正带动中国本地生活服务电商快速发展,伴随O2O对本地生活服务各垂直领域的加速渗透,整个本地生活服务O2O市场规模快速增长。2015年,中国本地生活服务O2O市场规模达3613.5亿元人民币,同比增速为45.7%。在经历了2015年流量扩张到资本寒冬与市场整合的阶段后,2016年本地生活服务O2O市场将进入全新的服务质量与效率提升阶段,预计规模将达到4487.7亿元人民币。

2015年互联网生活服务平台生存现状:

补贴降低:伴随资本寒冬,融资越来越困难,各大生活服务平台补贴力度随着时间的推移开始下降。

战略转型:团购平台纷纷去团购化,向本地生活服务商转型;业务和份额无法突破的团购网调整战略,如窝窝与众美合并转向餐饮上游食材供应服务商。

收购兼并圈地:通过对细分领域收购兼并,加速生活服务主业领域深度布局。如58同城在招聘领域收购中华英才网,在房产领域收购安居客,在汽车服务领域收购驾校一点通等。

重组提升效率:为加速公司整体运作速度与团队应变能力,进行组织结构调整。如大众点评与美团相继进行了事业部架构的重大调整,并不断完善各事业群职责。

分拆优势业务:分拆优势业务独立运营,如美团拆分出猫眼电影、外卖、酒店业务;斗米兼职从 58 赶集分拆独立。

合并抱团取暖:分类信息平台强强联合,如 58 赶集合并,强化分类信息优势地位;生活服务交易类平台美团与点评合并抱团取暖,降低烧钱速度,应对百度糯米与"口碑"的竞争。

收缩战线:根据平台细分业务用户、业绩状况予以手机端流量分配调整,将火力集中于优势业务。新美大目前已对到家业务下调首页入口。

主流格局确定:多品类、平台级的互联网生活服务领域目前已被新美大、百度糯米、58 赶集这样的大平台占据,竞争机会已不大。

二、互联网招聘市场发展分析

(一) 互联网招聘市场发展现状

1. 互联网招聘市场活跃且颇受资本青睐

2015 年中国互联网招聘市场较为活跃,虽然市场份额仍然掌握在前程无忧和智联招聘两大厂商手里,但其余厂商份额正在扩大,新产品、创新产品层出不穷。以蓝领招聘为代表的赶集、58 同城的合并,使得中国互联网招聘市场格局有望产生新变化。

2015 年互联网招聘市场较为活跃且颇得资本的青睐,招聘市场除了 58 赶集的合并及对中华英才网的收购,更有拉勾等垂直招聘厂商的产品持续创新,且移动端正在暗涌新势力,新产品不断出现。除分类信息网站,垂直招聘网站也有一系列的创新举动,都在试图改变传统的招聘模式,期望在提升用户体验和提高招聘效率上有新的突破。

2. 互联网招聘市场已发展至应用成熟期

(1)探索期:1997—2007 年

招聘行业是最早被互联网化的领域之一,早在 20 世纪 90 年代中后期,招聘网站就已经出现。随着互联网的发展、中国经济的发展,就业人员流动现象的增加,互联网招聘渗透率逐渐升高,针对不同人群、不同行业、不同地域的招聘网站大量涌现。

(2)市场启动期:2008—2009 年

2008—2009 年年初,受全球金融危机的影响,经济下滑导致招聘行业一度萧条,前程无忧等代表厂商的营收规模大幅度下滑,传统纸质招聘的下滑速度更是大于网络招聘。一些招聘网站也在此时未能承受重创而退出市场。

（3）高速发展期：2009—2013 年

2009 年下半年开始，经济逐渐复苏，互联网的快速发展及金融危机时期企业对于招聘成本低廉的需求，使得在线招聘市场发展环境及前景开始向好。2010 年起，中国经济的快速增长，企业用人需求的上涨，互联网的快速普及，使得互联网招聘市场进入高速发展期，市场竞争格局基本形成。

（4）应用成熟期：2014 年至今

互联网招聘市场处于相对稳定成熟的发展阶段，但是互联网招聘模式依然较为传统，多为广告模式，招聘信息不对称、虚假信息盛行，招聘求职效率低等一些诟病多年存在。市场格局亦多年稳定，急需新鲜血液。随着互联网思维的提出，一些重视用户体验的创新型垂直细分招聘网站及应用开始涌现，试图分食传统互联网招聘市场。如何为用户提供全新高效的招聘求职体验，是互联网招聘市场新一轮变革的主题。

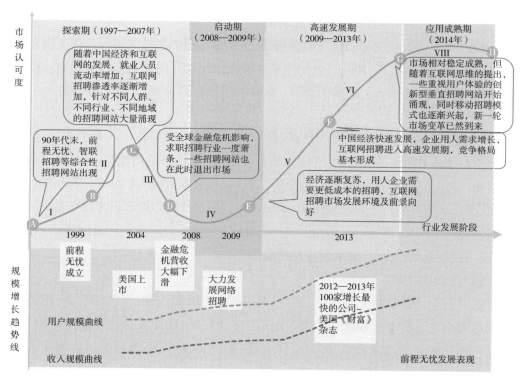

图 2-35　2015 年中国互联网招聘市场 AMC 模型

资料来源：Analysis 易观智库，www.analysys.cn。

（二）互联网招聘市场竞争格局

1.领先者象限分析

中国互联网招聘市场领先者代表：前程无忧、智联招聘

前程无忧：2015年前程无忧独立雇主数量稳步增长，其仍然是众多优质企业招聘初中级员工的首选平台之一。同时，由于职位资源丰富，也是众多用户求职的首选网站。2015年8月，前程无忧收购应届生求职网，为其校园招聘再添力量。

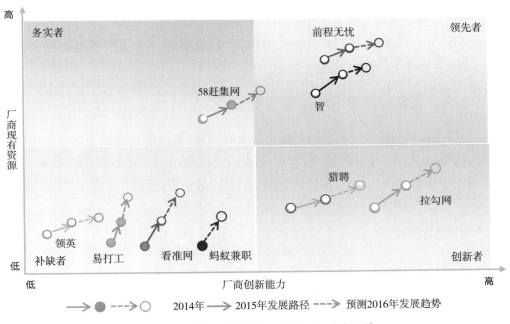

图2-36　2015年中国互联网招聘市场实力矩阵

资料来源：Analysys 易观智库、www.analysys.cn。

智联招聘：智联招聘自上市以来，积极向职业发展平台方向转型，力求覆盖求职者整个职业生涯，将着重发展职业教育及人才测评领域。2015年10月，智联招聘成立东莞分公司，进一步拓宽南方市场。

2.创新者象限分析

中国互联网招聘市场创新者象限代表：拉勾网

拉勾网：互联网垂直招聘网站拉勾网，通过对求职招聘用户体验的双向提升，其企业数量、求职者数量增长迅速。2015年，拉勾网新上线2款产品，拉勾 Plus 和拉勾一拍，为企业和求职者提供精准的双向选择招聘求职服务，同时为从业时间长且年薪高的互联网从业者提供高端服务。

3. 务实者象限分析

中国互联网招聘市场务实者代表：58 赶集网

58 赶集网：赶集与 58 同城的合并，使得中国互联网招聘市场格局产生新变化。自合并以来，针对招聘业务，其推出多种新产品，斗米兼职、赶集微招聘、速聘等，凭借着长期积累的庞大用户群，通过不断地产品丰富和对中华英才网的收购，未来 58 赶集招聘业务有望走进领先者象限。

4. 补缺者象限分析

中国互联网招聘市场补缺者代表：领英

领英作为全球领先的职业社交网站，自开辟中国市场以来，一方面为了迎合中国大部分用户的互联网习惯，努力进行"中国式"的改造，一方面仍然艰难保守着其严肃的职业社交气质，处境较为尴尬。

（三）互联网招聘市场发展预测

中国互联网招聘市场处于相对稳定的发展局面，整体市场规模将保持稳定增长态势，根据 Analysys 易观的监测，2016 年中国互联网招聘市场规模将达到 46.1 亿元，与上年相比增长 18.8%，预计到 2018 年，这一数字将达到 63.7 亿元。

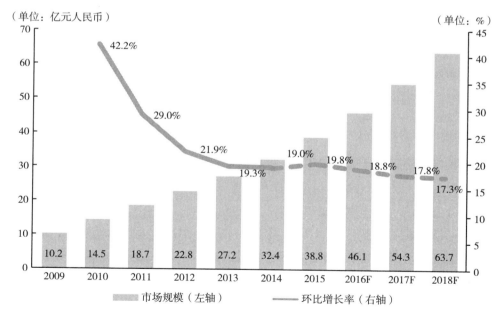

图 2-37　2016—2018 年中国互联网招聘市场规模预测

资料来源：Analysys 易观智库，www.analysys.cn。

2016—2018年中国互联网招聘市场将呈现以下趋势：

1.移动互联网招聘市场将呈现火热态势,主要集中在蓝领和兼职等领域

目前,中国互联网招聘市场移动端正在涌现一股新势力,专注垂直招聘,用户群定位明确,或针对蓝领用户,或针对大学生群体,或以点评分享为主,或专注兼职领域。随着移动互联网的进一步发展,移动互联网招聘市场将有更多的新产品出现,特别在蓝领和兼职招聘领域,由于其更换工作的频次高,用工需求大,在这两个方向的新产品将比较集中。这些新产品为中国互联网招聘市场注入新鲜血液,推动行业持续发展。

2.互联网将继续向人力资源服务市场渗透,将继续整合市场

如今,互联网招聘市场已经渗透到人力资源服务市场产业链的多个环节,包括提供招聘猎头服务、职业测评、培训教育、人事外包及咨询等。随着中国企业的发展,对人事管理的重视程度将持续加大,人力资源服务市场潜力巨大,互联网招聘市场将继续渗透,且互联网将整合人力资源市场,使得资源利用达到最大化,服务效率达到最大化。

3.大数据技术将优化改善互联网招聘市场,提高用户招聘求职体验,有望将生活服务与之串联

目前,互联网招聘市场招聘效率低的现象普遍存在。未来几年,大数据技术将被充分利用,通过对求职者简历和企业用工需求等进行分析,精准推送职位及应聘人员,提高求职招聘效率。且通过简历数据可分析用户精准画像,特别在蓝领招聘领域,蓝领招聘有望成为生活服务的入口。

三、互联网婚恋市场发展分析

（一）互联网婚恋市场已进入高速发展期

互联网的发展使人们的生活越来越便捷,也使个人社交圈不断缩小。随着线上婚恋会员人数的增多,庞大的用户资料库成了婚恋交友厂商们重要的资源,借助这些线上资源,一方面婚恋交友厂商O2O线下红娘婚介业务得到迅速扩张,另一方面与金融理财、影视家装等领域的跨界合作,向产业链纵横延伸的步伐也开始加快。婚恋交友厂商已逐渐找到升级整个产业的发展方向。继首家婚恋厂商登陆国内资本市场后,具有领先地位的两大巨头也宣布合并共谋产业发展。目前,互联网婚恋市场处于高速发展期。

1.探索期:1998—2008年

20世纪90年代中国互联网泡沫催生婚恋交友产业信息化进程。1998年,珍爱

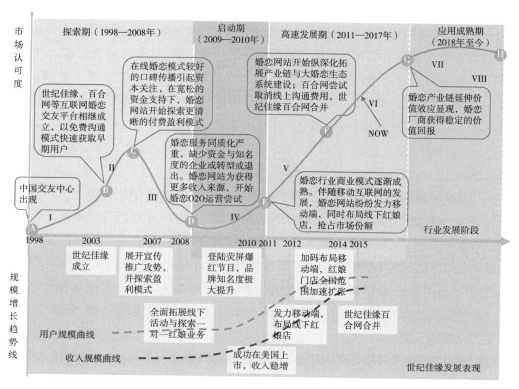

图 2-38　2015 年中国互联网婚恋交友市场 AMC 模型

资料来源：Analysys 易观智库，www.analysys.cn。

网的前身——中国交友中心的出现，标志着以互联网为媒介的网上婚恋交友进入探索阶段。

随着互联网婚恋交友逐步兴起，尝试网络征婚的用户也迅速增加，而后大量互联网婚恋交友服务提供者相继进入市场，为快速获得早期用户，推行免费沟通婚恋交友模式。2007 年开始，百合网、世纪佳缘先后采用了公安部身份验证系统，在线婚恋的信用环境逐步建立。2008 年金融危机到来，为尽快创造收入维持生存，世纪佳缘、百合网等主流婚恋交友网站先后开始收费。

2.市场启动期：2009—2010 年

付费沟通在商业模式上取得了巨大成功，也给婚恋网站带来了可观的价值回报。2009 年，出于支付、隐私、效率、人工牵线的考虑，拥有用户资源优势的百合网在两年的线下实体店探索实践后，在上海设立第一家线下会员服务中心，正式开始婚恋O2O 运营尝试。2010 年，世纪佳缘先后登陆荧屏爆红节目《天天向上》与《非诚勿扰》，发力娱乐化影视营销，提升品牌曝光率与知名度，婚恋网站广告宣传推广的营销模式正式拉开帷幕。

3. 高速发展期：2011—2017 年

2011 年，世纪佳缘在美国纳斯达克成功上市，标志着在线婚恋交友服务模式与商业模式逐渐成熟。2012 年下半年，世纪佳缘发力移动端，且开始布局线下红娘店，线上线下结合发展模式成为厂商布局重点。2014 年，伴随移动互联网的迅猛发展及用户、社交向移动端迁移趋势，婚恋交友用户移动端登录次数占比不断增长。2015年年底，百合网登陆新三板，而后世纪佳缘、百合网宣布合并，两个品牌在市场份额赢利能力与资本层面形成优势互补，对婚恋产品创新、用户体验改进、客户服务、新业务拓展、婚恋生态圈的建设均能起到更好的推动作用。

3. 应用成熟期：2018 年之后

为提供更好的用户交流体验，婚恋网站阻断沟通的付费模式会逐渐松动，多样化的增值服务将成为婚恋网站线上主要收入来源。同时，婚恋产业链延伸价值效应显现，婚恋厂商获得稳定的价值回报，用户生命周期得以有效延长。婚恋生态也将逐渐步入线上扩大影响，线下获得收益回报的时代。品牌知名度和口碑价值将成为核心竞争力，婚恋行业竞争格局会进一步集中。

（二）互联网婚恋市场的竞争格局

Analysys 易观对 2014—2016 年主要互联网婚恋交友厂商在实力矩阵中所处的位置以及执行能力和创新能力的变化情况作如下解读。

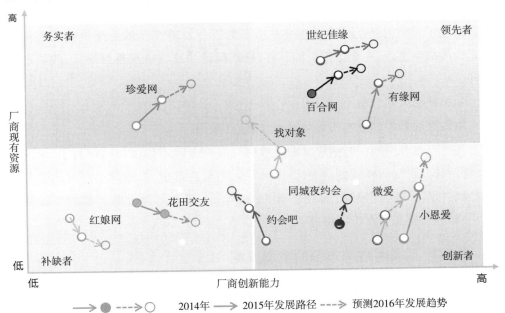

图 2-39　2015 年中国互联网婚恋交友市场实力矩阵

资料来源：Analysys 易观智库，www.analysys.cn。

1. 领先者象限分析

中国互联网婚恋交友市场领先者代表：世纪佳缘、百合网

世纪佳缘在 2015 年除了继续规模有序地扩张线下红娘实体店的业务外，还先后上线了婚恋服务的 TV 版、缘分圈，调整了线上业务收入，并引入了众包模式的红娘经纪人项目，这意味着世纪佳缘的业务重心已明确至专注用户、产品、研发以及改善赢利上。

百合网于 2015 年更多地围绕婚恋进行生态圈建设，在金融理财、影视、家装等多个领域进行了跨界合作，包括年初与融资易、银客网、来这投合作金融业务寻求新业务增长，在 4 月上线"国美家"频道，导流用户至互联网家装平台。

2. 创新者象限分析

中国互联网婚恋交友市场创新者代表：找对象

找对象在移动端拥有较高的活跃用户数及使用黏性，但受限于移动端较低的 ARPU 值，在移动端流量还无法拥有更多变现渠道时，找对象的市场份额无法获得有效增长，预计 2016 年无法找到更多创新方式，但现有资源在有效增长的过程中将从创新者象限进入务实者象限中。

3. 务实者象限分析

中国互联网婚恋交友市场务实者代表：珍爱网

珍爱网作为最早进入中国互联网婚恋交友领域的厂商，通过网络筛选、电话红娘并结合线下红娘直营店的运营模式打通婚恋交友闭环，但模式、创新上却稍显滞后，以致错过了早期占领互联网婚恋交友市场的机会。2015 年珍爱网将线下直营店的扩张作为战略重点，在全国范围铺开建设，以保证一线城市深耕细作，二线城市强势进驻。

4. 补缺者象限分析

中国互联网婚恋交友市场补缺者代表：红娘网

几乎与百合网同一时间成立的红娘网在发展上就不如百合网顺利了，无论是资源、营销，抑或产品、模式创新上，红娘网均无力与之抗衡，只能以追随者的姿态停留在补缺者象限中。红娘网的服务多限制在 PC 端，随着移动互联网的发展以及未来互联网发展，婚恋交友市场将进一步整合。

（三）互联网婚恋市场的发展预测

根据 Analysys 易观发布数据显示，2015 年中国互联网婚恋交友市场规模达到 27.0 亿元人民币，环比增长 21.1%。受移动端社交产品增多，以及婚恋生态系统建设逐步推进的影响，预计未来互联网婚恋产业仍将维持稳定增长但增速放缓。

图 2-40　2016—2018 年中国互联网婚恋交友市场规模预测

资料来源：Analysys 易观智库，www.analysys.cn。

　　Analysys 易观分析认为，2016—2018 年中国互联网婚恋交友市场将呈现以下趋势：

　　1. 在线婚恋交友业务重心继续放在改善移动端用户体验上

　　移动互联网的快速发展，婚恋交友用户使用线上婚恋服务的时间也逐渐从 PC 端向移动端转移。然而大量免费移动端社交应用的出现，却开始逐步压缩婚恋交友厂商的线上利益。随着婚恋交友厂商发力移动端，婚恋交友用户移动端使用黏性和深度有所改善。预计未来在线婚恋交友厂商的业务重心仍是继续改善移动端产品设计与提升用户体验。

　　2. 线下红娘店扩张速度放缓，提升单店销售额与挖掘红娘业务潜力成发力重点

　　2014 年以来，依托庞大的线上用户数据库，互联网婚恋交友厂商 O2O 线下红娘店强劲扩张。截至 2015 年，主流互联网婚恋交友厂商累计线下红娘店数目已超过 200 家。预计 2016 年，线下红娘店扩张速度将有所放缓。规范与调整现有门店、关闭未赢利门店以及提升单店销售额会是发力重点，包括大力发展兼职红娘，深入挖掘红娘业务边际收益。

　　3. 婚恋生态系统渐具雏形，婚恋产业进入"线上要影响、线下要利润"时代

　　2015 年，以世纪佳缘、百合网为代表的各大互联网婚恋交友厂商纷纷加大了跨界合作拓展新市场的力度，包括合作推出婚恋理财产品，向恋爱领域延伸投资，甚至

是触及影视传媒、家装、婚纱摄影、婚庆领域。伴随更多跨界合作全面展开,婚恋生态系统也渐具雏形。预计未来有了收益或融资支撑后,婚恋线上付费沟通模式也会逐渐放开,整个婚恋产业将会进入线上通过用户规模扩大影响力,线下通过红娘店、婚恋生态系统争取更多利润的时代。

4. 主流互联网婚恋交友厂商陆续登陆国内资本市场

继百合网登陆新三板后,友缘股份等其他主流互联网婚恋交友厂商也会相继快速上市。为尽快回归国内资本市场、减少内耗及谋求更快更大的发展,2015 年世纪佳缘在百合网上市不久,便选择与其合并;友缘股份也向创业板递交了股权转让协议书,可以预见加速融资、推进产业生态建设,未来互联网婚恋交友厂商登陆国内资本市场将成趋势。

四、互联网餐饮外卖市场发展分析

(一) 互联网餐饮外卖市场正迈进高速发展阶段

2015 年中国互联网餐饮外卖市场竞争异常激烈,在资本的助力下为了抢占市场争夺用户,各大厂商纷纷展开大力度补贴。上半年在高额补贴刺激下,大量用户开始使用互联网餐饮外卖服务,市场需求在短时间内被激发出来,行业规模迅速做大。但维持长期大力度的补贴对厂商的资金消耗太大,同时也造就了用户对补贴的高敏感性,难以建立用户忠诚度。所以从 2015 年下半年开始各大厂商都开始逐步降低补贴力度,希望通过完善送餐物流、提高餐饮品质等方式来提升用户消费体验,从而培养用户忠诚度,降低用户对补贴的敏感性。

从互联网外卖行业的长远发展来看,补贴只是外卖厂商短期内快速培养用户消费习惯的手段,未来的竞争还是需要着眼于给用户提供差异化的优质服务。根据 Analysys 易观发布的《中国互联网餐饮外卖市场趋势预测 2016—2018》显示,2015 年中国互联网餐饮外卖市场规模达到 458 亿元人民币,同比增长 201.7%。目前餐饮外卖的互联网渗透率仍然较低,随着送餐物流的不断完善、技术进步、城市扩展等因素驱动,预计互联网餐饮外卖市场在未来 5 年内仍将维持高速增长的态势,预计 2018 年中国互联网餐饮外卖市场交易规模将达到 2455 亿元人民币(见图 2-41)。

目前,中国互联网餐饮外卖市场处于高速发展阶段。中国互联网餐饮外卖市场发展周期过程如下:

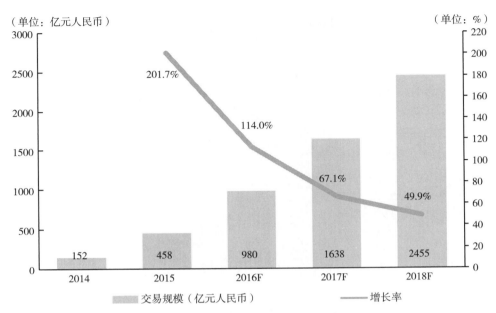

图 2-41　2016—2018 年中国互联网餐饮外卖市场交易规模预测

资料来源：Analysys 易观智库，www.analysys.cn。

1. 探索期：1999—2013 年

互联网餐饮外卖是随着互联网的逐渐普及开始出现的，并且互联网的发展带动了网络零售的发展，互联网背景下的"宅经济""懒人经济"日益凸显，这为互联网餐饮外卖市场发展带来契机。厂商开始尝试通过网络渠道销售外卖，进行网络外卖点餐的尝试，紧接着外卖平台也纷纷上线。1999 年 Sherpa's 在上海成立；2009 年饿了么上线；2010 年到家美食会上线；2012 年零号线上线；2013 年美团外卖上线等。

2. 启动期：2014—2015 年

探索期的发展带来了新一轮的市场机会，互联网巨头们纷纷把握时机涌入餐饮外卖市场。美团发展美团外卖，阿里发力组建淘点点（现口碑外卖），百度成立百度外卖。新的玩家加入市场，互联网餐饮外卖平台开始采用不同的发展模式积极进行扩张，餐饮外卖互联网化加速，资本开始密切关注这一领域，资本投融资活动十分频繁。

3. 高速发展期：2016 年至今

目前，外卖业务覆盖城市数量超过 300 个，随着用户规模的不断扩大，交易规模保持着稳定增长态势，互联网餐饮外卖市场赢利模式逐渐清晰，并且餐饮外卖市场资源进一步集中，餐饮外卖行业基本格局形成。2016 年，中国互联网餐饮外卖市场进入高速发展期（见图 2-42）。

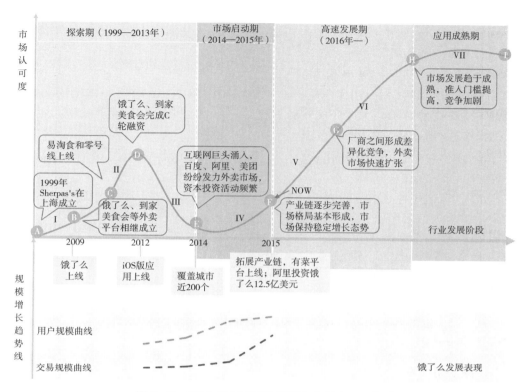

图 2-42　2015 年中国互联网餐饮市场 AMC 模型

资料来源：Analysys 易观智库，www.analysys.cn。

（二）互联网餐饮外卖的市场竞争格局

Analysys 易观对 2014—2016 年主要餐饮外卖厂商在实力矩阵中所处的位置以及现有资源和创新能力的变化情况作如下解读（见图 2-43）。

1. 领先者象限分析

中国互联网餐饮外卖市场领先者代表：饿了么、美团外卖、百度外卖

目前，中国互联网餐饮外卖市场消费用户仍然主要集中在一二线城市，而饿了么和美团外卖目前覆盖城市数量都超过 250 个，百度外卖也覆盖近 100 个城市。在完成了主要市场的城市覆盖之后，各大外卖厂商已暂缓城市拓展的步伐。

饿了么 2015 年的战略是"拿高校，拿白领，自配送"，在校园和商务办公区市场联合腾讯、京东拓展流量入口。搭建物流也是饿了么的布局重点，自主研发"帕拉丁"调度系统和"风行者"订单管理 APP，以此来提升自配送速度，服务质量极大提高。

美团外卖是美团在外卖业务上的延伸和发展。借助美团在团购领域打下的基

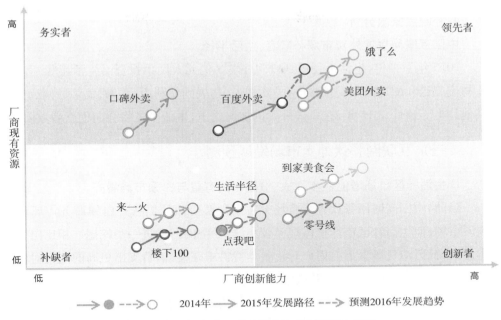

图 2-43　2015 年中国互联网餐饮外卖市场实力矩阵

资料来源：Analysys 易观智库，www.analysys.cn。

础,拥有较高的品牌知名度和大量合作商户,积累了较大的用户量,形成了较好平台。2015 年美团外卖新增便利店、水果蔬菜、甜点饮品等入口,扩展品类,以满足消费者正餐之外的更多需求,从而提升用户黏度。

百度外卖通过自营加整合第三方的外卖平台主攻白领商务区市场。百度外卖虽然进入外卖市场较晚,但扩张迅速,覆盖接近 100 个城市。百度外卖依托百度搜索的优势,并得益于百度旗下其他业务如百度地图、百度糯米的支持,具备了更多的流量来源。

2. 创新者象限分析

中国互联网餐饮外卖市场创新者代表:到家美食会

到家美食会自建物流团队,主要为中高端餐饮品牌和知名连锁品牌提供外送服务和订餐平台。到家美食会发展模式较重,扩张节奏慢,失去扩展市场份额的先机。预计 2016 年,到家美食会将继续停留在创新者象限中。

3. 务实者象限分析

中国互联网餐饮外卖市场务实者代表:口碑外卖

"支付宝"和"手机淘宝"作为阿里巴巴在移动端最为核心的两大利器也在首页推出了口碑外卖的入口,但口碑外卖发展相对缓慢,错过了早期占领餐饮外卖市场的机会。预计 2016 年,口碑外卖将凭借固有优势继续拓展市场,并在务实者象限巩固地位。

4. 补缺者象限分析

中国互联网餐饮外卖市场补缺者：生活半径

2015 年下半年,生活半径得到口碑外卖 3 亿元人民币投资。生活半径一直专注于物流配送和配送的品类扩张,从外卖切入,拓展到便利店、水果、蔬菜、鲜花、蛋糕等其他品类。预计 2016 年,在口碑外卖的加码之下,生活半径将会向创新者象限上升。

(三) 互联网餐饮外卖市场发展预测

1. 生活社区市场潜能逐步释放,份额占比有望与白领市场看齐

目前,中国互联网餐饮外卖市场中占据主要份额的仍然是白领商务市场和学生校园市场,而生活社区市场整体规模较小,行业空间有待进一步挖掘。相比白领和学生用户,社区消费场景下的用户对正餐消费需求旺盛,消费支出更高的同时对服务和菜品的质量要求严苛但对补贴敏感性较低,需要外卖厂商一方面加强中高端餐饮商户的引入,另一方面需要持续地提升服务能力。生活社区的外卖消费需求不弱于白领商务市场。未来生活社区在外卖整体市场的份额占比有望与白领商务市场看齐。

2. 继续完善送餐物流系统,保障送餐及时性

送餐及时性是影响外卖用户消费体验的一个重要因素,而随着外卖单量的快速提升,依靠餐厅自送已经很难保障送餐及时性。为了确保送餐体验,各大外卖平台都开始自建送餐物流系统。2015 年各大外卖平台都在送餐物流上投入大量的资金和人力,通过"自营+代理+众包"相结合的方式不断完善送餐物流系统,目前包括饿了么、美团外卖和百度外卖等在内的主要外卖平台,其自配送订单占比都在快速提升。而送餐物流系统也成为外卖厂商的一个重要竞争壁垒,不仅支撑起现有的餐饮外卖业务,同时也是外卖厂商拓展延伸外送业务的一个重要载体。

3. 横向拓展周边品类,由外卖平台升级为综合外送平台

餐饮外卖是一个高频的刚需业务,用户活跃度较高,随着用户规模的不断扩大,外卖平台积累了丰富的流量资源,而横向往餐饮外卖的周边品类做拓展不仅可以提高流量的利用率还可以实现由单一垂直业务向综合平台的升级。各大主流外卖厂商都开始不断地延展品类版图,在餐饮以外开通了生鲜、商超、鲜花、药品等外送品类。此外由于餐饮外卖的配送时间相对集中,引入更多品类可以填补配送团队在用餐闲时的业务空缺,提升其产出效率。

4. 进入产业链上游,拓展食材供应市场

为了给用户提供丰富的外卖选择,外卖平台不断在线下拓展商户资源,各大外卖平台的合作商户数量都达到了数十万的量级,而其中大部分是中小商户。对于中小

餐饮商户来说,食材采购也是长期困扰他们的巨大难题,因为本身需求量不大,所以很难实现规模化的批量采购,采购成本较高。通过聚合平台上大量中小商户的采购需求,实现规模化集中采购,帮助商户降低采购成本,同时借助外卖平台的配送系统可以有效提升食材的配送周转效率,减少商户工作量。

五、北京市互联网生活服务市场蓬勃发展

伴随着互联网向移动终端转移,传统生活服务类企业也正在积极布局互联网移动端,针对社会需求开发各类应用和服务,广泛渗透到衣食住行各个领域,丰富人们的生活方式和习惯。北京作为互联网发展迅猛的国内一线城市,其"互联网+"生活服务领域覆盖面广,市民参与度高,且市民体验较为满意。

在所有互联网服务中,北京市民认为对日常生活影响最大、改善最多的是:网上购物、互联网金融和互联网生活服务。"互联网+生活服务"方式在改变北京市民生活消费习惯的同时,也提高了市民生活的便利度和公共服务效率,并在一定程度上助力传统服务业,改善民生需求。2015年,北京市统计局、国家统计局北京调查总队开展了"互联网+生活服务"的应用情况调查,结果显示,北京市民对互联网提供生活服务方式的接受程度达到70%至90%,超7成被调查者表示满意。

在对"互联网+生活服务"的未来期望方面,北京市民期待解决的是"生活服务更便利""出行更便捷畅通"和"解决看病难"等问题。未来,"互联网+"技术应用不仅将颠覆传统产业,还将迅速进入北京养老、医疗、交通等生活服务领域。

(作者简介:杨欣,易观生活服务行业中心分析师。致力于传统生活服务行业互联网化和互联网生活服务平台相关研究,深耕于互联网婚恋交友,团购、社区、生活服务等多个细分领域)

电商行业发展的新趋势

王 运

电商行业并没有因为经历多年沉淀而平静下来,反而在即将过去的一年里表现得更加波涛汹涌。频频上演的巨头抱团大戏成为 2015 年电商重头戏,政策利好则为行业点亮指路明灯。在持续发力下,电商寡头对决成为行业未来的格局走向,已经崭露头角的跨境电商、移动电商、农村电商将成为新的"三驾马车"。

一、电商行业发展现状

(一)线下线上联手

2015 年,电商企业在通过一系列投资收购、进行集团化布局的同时,开始以巨头合作的形式进行寡头对决。

2015 年 8 月 10 日注定将是记入中国零售业史册的一天。阿里巴巴宣布投资约 283 亿元入股苏宁云商,成为苏宁第二大股东。与此同时,苏宁云商以 140 亿元认购不超过 2780 万股阿里巴巴新发行股份。而就在阿里与苏宁联姻前几天,京东宣布以 43.1 亿元重资入股永辉超市。进行线上线下融合成为电商巨头与线下巨头联姻的重要原因。

对于热得发烫的 O2O 领域而言,巨头在资本主导下进行合并,占领"赛道"成为 2015 年以来的重要选择。2015 年 2 月 14 日,西方情人节当天,滴滴宣布与快的合并,一时将全国范围内的打车软件市场"收网",在通过烧钱大战将行业老三等一批打车软件挤垮后将市场统一收至合并后的"滴滴快的"名下。2015 年 10 月,"千团大战"的胜者美团和大众点评宣布合并,至此美团与大众点评线下地推团队直接"交火"的场景成为历史。

资本在 O2O 巨头合并中无疑扮演着重要角色。业内多方消息显示,大众点评与美团的合并完全是双方的共同资本方——红衫资本一手策化。

2015年"双11"则将寡头对决表现得淋漓尽致。阿里拉拢苏宁直接将"双11"指挥部搬到北京,启动"双主场"战略。京东则与天天果园等抱团,形成另一阵营。此外,O2O领域项目纷纷开始寻找BAT做靠山,以站队的形式形成三大集团。尤其是外卖领域最为显著。百度自建百度外卖,阿里重启口碑网,腾讯则手握饿了么。

(二) 行业扶持政策密集出台

从1998年3月中国第一笔互联网网上交易成功至今,从来没有像2015年一样获得如此多的政策支持。电商领域政策密集出台后,电子商务在经济、服务领域的地位将再度提升。

2015年5月7日,国务院发布《国务院关于大力发展电子商务加快培育经济新动力的意见》,通过对八大方面提出意见促进电商快速发展。其中,最受业内关注的是"研究鼓励符合条件的互联网企业在境内上市等相关政策",成为破冰外商投资电商的关键之处。

就在同月5日和6日,商务部和国税总局先后发文,前者就"无店铺零售业经营管理办法"征求意见,后者提出"各级税务部门2015年内不得专门统一组织针对某一新兴业态(电商、'互联网+')等全面纳税评估和税务检查",被视为电商征税暂缓的信号。

日渐火热的O2O行业也首度获得国家级政策肯定。9月29日,国务院办公厅发布《关于推进线上线下互动加快商贸流通创新发展转型升级的意见》,力挺O2O。除了对O2O进行政策松绑,从国家层面提出发展指导方向,为行业发展提供资源支持之外,还酝酿着商贸流通行业的9个质变。

值得一提的是,在2015年频频出台的关于电商的政策中,农村电商和跨境电商成为热点词汇。2015年6月20日,国务院办公厅发布《关于促进跨境电子商务健康快速发展的指导意见》,随后又于11月9日发布《关于促进农村电子商务加快发展的指导意见》。

国务院指出,近年来我国电子商务发展迅猛,不仅创造了新的消费需求,引发了新的投资热潮,开辟了就业增收新渠道,为"大众创业、万众创新"提供了新空间,而且电子商务正加速与制造业融合,推动服务业转型升级,催生新兴业态,成为提供公共产品、公共服务的新力量,成为经济发展新的原动力。

(三) 跨境电商兴起

2015年可以称作国内跨境电商快速发展的元年。除了大量资本和企业投入到跨境电商领域外,国家也出台了一系列政策,并推出了跨境电商综合试验区进行支持。"一带一路"国家战略的推进,更成为跨境电商的新机遇。

互联网+传统外贸,催生了跨境电商的崛起,掀起了全球贸易资源再分配。2015年4月15日,京东宣布正式上线京东全球购,发力跨境业务,在此之前京东已上线多个国家馆。6月,阿里聚划算则宣布与20国大使馆展开合作,开展跨境电商。除了京东、阿里、聚美优品等传统电商平台外,洋码头、蜜芽等专注于跨境业务的垂直类电商平台也纷纷发力。

电商企业在市场竞争中,也根据自身优势采取多元化形式发展跨境电商业务。对于奶粉、纸尿裤等母婴类标品,跨境电商普遍采用保税仓模式,对于一些非标品,电商企业则普遍通过海外直邮等形式。在海外直邮中,电商企业又通过自建海外仓、与第三方物流合作等形式进行操作。其中,洋码头推出了海外代购"直播"的形式探索跨境电商新模式。

值得一提的是,国家通过设立保税区等一系列措施支持跨境电商发展。2015年3月7日,国务院批复同意设立中国(杭州)跨境电子商务综合试验区,这是全国唯一的跨境电商综试区。跨境电商综试区主要解决跨境电子商务发展中的深层次矛盾和体制性难题,要打造完整的产业链、生态链,逐步形成一套适应和引领全球跨境电子商务发展的管理制度和规则,为推动全国跨境电子商务发展提供可复制、可推广的经验。

2015年12月2日,商务部发言人沈丹阳表示,商务部将在总结杭州跨境电商综合试验区成功经验的基础上尽快向全国进行复制推广,为全国发展跨境电商创造更加有利的条件。

二、电商行业发展趋势

(一) 渠道下沉

继跨境电商之后,农村电商成为电商领域的一片新蓝海。面对日益饱和的一二线城市,农村电商成为各大电商新的战场。

912亿元交易额再创"双11"新纪录。就在"双11"结束后,阿里在现场宣布推出首届淘宝年货节。这个节日将主要服务于农村市场。农村电商市场成为一个无法估量的巨大市场。

在2015年年初发布的中央一号文件《关于加大改革创新力度加快农业现代化建设的若干意见》中明确指出,要支持电商、物流、商贸、金融等企业参与涉农电商平台建设,开展电商进农村综合示范点。

现在谈一二线城市已经趋近于饱和还为时尚早,但是不管是从用户扩张还是品类扩张的角度,电商在一二线城市都将会逐渐趋近于平稳增长,如何挖掘农村市场等成为保证新增长的关键。

国务院办公厅在《关于促进农村电子商务加快发展的指导意见》中指出,农村电子商务是转变农业发展方式的重要手段,是精准扶贫的重要载体。通过"大众创业、万众创新",发挥市场机制作用,加快农村电子商务发展,把实体店与电商有机结合,使实体经济与互联网产生叠加效应,有利于促消费、扩内需,推动农业升级、农村发展、农民增收。

此前,财政部经建司处长吴祥云在全国农村电子商务现场会上就表示,2015年中央财政准备安排20亿元专项资金扶持农村电子商务发展,让电子商务惠及更广泛的中西部地区和更多农村居民,特别是革命老区的农村居民。

2015年5月6日,阿里启动升级版"千村万县"计划,开始在全国扩张。除了将城里商品卖到农村市场外,还要帮助农产品走出农村。此外,农村物流等基础设施和服务的完善给农村电商提供了强有力的支持。

(二)移动电商发力

2015年是移动电商打基础的一年。在政策支持下,移动电商进入快速发展阶段,但未来还有非常大的发展空间。

2015年"双11",移动电商已经达到69%,而京东、唯品会等移动电商已经占80%左右,即2015年是移动电商与PC电商的分水岭,以前是80%PC电商、20%移动电商。

天猫"双11"统计数据显示,全天912亿元交易额中移动端占比为68%,远超上年"双11"的42.6%。其中,"双11"开启的前半个小时里,无线端交易占比达到74%。

各大电商平台均看到了移动电商的发展趋势。移动电商战略的成败将决定着未来三年的电商行业格局。除了传统电商从PC端向移动端转型外,2015年包括达令App、蘑菇街等一大批移动电商发展迅猛。未来,还将有更多新入局者瞄准移动电商。

目前,移动电商多提供一些跨境商品吸引顾客,但由于这些商品来自全球,目前也开始受到政策、汇率波动影响。不过,从根本上讲,移动电商的"逛"体验将满足越来越多的消费需求,尤其是对于90后等新消费群体。

手机移动端已成为消费者的一个"器官"。消费者在移动端网购已由"具项型购物"向"逛"转型。即消费者没有特定的购物目的,而是把移动电商作为替代"逛"商场的一种消费体验,即在"逛"中消费。

此外,以移动电商为基础打造的上门服务、到家服务等O2O项目仍将保持快速发展态势。虽然在资本寒冬下大批O2O项目倒闭,但以外卖等行业为代表的O2O在满足消费者刚需的前提下发展火热。2015年3月,由"东哥"(京东董事局主席兼CEO刘强东)亲自负责的京东社区O2O项目浮出水面。京东"拍到家"App正式上线,开始提供超市到家、外卖到家、鲜花到家三项服务。随后又更名京东到家。同时,包括天天果园、本来生活等垂直电商也开始推出到家业务,进一步推动移动端消费。

(三) 回归理性

野蛮生长的电商将在政策的指导和规范下逐步走向正轨。电商此前处于探索期,相关政策给了一定的宽容度,但在行业成熟之后,为保障消费者权益将出台相关规范政策。

2015年"双11"前夕京东和阿里的口水战让人们看到了电商平台丑恶的一面。根据相关法律规定,如果存在胁迫商家站队等现象,将涉嫌垄断。除此之外,"双11"期间,商家先提价后打折、虚标原价等一系列问题,均涉嫌违反相关法律法规。

京东在与阿里的竞争中开始猛戳阿里"山寨、涉假"软肋。2015年"双11"前夕,京东发布公开信表示,近日不断接到商家信息,反映阿里巴巴集团在"双11"促销活动中胁迫商家"二选一"。阿里则以各类幽默段子回应,掐架成为"双11"的一道风景。

2015年5月,法国奢侈品开云集团旗下多个奢侈品品牌在美起诉阿里,称其在知情情况下帮助造假者在全球范围内销售假货——共谋生产假货,并为假货提供销售和运输服务。7月,美国服装和鞋履协会又向阿里董事局主席马云发送了公开信,抱怨阿里对旗下网站打假不力。面对不断增加的舆论压力,阿里也不断表态要加大打假力度。

政策方面也在不断加强要求。2015年9月1日起,最新修订的《中华人民共和国广告法》正式施行。根据新广告法,在宣传过程中使用的最大、最低、独家等一系列极限用语不得出现在商品列表页、商品的标题、副标题、主图、详情页,以及商品包装等位置。而这一行为曾是电商企业宣传的重要方式。

总结2015年以来的政策环境和市场环境可以看出,国内面临的政策监管将更加严格和规范,未来,越来越多的规范性政策、法律、法规将会在电商领域出台。电商领域也将由传统的游离在法律边缘的最野蛮式竞争逐步回归理性。

(作者简介:王运,北京商报)

互联网行业对北京地区经济
增长的推动效果分析

李茂　赵勇

❖❖

一、引　言

北京是我国的"网都",处于我国互联网行业发展的最前列。依据 2015 年 12 月相关调查数据显示,北京市有域名数 485 万个,仅次于广东省(497 万个),占全国域名总数比例达到 15.7%;拥有网站 51.4 万个,仅次于广东省(67 万个);拥有网页 851 亿个,居全国之首;有 IPv4 地址 8564 万个,远远高于排名第二、第三的广东省(3201 万个)和浙江省(1840 万个),居全国第一位;软件收入为 6310 亿元,仅次于广东省(6441 亿元)①。《北京市 2015 年暨"十二五"时期国民经济和社会发展统计公报》中数据显示,与互联网行业直接相关的"信息传输、计算机服务与软件业"在 2015 年实现产值 2372.7 亿元,比 2014 年增长 12.0%,占 2015 年北京地区生产总值的 10.3%,是北京地区国民经济的支柱产业之一。2015 年年末北京移动电话用户达到 4051.9 万户,移动电话普及率达到 186.7 户/百人,年末固定互联网宽带接入用户数达到 469.1 万户。随着移动互联网技术的不断发展,北京市互联网行业的发展已经超越了传统产业形态,形成了集互联网基础设施与终端设备生产,互联网基础服务、互联网内容服务、电子商务等内容于一体的综合产业形态,成为北京经济增长的一大亮点。

《北京市国民经济和社会发展第十三个五年规划纲要》指出,在今后的五年内,促进首都经济稳步增长、深度调整产业结构、加快产业结构升级改造已经成为促进社会经济全面发展的重要举措。而要做好这项工作,首先需要研究清楚各产业的发展

---

① 中国互联网信息中心(CNNIC),《第 37 次中国互联网络发展状况统计报告》,http://www.cnnic.cn/hlwfzyj/hlwxzbg/201601/P020160122469130059846.pdf,2016 年 4 月 7 日浏览。

现状,尤其是其对经济增长的作用及影响程度。互联网行业的迅猛发展,尤其是当前与传统产业不断融合,逐渐形成了新的产业形态,这些新的产业形态与经济增长到底存在一种什么样的关系,其对经济增长的影响到底有多大,这都是需要进行深入研究的课题。北京市互联网行业的发展遥遥领先于其他各省份,且在北京经济总量中的比重较大;同时,北京市的互联网行业与生产、消费等行业的耦合度最高,具有带动北京市经济增长的巨大潜力。因此,深入探究互联网行业与北京市经济增长之间的关系,考察其对北京市经济增长的影响大小,不仅对于北京市的产业结构调整、升级、改造具有重要意义,而且,对于其他各省如何发展互联网行业及调整互联网行业与其他产业之间的关系也具有重要的参考价值。

本文首先对互联网的经济增长推动作用进行文献述评,系统回顾已有研究成果。在此基础上,本文创新性地提出利用月度调整数据为分析对象,以向量自回归(VAR)模型作为实证工具对北京地区互联网的经济增长推动作用进行分析。在文章的最后一部分,对未来研究改进方向进行了展望。

二、述　评

与传统的行业相比,互联网行业具有两大特点:一是新兴性,互联网行业发轫于20世纪90年代,至今也不过二十多年的历史;二是综合性,互联网行业是一个产业集合体,以现代新兴的互联网技术为基础,专门从事网络资源搜集和互联网信息技术的研究、开发、利用、生产、贮存、传递和营销等。这两大特点表明,互联网行业是新兴行业,具有较大的发展潜力和整合能力,随着社会的快速发展,其经济影响力、渗透力不断提高,因而学术界对互联网行业的研究也日渐丰富。

从已有研究来看,国外关于互联网行业对经济增长影响的研究大都集中于信息通信技术行业。早在1995年,乔根森(Jorgenson)和斯德尔(Stiroh)就分析了计算机行业的投资对美国经济的影响,指出计算机行业的投资是推动美国经济的主要引擎。奥利纳(Oliner)和西赛(Sichel)研究指出,在20世纪90年代,美国劳动生产率的增长中66%是由计算机的使用与信息技术的推广带来的。基尔伯特(Gilbert)等人以法国为研究对象,利用模型分析了信息和通信技术对法国国民经济增长的贡献,指出在1995—1999年,信息和通信产业对国内生产总值增长的贡献度达到了0.3%左右。顿尼维基克(Dunnewijk)等人以内生经济增长理论为范式,计算了信息通信产业对欧盟全要素生产率的影响。玛尼卡(Manyika)和劳斯伯格(Roxburgh)认为,互联网已经成为推动世界经济增长的一股显著的力量,经过1995—2009年的发展,发达国家互联网行业的产值占国内生产总值的比重平均达到了10%。埃米瑞(Amiri)等人更是以中国的计算机与通信行业的子行业为研究对象,分析并研究了各子行业的经济推动作用。

国内学者关于互联网行业与经济增长之间的关系及影响也进行了大量研究。王曼华对我国互联网网络发展现状进行了经济计量分析,并对如何推动经济增长提出了建议。向蓉美利用我国2002年投入产出表,实证分析了互联网产业对国民经济的拉动作用、支撑作用,并借助坐标图探讨了互联网行业对国民经济拉动和支撑作用的类型。张媛媛研究了我国互联网产业与国民经济投入产出之间的关系,从行业之间的关联视角分析了电信行业与宏观经济的联动关系。还有研究进一步表明,互联网行业的快速发展对北京市的经济增长具有较强的推动作用,互联网行业的生产总值每增加1%,北京市的国内生产总值就增加0.786%。

从总体上来看,关于互联网行业与经济增长的研究,从互联网行业诞生之日起就已经出现了,定量分析的方法也非常丰富,这为未来的相关研究奠定了较好的基础。但综观已有研究,存在以下不足:第一,互联网行业的发展较快,研究中使用的数据相对陈旧,不能全面、深入反映当前互联网与经济增长真实的关系和影响大小;第二,已有研究主要集中在互联网行业的宏观经济作用层面,对于中观层面,尤其是对地区经济增长作用的研究还很少,而针对北京市互联网与经济增长的研究更为鲜见;第三,在对北京市互联网与经济增长关系的研究中,只是将软件和信息技术服务业的生产总值作为衡量北京市互联网行业发展水平的指标,没有考虑到北京市互联网行业中第二产业的内容,因而低估了互联网行业对北京市经济增长的推动作用。互联网行业已经发展成为了一个囊括众多生产领域的多元化的行业,除了上述软件、信息服务等行业外,还包括了大量以通信设备、计算机及其他电子设备为主要产品的行业,这些行业也是互联网行业的重要组成部分;第四,已有对北京市互联网与经济增长关系的研究使用的均为年度数据,由于统计口径的调整,年度数据只局限于2000—2014年这15年,样本量不大,所含信息量有限,容易造成模型分析结果的偏差和不显著;第五,已有对北京市互联网与经济增长关系的研究,所使用的定量分析方法没有进行滞后排除检验,这容易造成估计失真的问题。鉴于此,本文将使用最新数据,构建更为适合的模型进行定量分析,以解决上述问题及不足。

三、研究思路及模型选择

1. 研究思路

借鉴和参考已有研究,本文首先明确各变量的具体指标,即使用北京市的国内生产总值(GDP)来表示北京经济增长的状况,使用通信设备、计算机及其他电子设备制造业的产出值(MCO)与信息传输、计算机服务和软件业产出值(INT)两部分之和

(INMC)来表示北京互联网行业发展的状况。其次,本文建立模型,分析 INMC 和 GDP 之间的关系。由于通信设备、计算机及其他电子设备制造业属于第二产业,信息传输、计算机服务和软件业属于第三产业,二者之间存在很强的差异性,因此本文还将利用模型工具分析 MCO、INT 和 GDP 之间的关系,详细说明北京市互联网行业的子行业与北京市经济增长之间的关系,以及其对北京市经济增长的作用大小。最后,针对得出的结论,本文进行讨论并提出相关建议。

2. 模型选择

从现有研究方法来看,经济科学经验研究中的因果判定主要有以下几种方法:多元线性回归(MLR)、机器学习(ML)、鲁宾因果模型(Rubin's Casual Models)、结构模型(SM)、充分统计量法(SS)等等。尽管它们的具体方法和适用对象不尽相同,但是本质上都是在寻找可信的对照组,利用不同控制条件下的对照组数据进行计算,进而作出因果推定。

表 2-2   经济学中几种主要因果判定方法

方法	主要内容	优点	缺点
多元线性回归 Multiple Linear Regression	反映一种现象或事物的数量依多种现象或事物的数量的变动而相应地变动的规律,建立多个变量之间线性数量关系式	1.分析多因素影响时简单和方便; 2.可以准确地计量各个因素之间的相关程度与回归拟合程度的高低	1. 对数据组要求较高; 2.随机扰动项因素干扰; 3.“伪回归”现象的存在①
机器学习 (Machine Learning)	从数据中自动分析获得规律,并利用规律对未知数据进行预测、判定的算法	1.可以处理小样本数据; 2.能够解决非线性因果判定问题; 3.精度高、对异常值不敏感、无数据输入假定	1.计算复杂度提高; 2.模型泛化能力不足; 3.学习过程比较长,有可能陷入局部极小值
鲁宾因果模型 (Rubin's Casual Models)	模型着重估计和测量原因的效应,而非追溯某个效应的原因	1.详细分析各种因素的效应; 2.可以进行因果溯源	1.方法较为复杂; 2.对照空间的选取比较烦琐
结构模型 (SM)	融合了因素分析和路径分析的多元统计方法,侧重于多变量间交互关系的定量研究	1.可以立体、多层次地展现驱动力分析; 2.可以将无法直接测量的属性纳入分析; 3.可以将各属性之间的因果关系量化并进行对比	1.对观测变量数据质量要求较高; 2.结构变量选取较为困难

① 残差序列是一个非平稳序列的回归被称为伪回归,这样的一种回归有可能拟合优度、显著性水平等指标都很好,但是由于残差序列是一个非平稳序列,说明了这种回归关系不能够真实地反映因变量和解释变量之间存在的均衡关系,而仅仅是一种数字上的巧合而已。伪回归的出现说明模型的设定出现了问题,有可能需要增加解释变量或者减少解释变量,抑或是把原方程进行差分,以使残差序列达到平稳。

续表

方法	主要内容	优点	缺点
充分统计量法（SS）	若在将样本加工为统计量时,信息毫无损失,则称此统计量为充分统计量。利用统计量分布的信息,推断数据的条件分布	1.所需数据信息量不大; 2.适合处理缺失数据; 3.大样本下精度较高	1.主要依靠于统计量分布的估计; 2.无法建立对照组进行对照

资料来源:笔者自行整理。

在宏观数据因果识别上,普遍为学术界所接受的因果识别方法是结构向量自回归模型,这种模型基于一定的经济理论基础,将基于经济、金融理论等变量之间的结构性关系引入向量自回归模型。但是,变量之间有时并没有理论联系,或者不存在结构支撑。因此,传统的向量自回归模型还是主要的因果判定方式。

本文使用向量自回归(Vector Auto-Regression, VAR)模型作为分析工具。向量自回归模型考虑到了数据的统计学性质,能够更好地分析数据之间的关系;它把系统中每一个内生变量当作所有内生变量的滞后值的函数,从而将单变量自回归模型扩展到了由多元时间序列变量组成的"向量"自回归模型,即扩大了数据之间关系的分析能力;它具有很强的"包容性"和"扩展性",如在一定的条件下,滑动平均模型和自回归滑动平均模型也可以转化成向量自回归模型,因而受到研究者越来越多的青睐。具体到本文的研究,向量自回归模型还具有三个方面的优点:第一,不严格地以经济理论为基础,避免了"先入为主"的情景预设,特别适用于分析互联网行业和经济增长之间的关系;第二,结构、规模较小的数据使用向量自回归模型得出的预测结果,要优于较大规模、结构的数据,对于短期预测更是如此,因此,利用向量自回归模型分析、预测某一个行业对于区域经济的影响是非常合适的;第三,向量自回归模型对数据质量的要求不是很高,可以较好地处理时间序列数据,而且参数的估计比较容易,这对于一些新兴行业(如本文研究的互联网行业),特别是统计数据不全的行业来说,这种特性保证了模型分析的质量。

四、数据来源与处理

1. 数据来源

本文所用数据均来自北京市统计局网站(http://www.bjstats.gov.cn/)的"月、季度统计数据"专栏。为了提高样本量,增加数据的信息量及模型的解释力,本文选取了北京市 2008 年第一季度至 2015 年第四季度的数据作为模型数据,共有 32 个。由于季度数据是累积数据(如"第三季度的国内生产总值是前三个季度国内生产总值之和"),所以本文对年份的季度数据进行了处理,形成了四组数据:国内生产总值(GDP);通信设备、计算机及其他电子设备制造业的产出值(MCO);信息传输、计算机服务和软件业产出值(INT);MCO 与 INT 共同形成的产出值(INMC)。

2. 数据描述性统计量

利用 Eviews7.0 计量分析软件,本文对四组数据(GDP,MCO、INT、INMC)进行了描述性统计分析(见表 2-3)。

表 2-3 GDP、MCO、INT、INMC 数据的描述性统计分析

	GDP	INMC	INT	MCO
均值	4179.1660	499.5500	394.1719	105.3813
中位数	4062.3500	458.9500	364.3500	93.6500
最大值	6966.2000	953.1000	758.0000	199.9000
最小值	2148.3000	283.2000	204.1000	55.4000
标准差	1201.8420	162.9257	132.0199	35.5338
偏度	0.3731	0.9744	0.8744	1.0703
峰度	2.5160	3.6590	3.4086	3.6921
Jarque-Bera 检验值	1.0547	5.6427	4.3000	6.7485
P 值	0.5902	0.0595	0.1165	0.0342
样本数	32	32	32	32

通过 Jarque-Bera 检验统计量和其相应的概率 P 可以看出,在 3% 的显著性水平下接受原假设,四个序列都服从正态分布。

3. 数据的季节调整

由于这四组数据都是季度序列数据,季节性的因素会导致统计数据不能客观地反映经济变化规律和总体统计特征。因此,本文对季度数据进行了季度调整,去除了季节波动因素的影响。本文使用 Eviews7.0 软件中的"X12 季节调整法"去除了季节因素的影响,相应地得到了四组数据:SAGDP;SAINMC;SAINT;SAMCO(表 2-4)。

表 2-4 SAGDP、SAMCO、SAINT、SAINMC 数据的描述性统计分析

	SAGDP	SAINMC	SAINT	SAMCO
均值	4164.3740	496.0076	390.9851	105.2626
中位数	4158.0130	488.3228	389.1927	100.3683
最大值	6022.1910	781.0720	646.4477	156.0657
最小值	2326.0300	274.0687	208.7917	50.1710
标准差	1074.1780	138.6932	115.9745	24.7090

续表

	SAGDP	SAINMC	SAINT	SAMCO
偏度	−0.0206	0.4767	0.4794	0.2379
峰度	1.8105	2.2844	2.3719	2.6390
Jarque−Bera 检验值	1.8887	1.8948	1.7518	0.4757
P 值	0.3889	0.3877	0.4165	0.7883
样本数	32	32	32	32

在具体的计算中,上述指标数据都进行了对数化处理。经过季节调整后的数据均符合正态分布。

五、模型构建与运算结果

1. 建立初步的向量自回归模型

不考虑变量的性质,先建立初步的向量自回归模型。本文选取滞后阶数为 2 阶的向量自回归模型作为初步分析模型。其中,VAR1 模型是包含 SAGDP 和 SAINMC 两个变量的向量自回归模型;VAR2 模型是包含 SAGDP、SAINT 和 SAMCO 三个变量的向量自回归模型。利用软件 Eviews 进行计算,得到其具体公式:

$$Log(SAGDP) = 0.8913 \times Log(SAGDP(-1)) + 0.2166 \times Log(SAGDP(-2)) - 0.0634 \times Log(SAINMC(-1)) - 0.0535 \times Log(SAINMC(-2)) - 0.1451$$

$$Log(SAINMC) = 0.9334 \times Log(SAGDP(-1)) - 0.1186 \times Log(SAGDP(-2)) + 0.0056 \times Log(SAINMC(-1)) + 0.2315 \times Log(SAINMC(-2)) - 2.0351$$

$$Log(SAINT) = 0.3133 \times Log(SAINT(-1)) + 0.3184 \times Log(SAINT(-2)) + 0.6879 \times Log(SAGDP(-1)) - 0.04185 \times Log(SAGDP(-2)) - 0.2846 \times Log(SAMCO(-1)) + 0.0392 \times Log(SAMCO(-2)) - 2.0138$$

$$Log(SAGDP) = 0.0369 \times Log(SAINT(-1)) + 0.0394 \times Log(SAINT(-2)) + 0.9018 \times Log(SAGDP(-1)) + 0.1299 \times Log(SAGDP(-2)) - 0.1003 \times Log(SAMCO(-1)) - 0.0396 \times Log(SAMCO(-2)) - 0.0403$$

$$Log(SAMCO) = 0.5300 \times Log(SAINT(-1)) - 0.2973 \times Log(SAINT(-2)) + 1.1552 \times Log(SAGDP(-1)) - 0.4988 \times Log(SAGDP(-2)) - 0.1054 \times Log(SAMCO(-1)) + 0.1506 \times Log(SAMCO(-2)) - 2.4272$$

2. VAR1、VAR2 模型的滞后阶数检验

利用 Eviews 软件对模型的滞后阶数进行检验,以确定最终模型的滞后阶数(见表 2-5、表 2-6)。

表 2-5　VAR1 模型的滞后阶数检验结果

Lag	LogL	LR	FPE	AIC	SC	HQ
0	41.0837	NA	0.0003	−2.6056	−2.5122	−2.5757
1	100.9907	107.8316*	6.10e−06*	−6.3327*	−6.0524*	−6.2430*
2	103.5340	4.2396	6.76e−06	−6.2356	−5.7685	−6.0862

表 2-6　VAR2 模型的滞后阶数检验结果

Lag	LogL	LR	FPE	AIC	SC	HQ
0	68.6845	NA	2.52e−06	−4.3790	−4.2389	−4.3341
1	132.2432	110.1683	6.66e−08	−8.0162	−7.4557*	−7.8369
2	144.4282	18.6837*	5.50e−08*	−8.2285*	−7.2477	−7.9148*

可以发现,VAR1 模型在不同信息准则下(LR、FPE、AIC、SC、HQ),最优滞后阶数为 1,VAR2 模型在不同信息准则下(LR、FPE、AIC、HQ),最优滞后阶数为 2。

3. 格兰杰因果检验

上述确立了两个模型的滞后阶数,因而可以进行格兰杰因果检验(见表 2-7、表 2-8)。

表 2-7　VAR1 模型中的格兰杰因果检验结果

因变量:Log(SAGDP)			
剔除变量	卡方值	自由度	概率
Log(SAINMC)	0.7789	2	0.6775
所有变量	0.7789	2	0.6775
因变量:Log(SAINMC)			
剔除变量	卡方值	自由度	概率
Log(SAGDP)	9.7357	2	0.0077
所有变量	9.7357	2	0.0077

表 2-8　VAR2 模型中的格兰杰因果检验结果

因变量:Log(SAINT)			
剔除变量	卡方值	自由度	概率
Log(SAGDP)	6.4665	2	0.0394
Log(SAMCO)	4.1613	2	0.1249
所有变量	10.6450	4	0.0309
因变量:Log(SAGDP)			

续表

因变量：Log（SAINT）			
剔除变量	卡方值	自由度	概率
Log（SAINT）	0.2325	2	0.8902
Log（SAMCO）	2.5402	2	0.2808
所有变量	2.6850	4	0.6118
因变量：Log（SAMCO）			
剔除变量	卡方值	自由度	概率
Log（SAINT）	3.4960	2	0.1741
Log（SAGDP）	5.3196	2	0.0700
所有变量	28.5455	4	0.0000

通过表2-5、表2-6可以发现，在7%的显著性水平下，Log（SAGDP）是Log（SAINMC）的格兰杰原因，拒绝原假设；但在7%的显著性水平下，Log（SAINMC）不是变量Log（SAGDP）的格兰杰原因，接受原假设。同样，Log（SAGDP）是变量Log（SAINT）的格兰杰原因，反之不成立。Log（SAGDP）是变量Log（SAMCO）的格兰杰原因，反之不成立。Log（SAMCO）和Log（SAINT）之间不存在格兰杰因果关系。

4. 重新构建向量自回归模型

明确了各变量的滞后阶数和因果关系之后，在VAR1模型和VAR2模型的基础上，重新构建VAR3模型与VAR4模型，其具体公式为：

$$Log（SAGDP）= 0.8686 \times Log（SAGDP（-1））+ 0.0840 \times Log（SAINMC（-1））+0.6021$$

$$Log（SAINMC）= 0.6497 \times Log（SAGDP（-1））+0.3335 \times Log（SAINMC（-1））-1.2547$$

$$Log（SAINT）= 0.3133 \times Log（SAINT（-1））+0.3184 \times Log（SAINT（-2））+0.6879 \times Log（SAGDP（-1））-0.04185 \times Log（SAGDP（-2））-0.2846 \times Log（SAMCO（-1））+0.0392 \times Log（SAMCO（-2））-2.0138$$

$$Log（SAGDP）= 0.0369 \times Log（SAINT（-1））+0.0394 \times Log（SAINT（-2））+0.9018 \times Log（SAGDP（-1））+0.1299 \times Log（SAGDP（-2））-0.1003 \times Log（SAMCO（-1））-0.0396 \times Log（SAMCO（-2））-0.0403$$

$$Log（SAMCO）= 0.5300 \times Log（SAINT（-1））-0.2973 \times Log（SAINT（-2））+1.1552 \times Log（SAGDP（-1））-0.4988 \times Log（SAGDP（-2））-0.1054 \times Log（SAMCO（-1））+0.1506 \times Log（SAMCO（-2））-2.4272$$

对这两个模型进行AR根检验发现，所有根模的倒数小于1，处在单位圆之内，说明VAR3模型和VAR4模型是稳定的。

5. 脉冲响应分析

脉冲响应函数分析法可以测量一个内生变量对由误差项所带来的冲击的反应，即在随机误差项上施加一个标准差大小的冲击后，对内生变量的当期值和未来值所产生的影响程度。本文利用这一分析技术，得到 VAR3、VAR4 模型的脉冲响应结果（见图 2-44、图 2-45）。

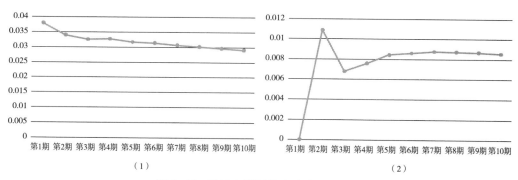

图 2-44　VAR3 模型的脉冲响应分析图

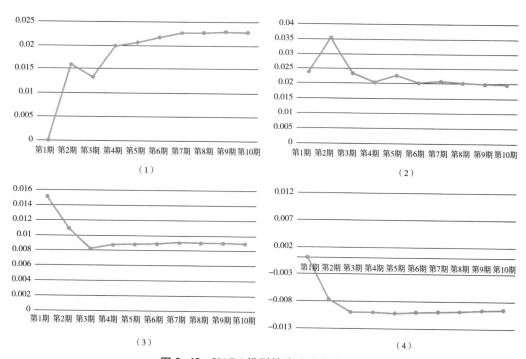

图 2-45　VAR4 模型的脉冲响应分析图

由图 2-44（1）可以看出，当在本期给 SAINMC 一个正冲击后，SAGDP 会在第 3 期达到最高点，但冲击程度有限（值仅为 0.0063）；当在本期给 SAGDP 一个冲击后，SAINMC 会在当期达到最高水平（值为 0.056），然后缓慢下降。这表明，当期 GDP 的变化可以同向带动 INMC 的变化,而当期 INMC 的变化却在第 3 期后才能对 GDP 产生缓慢而又有限的拉动作用。

由图 2-44(2)可以看出,GDP 的变化可以带动当期 MCO 的同向变化,可以在第 2 期带动 INT 的同向变化;INT 的变化可以带动当期 GDP 的同向变化,只是影响强度较低;当期 MCO 的变化可以带动第 2 期 GDP 的逆向变化。

6. 方差分解

方差分解可以分析向量自回归模型的动态特征,它通过分析每个结构冲击对内生变量变化产生影响的程度来评价不同结构冲击的重要性。本文使用该方法得到了VAR3 模型和 VAR4 模型的方差分解结果(见图 2-46、图 2-47)。

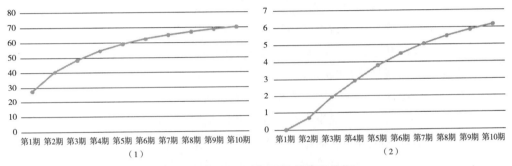

图 2-46　INMC 对 GDP 的方差分解

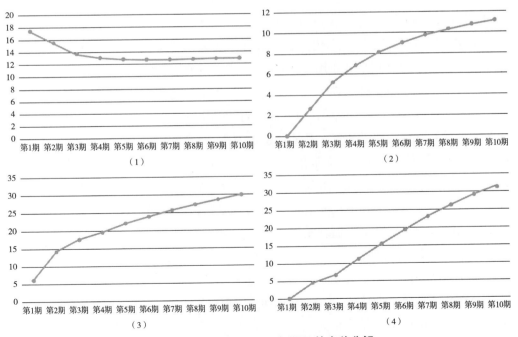

图 2-47　INT 与 MCO 对 GDP 的方差分解

从图 2-46(1)和图 2-46(2)可以看出,GDP 对 INMC 的贡献率在70%左右,GDP
对于 INT 和 MCO 的贡献率在35%左右。

六、结果解释与说明

1. 格兰杰因果检验结果解释

格兰杰因果检验结果显示,变量 Log(SAINMC)受到变量 Log(SAINT)滞后期的
影响较为显著,而变量 Log(SAINT)受变量 Log(SAINMC)滞后期的影响不显著。格
兰杰因果检验结果还表明,北京市的经济增长带动了北京通信设备、计算机及其他电
子设备制造业与信息传输、计算机服务和软件业的发展,而北京通信设备、计算机及
其他电子设备制造业和信息传输、计算机服务和软件业发展之间的作用关系不显著。
因此,从计量经济学的角度来看,更多的是北京市的经济增长带动和促进了北京互联
网行业的发展。也就是说,北京市的经济增长是"因",而互联网行业的发展是"果",
这与已有研究结论存在较大不同。之所以出现这种差异,本文认为主要是由两方面
的因素造成的:第一,已有研究没有进行滞后排除检验,没有确定最优滞后阶数,而格
兰杰因果检验结果受滞后期 p 的影响,因而造成了格兰杰因果检验失真;第二,已有
研究的样本容量较小,样本信息量有限,使得某些短期趋势影响了格兰杰因果检验的
结果,而本文在数据的使用上,采用的是季度数据,并进行了季节调整,增加了信息
量,剔除了短期趋势等干扰性因素的影响。

事实上,任何一个产业对于地区的经济增长都具有推动作用,而地区的经济增长
也会对每一个产业起到带动作用,二者是辩证统一的,只是在相互的影响程度和影响
时效上有所差别。本文通过模型分析,可以得出以下结论:在互联网行业和北京经济
增长二者之间,北京市的经济增长对互联网行业的带动效应更强,北京市的经济增长
能即期带动互联网行业的发展。从实际情况来看,近年来北京市的经济增长水平不
断提高,生产要素和创意观念大量集聚,这些因素通过人力资本流动、资本转移、技术
扩散及带动产业调整等途径有效拉动了北京地区互联网行业的发展,而与此同时,北
京地区巨大的消费市场规模也有力地刺激了互联网行业发展。在这样的大环境下,
北京市互联网行业呈现出了蓬勃发展的态势。

2. 脉冲响应结果解释

脉冲响应分析结果显示,Log(SAGDP)在当期就影响 Log(SAINMC),而反过来,
Log(SAINMC)在第2期才能对 Log(SAGDP)呈现出影响,并在第3期达到最高值,但
最大值也仅为0.0063。结合格兰杰因果检验的结果可以认为,互联网行业对北京市
的经济增长具有一定的推动作用,但这种推动作用需要2—3年的时间才能显现,滞

后效应非常明显。从全国范围来看,北京市的互联网发展水平较高,但从北京市的具体情况看,互联网的发展与当前的社会经济增长还不相适应,未能表现出同步性,总体上滞后于经济增长。由此可以作出简单的推论,在全国其他互联网行业发展水平不高的城市,互联网行业对城市经济的推动作用非常有限,而且这种作用需要较长的时间才能呈现出来。

由图 2-46 可以发现,信息传输、计算机服务和软件业对北京市的经济增长具有推动作用,但也体现出较长的滞后性,需要在第 7 期才能达到最大值 0.009。之所以出现这种情况,本文认为主要是由信息传输、计算机服务和软件业的产业特性决定的。信息传输、计算机服务和软件业具有第三产业的特性,它们以提供无形的服务、软件为主,而服务、软件要发挥全部的经济效应需要一个较长的周期(2—7 年),因而不能起到"立竿见影"的经济促进作用。

通过图 2-46 还可以发现,通信设备、计算机及其他电子设备制造业对北京市的经济增长具有负向推动作用,但同时也体现出一定的滞后性,具体而言,是在第 5 期达到最高水平(值为-0.010)。究其原因,通信设备、计算机及其他电子设备制造业属于第二产业,以生产互联网硬件等有形产品为主。这些产品均属于固定资产,而固定资产当期就可以使用并发挥效益,但固定资产有折旧和损耗,这种折损会随着时间的推进而不断加大(如加速折旧),这种折旧效应对经济增长产生的负作用。

3. 方差分解结果解释

方差分解结果显示,北京市的经济增长对互联网行业发展的即期贡献率为 44.12%,长期贡献率达到了 78.89%,而互联网行业对北京市经济增长的即期贡献率为 0,长期贡献率只有 1.879%。二者相比较,结果较为悬殊,这进一步验证了格兰杰因果检验和脉冲响应分析的结果。北京市的经济增长对信息传输、计算机服务和软件业的即期贡献率为 4.499%,长期贡献率为 31.62%;对通信设备、计算机及其他电子设备制造业的即期贡献率为 6.161%,长期贡献率为 29.95%。

北京市的经济增长对互联网行业而言,无论是即期贡献还是长期贡献,从数值上看都非常高,而互联网行业对北京经济增长的贡献,无论是即期的还是长期的,从数值上看都非常低,甚至可以忽略不计。这种情况的出现主要是由互联网行业的特性决定的,尽管互联网行业按照属性可以进一步细分为第二产业和第三产业,但总体而言,互联网行业主要具有服务业的"消费性",其"生产性"较弱。北京市的经济增长对具有第三产业特性的信息传输、计算机服务和软件业的即期贡献率,均低于对具有第二产业特性的通信设备、计算机及其他电子设备制造业,这一结果也充分说明了这一点。

七、结 论

定量分析结果显示,总体而言,互联网行业对北京经济的推动作用有限,而且还存在着一定的滞后期;具体来说,信息传输、计算机服务和软件业对北京市的经济推动作用较小,通信设备、计算机及其他电子设备制造业对北京市的经济增长具有负作用。相反,北京经济的行业带动效应十分显著,其对互联网行业发展的即期贡献率接近50%,长期贡献率接近80%。

北京市的经济增长对互联网行业的带动作用非常明显,显然,这种带动作用主要是依靠大量的资金投入实现的。这说明,当前北京对互联网行业的发展较为重视,从现有的经济规划、经济政策扶持等项目上可见端倪。究其原因,这主要是由互联网行业的发展趋势所决定的。在全球一体化、经济全球化的历史发展背景下,互联网行业已经成为各国经济增长的一个重要行业,任何一个国家或者一个地区的经济增长都离不开互联网行业提供的各种服务、产品的支持。从实际来看,越是经济发达的国家和地区,经济依赖互联网行业的现状就越突出,即经济越繁荣,互联网行业越发达。然而,从北京市的具体情况看,北京市的经济对互联网行业的即期贡献率接近50%,说明北京市互联网行业的发展接近一半是由于北京市全行业努力的结果;而从长期看,这一贡献率更是高达80%。这从一个侧面表明,北京市在产业投入过程中过分偏向了互联网行业,而且,经过这些年的长期投入,其累积的推动效应越来越大。这种过分偏向的投入自然会造成其他行业投入的减少,在某种程度上引起产业结构失衡,因此,北京市今后必须弱化对互联网行业的过分投资,避免互联网行业对其他行业形成严重的"抽血"效应,同时强化产业结构的升级、调整,使各产业优化组合发挥更大的效益。

从全球范围来看,互联网行业的自我赢利能力不强,尤其是对通信设备、计算机及其他电子设备制造业来说,其更多地起到的是基础设施辅助经济增长的作用,进一步地说,它在经济增长领域是一个"工具性"的行业。互联网行业中的信息传输、计算机服务和软件业具有一定的赢利能力,在消费经济领域作用巨大,但其直接的"生产性"的功能也不是很强。从本文所进行的定量分析结果看,整个互联网行业对北京市经济增长的推动作用非常弱,信息传输、计算机服务和软件业的作用尚有所体现,而通信设备、计算机及其他电子设备制造业更是起到了阻碍作用。尽管这种现象的出现主要是由互联网行业的特性决定的,但这也充分暴露出北京市互联网行业在发展中存在的重大问题,即互联网行业的经济产出能力非常差,与北京市较大的经济投入不成比例,而且与其他国家主要城市的情况相比,这种经济产出能力也非常弱。

因此,未来北京市必须在抑制互联网行业投资热、避免资源浪费及过分集中到某几个行业的同时,加大互联网行业的产业调整、结构升级,注重互联网行业的质量提升,尤其是要强化信息传输、计算机服务和软件业的市场服务能力和赢利能力,提升其国际竞争力和影响力。

应该注意到,本文以国内生产总值和行业产值作为考察互联网行业与北京市经济增长关系的指标还存在一定的局限性,因此,在今后的研究中还需要进一步完善指标体系,以全面描述北京市的经济增长水平和互联网行业发展现状。同时,随着时间的累积,北京市有关互联网行业的相关数据会更为丰富,样本量会更大,以此为基础进行的定量分析会更为科学、准确地反映互联网行业与北京市经济增长之间的关系。

（作者简介：李茂,博士,北京市社会科学院市情调查研究中心助理研究员；赵勇,博士,北京市社会科学院《城市问题》杂志社编辑）

北京市互联网企业成长规律的分析

齐福全

北京市互联网作为全国同行业的发展窗口具有重要的指示意义。互联网企业的成长和发展是否具有一定的规律？有研究提出对于互联网行业的发展必须要考虑企业规模扩张会受到什么因素的驱动？企业规模与成长率之间是否具有一定的关系：小企业的成长速度是否快于大企业？[①] 现有关于企业成长的规律主要包括吉尔布瑞特规律和帕累托—齐夫规律[②]。尽管实证检验结果在上述规律是否成立存在一定的分歧，但是由于现有研究缺乏对北京市互联网行业中的企业成长研究。为此，有必要根据数据现状集中考虑互联网企业成长是否遵循这些规律。

一、综　述

（一）理论综述

关于企业成长问题并未被纳入主流经济学的研究范畴，长期以来相关的成果分散在各时期学者的思想中，研究的重点包含企业的人力、技术、资本等物质生产要素的决定作用和组织、分工、制度等非物质生产要素的决定作用两条发展路径。

企业成长物质生产要素决定作用的论述可以追溯到亚当·斯密。他在《国富论》中意图探寻国民财富增长的源泉，并以针织工作的事例说明，工人出于自利之心，产生交换倾向，从而导致分工的产生、协作和专业化带来的报酬递增，通过市场"看不见的手"的作用，确保企业的形成和扩张，最终带动国民财富实现增长。由此意味着，劳动力及其分工是企业成长的决定要素。

---

① 张巍、孙宝文、王天梅、朱艳春、张宇：《互联网企业规模与成长是否遵循 Gibrat 定律——基于2008—2012 年上市公司数据的实证检验》，《中央财经大学学报》2013 年第 6 期。
② 方明月：《企业规模研究的新方法：机遇分布规律的视角》，《制度经济学》2010 年第 1 期。

查理斯·巴比吉认为，企业主生产过程的西化和分解，能够提高机器操作技术的专业化和标准化，由此可以提高生产效率，从而确保企业获得规模效益而不断成长。小穆勒更直接地将企业规模大小的决定因素确定为企业拥有的资本量，并认为正是资本量的规模决定了大企业替代小企业趋势的存在[1]。

马歇尔则认为企业家是企业成长的关键。企业家是"凭借创新力、洞察力和统率力发现和消除市场不均衡性"。[2] 企业的成长离不开企业家的"能干、辛勤、富于进取心的、创造性和组织能力"的才能[3]。而马歇尔关于企业家和管理作用的论断也成为日后研究企业成长的开端[4]。

1959年，潘罗斯在《企业成长理论》一书中，正式将企业成长作为理论研究对象而进行了深入研究。作者提出由于资源具有不可分割性、分布不平衡性以及理性和能力的有限性等原因，企业存在着未被充分利用的资源，只有当这些资源被充分利用后，企业才有机会扩张，企业使用未用完资源所产生的生产型财富是企业成长的原因和原动力[5]。在此之后，出现大量有关企业资源成长的学术研究成果，这类成果被统一特指为"企业资源基础论"，其基本观点是，企业是一系列资源的集合体，企业间在资源控制程度上存在的相对稳定的系统性差异造成了企业间的绩效差异；企业最重要的超额利润源泉是企业具有的特殊性，企业机制资源的独一无二性是企业成长的源泉，企业要获得持续成长就要最大限度地培育和发展企业独特的资源以及优化配置这种资源的管理能力，使竞争对手难以模仿[6]。

在管理学领域，企业增长的决定要素在于企业家。德鲁克曾提出企业成长企业家论，认为，企业成长程度完全受其员工成长程度的限制，特别是作为成长控制性因素的中高级管理层，这些人的思维、知识、能力和创新精神将决定一个企业成长的速度和方向[7]。

至于企业成长非物质生产要素决定作用也可以在亚当·斯密的著作中得以体现，他强调了"分工程度与市场容量决定企业成长"的观点。之后的古典经济学家们也继续坚持"分工规模决定企业成长"的观点。而马歇尔同样强调了分工在企业发展过程中的重要作用，"通过引入外部经济、企业家生命有限性和居于垄断的企业

① 赵晓、贾立杰：《译者的话：企业成长理论及其启示》，载潘罗斯：《企业成长理论》，上海三联书店、上海人民出版社2007年版。
② 丁栋虹：《制度变迁中企业家成长模式研究》，南京大学出版社1999年版，第176页。
③ 阿尔弗雷德·马歇尔：《经济学原理》（上卷），商务印书馆1964年版。
④ 孟繁颖：《企业成长研究：一个理论综述》，《国有经济评论》2009年9月第1卷第1辑。
⑤ 潘罗斯：《企业成长理论》，上海三联书店、上海人民出版社2007年版，第8页。
⑥ 孟繁颖：《企业成长研究：一个理论综述》，《国有经济评论》2009年9月第1卷第1辑。
⑦ 王坤、蒋国平：《企业成长相关理论回顾及整合构想》，《商业时代》2008年第28期。

避免竞争的困难性这三个因素,把稳定的竞争均衡条件与古典的企业成长理论协调起来"①。

熊彼特从创新的角度提出企业成长观。他认为,企业的成长是一种非连续的、突发的、迅猛地创造性毁灭的动态过程,创新具有五种形式:引进新产品或提供某种产品的新质量,采用新的生产方法,开辟新的市场,发掘新的原料或半成品的新的供给来源,以及建立新的企业组织形式。企业成长的本质就是企业家发现市场获利机会并通过生产型活动和资源的重新组织获取潜在利润的过程②。

斯蒂格勒提出,企业内部分工是企业形成初期成长的决定因素,随着产业和市场的扩大,企业通过提高专业化程度来推动生产规模的扩张,而产业社会分工的扩大也会导致企业数量的增加,最终使企业自身规模和数量同时出现增长③。

波特则从产业组织理论角度提出,企业潜在的成长性与扩张路径是由企业自身的吸引力所决定,处在有吸引力的产业里的有利竞争地位决定了企业竞争优势。影响企业吸引力的因素及其逻辑关系可以表现为:开展产业分析,发现市场机会,进行产业选择,实施市场竞争,建立市场优势,促进企业实现成长④。

制度经济学的兴起,对企业成长问题给出了新的解释。科斯提出市场价格机制运作是有成本的,市场价格机制的交易成本大于零,"企业的最显著特征就是作为价格机制的替代物",企业赢利来自替代市场价格制度而节约的交易成本。只要存在交易成本,企业规模会扩张到企业内部组织一笔额外交易的成本等同于通过在公开市场上完成同一笔交易的成本或在再一个企业组织同样交易的成本为止,企业成长的动力在于交易成本的节约⑤。威廉姆森利用资产专用性、不确定性和交易频率三个分析维度解释了企业的规模和边界。企业的最优规模由资产专用性来表示:当最优资产专用性程度很小时,资产倾向于通用化,企业市场外购具有收益优势;当最优资产专用性程度很高时,企业内部生产可以降低高度资产专用性的风险而更具优势。企业边界扩张以及最优规模的选择是以最大限度节约成本为准则⑥。阿尔奇安和德姆塞茨认为,团队生产与企业规模存在直接联系,如果扣除维持团队纪律的有关考核成本后仍有净利,那么就应该依靠团队生产,而不依靠许多分离的个体产出的双边贸易。企业的界限就应设定在团队联合生产相对于非联合生产的产出溢出部门与组

① 韩太祥:《企业成长理论综述》,《经济学动态》2002 年第 5 期。

② 约瑟夫·熊彼特:《经济发展理论》,商务印书馆 1997 年版,第 23 页。

③ 斯蒂格勒:《产业组织和政府管制》,上海三联书店、上海人民出版社 1996 年版,第 276 页。

④ 迈克尔·波特:《竞争优势》,华夏出版社 1997 年版。

⑤ 罗纳德·H.科斯:《企业的性质》,载奥利弗·E.威廉姆森、温特:《企业的性质:起源、演变和发展》,商务印书馆 2007 年版,第 19 页。

⑥ 奥利弗·威廉姆森:《资本主义经济制度》,商务印书馆 2002 年版,第 54 页。

织、管理和监督团队所消耗成本总额的比较这个范围内①。

同样在管理学领域,从组织制度角度也不断有企业成长要素的论述。格雷纳认为,企业的成长包括组织年龄、组织规模、演变阶段、变革阶段和产业成长率五种要素,企业组织的变化分为包含重大动荡的变革和不包含重大动荡的演变两种形式,企业就是在演变与变革的交替的波浪式态势中成长,企业家领导、创新、协调以及合作在不同成长阶段具有重要作用②。20 世纪 90 年代之后,"企业成长——社会资本"研究理论逐步形成,提出社会资本分为企业家资本和企业社会资本,在二者的互动和积累过程中企业实现成长。在不同的成长阶段,两种资本的贡献作用有差距。企业创业时期,企业成长主要由企业家个人社会资本主导并在成长方向和路径上具有决定性作用;企业巩固时期,企业家个人社会资本开始显现局限性,需要通过发展企业内外社会资本以摆脱对企业家个人资本的依赖;企业扩张时期,企业成长的关键条件是能否更好地、更能接近社会政治经济活动网络中心的社会资本载体③。

上述研究结论基本表明,企业成长是由其内部和外部等多种因素共同决定,相关的研究正试图将研究的视角放宽,由单一的物质生产要素决定转向更为丰富的非物质生产要素决定。当然,作为研究仍需要集中关注其中重要的决定要素,对其实际效果给予必要的描述和刻画。这就产生一系列相关的问题,如企业成长是否存在规律?决定企业成长规律的因素到底有哪些? 为此,大量的实证研究相继出现。这些研究成果为本研究提供了理论分析基础。

(二) 实证检验

对企业成长规律的实证研究思路主要集中在对以下两种规律的检验:吉尔布瑞特规律(Gibrat's law)和帕累托—齐夫规律(Pareto-Zipf's law)。

1931 年,法国经济学吉尔布瑞特提出,企业成长是一个随机过程,企业规模在每个时期预期的增长值与该企业当前的规模成比例、对数正态分布。企业规模、成长的预测取决于随机、外生的变化,外部的因素决定了企业规模预测④。

对吉尔布瑞特规律的早期考察是通过对如下公式进行回归分析,验证 β 是否偏

---

① 阿尔奇安、德姆塞茨:《生产、信息成本和经济组织》,载盛洪:《新制度经济学》,北京大学出版社 2004 年版,第 115 页。

② Greiner, L.E.: "Evolution and Revolution as Organization Grow", *Harvard Business Review*, Vol.64, No. 7, 1972.

③ 田伟、赵祺:《基于社会资本视角下的企业成长模式研究》,《现代管理科学》2006 年第 3 期。

④ Geroski, P.A.: "Understanding the Implications of Empirical Work on Corporate Growth Rates", *Managerial and Decision Economics*, Vol.26, No.2, 2005.

离1,即:

$$y_{it} = \beta y_{it-1} + \varepsilon_{it} \qquad (2-1)$$

其中：y_{it} 为第 t 期企业对数规模，y_{it-1} 为第 $t-1$ 的企业对数规模，ε_{it} 为白噪音。

随后，众多学者开始利用不同的企业样本对该定律加以实证检验。而实证研究结论是，基于个别产业的小样本，吉尔布瑞特规律成立，企业成长与规模无关；基于更多行业和更多企业的样本而言，该规律不成立，企业成长与规模正相关或负相关，企业成长存在自相关性[①]。在 20 世纪 80 年代以后，随着计量技术发展，研究中综合考察了企业进入和退出、企业并购、企业内部组织结构等因素对企业成长的影响，着重考虑了企业的学习效应，得出的结论是吉尔布瑞特规律不成立[②]。

在个人收入分配研究领域中，有关帕累托规律是指个人收入 X 不小于某个临界值 x 的概率与 x 的常数次幂存在简单的反比关系，即：

$$P(X > x) = x^{-\mu} \qquad (2-2)$$

其中：μ 为帕累托指数。

齐夫利用这种思想，提出美国企业的资产服从帕累托分布，且幂指数为1，即：

$$s_r \sim 1/r$$

其中：s_r 为将资产按从大到小的顺序排列时排名在 r 位的企业规模。

具体而言，企业规模 S 大于临界值 x 的概率反比例与 x，即：

$$F(x) = P(S > x) = k/x^{\alpha} \qquad (2-3)$$

两边取对数处理后有：

$$\ln P(S > x) = c - \alpha \ln x \qquad (2-4)$$

在计量分析时采取 lnrank 代替 $\ln P(S>x)$，即通过最小二乘法对上述方程进行回归得出 α。α 的含义是：幂指数 α 为 1 是帕累托规律的特例，即齐夫定律。α 偏离 1 时，α 越小，企业规模分布越不均衡；α 越接近于 1，企业规模分布越均衡。

根据美国 1988—1997 年纳税企业的全体样本研究结果表明，对于企业规模的不同度量指标，企业规模分布均服从齐夫定律[③]。随后的研究利用发达国家数据，反复验证了埃克斯泰尔提出的"齐夫分布是经验上验证企业规模分布的重要标准"的论断[④]

① 方明月：《企业规模研究的新方法：机遇分布规律的视角》，《制度经济学》2010 年第 15 期。
② 方明月：《企业规模研究的新方法：机遇分布规律的视角》，《制度经济学》2010 年第 15 期。
③ Axtell,R.L.,"Zipf Distribution of U.S. Firm Sizes", *Science*,293(5536),2001.
④ 方明月：《企业规模研究的新方法：机遇分布规律的视角》，《制度经济学》2010 年第 15 期。

二、北京市互联网企业成长规律的检验

（一）数据的选择与描述

衡量企业规模的度量指标有多种,经验研究中主要采用销售额、员工人数、总资产、净资产、股票和债券的市场价值、销售成本、子公司数目、企业增加值等,其中应用最多的指标是销售额、总资产和员工人数三个指标。为平滑异方差,对企业规模的度量指标分别作自然对数处理①。

本报告利用"走出去智库"提供的 BVD 全球非上市企业数据库 Orbis,按照以下搜索条件,对北京市互联网行业的企业数据进行收集整理。

地区:北京,中国

行业:61.通信业;62.计算机软件,咨询与相关产业;63.信息服务业

雇员人数:5 年,6 年,7 年,8 年,9 年,最小 1 人,最大 100000 人。

根据上述条件选择出 2005—2014 年 100 家北京市相关企业的销售收入、总资产和员工人数等数据(以美元计价)。

根据实际需要,本文将对数据进一步筛选。其中:企业销售收入数据基本统计描述见表 2-9,企业总资产数据基本统计描述见表 2-10,企业员工人数基本统计描述见表 2-11。

表 2-9　北京市互联网行业企业销售收入统计描述　　　　（单位:美元）

年份	样本数	标准差	均值	最小值	最大值	中位数
2009	94	263016889	61567977	720	2527831279	44462
2010	94	272403246	69702182	983	2546822644	61394
2011	94	294276839	78426659	1586	2701096641	82661
2012	94	2626273911	77563207	1546	2034355546	114908
2013	94	3319695681	97574060	587	2888687958	150446
2014	94	415414296	97829310	2312	4019449368	190869

---

① 方明月、聂辉华:《中国工业企业规模分布的特征事实:齐夫定律的视角》,《产业经济评论》2010年第 9 卷第 2 辑。

表 2-10　北京市互联网行业企业总资产统计描述　（单位：美元）

年份	样本数	标准差	均值	最小值	最大值	中位数
2008	86	353761112	39638913	1596	3281663800	65444
2009	86	352401882	39859651	2006	3269195377	105248
2010	86	381419735	43246006	3137	3538431096	154651
2011	86	437764487	50388251	6217	4061762246	184064
2012	86	423314603	52022160	7134	3920575690	235846
2013	86	446206914	56377857	6917	4128493556	302981
2014	86	471774263	60264835	9295	4368794042	363706

表 2-11　北京市互联网行业企业员工数统计描述　（单位：人）

年份	样本数	标准差	均值	最小值	最大值	中位数
2009	82	27388	5442	4	216772	617
2010	82	27388	5807	6	215815	805
2011	82	27567	6357	6	215954	1002
2012	82	27989	6583	5	218598	961
2013	82	28273	6768	5	222529	1149
2014	82	28394	6962	7	228613	1505

（二）规模分布检验

吉尔布瑞特规律认为企业规模服从对数正态分布。利用 K-S 非参数检验和核密度估计可以验证企业规模对数的正态性。

1. 基本统计量分析

通过计算每年度企业相关数据的对数序列的偏度 S 和峰度 K，并和正态分布的偏度 S＝0 和峰度 K＝3 加以比较，以决定序列是否服从正态分布。结果见表 2-12。

表 2-12　北京市互联网企业规模的正态分布检验结果

年份	销售收入		总资产		员工人数	
	偏度	峰度	偏度	峰度	偏度	峰度
2008	—	—	1.3517	3.0919	—	—
2009	1.3895	2.0736	1.3476	3.1333	0.3269	2.7267
2010	1.4142	2.3021	1.2658	3.4075	0.1958	2.1404
2011	1.3655	2.1957	1.2809	2.8466	0.0566	1.9519

年份	销售收入		总资产		员工人数	
	偏度	峰度	偏度	峰度	偏度	峰度
2012	1.3451	1.9223	1.3184	2.9896	-0.0482	2.2181
2013	1.1513	1.5589	1.3172	2.8468	-0.1771	2.9366
2014	1.0418	1.0937	1.2644	2.5633	0.0476	2.2297

表 2-12 中的数据结果表明,北京市互联网企业规模分布并不能完全符合正态分布特点。从偏度 S 值看,依靠销售收入、总资产等指标衡量的企业规模在各年份均远离 0,依据员工人数衡量的企业规模基本接近于 0,但有右偏倾向。从峰度 K 值看,依靠销售收入、员工人数衡量的企业规模在各年份与 3 相差较大,依据总资产衡量的企业规模更接近 3。

2. Kolmogorov-Smirnov 检验

Kolmogorov-Smirnov 检验是通过统计量 K-S 来检验随机变量的分布。其零假设是:企业规模服从对数正态分布。利用 SPSS 计算出 K-S 统计量和 Sig 值,结果见表 2-13。

表 2-13　北京市互联网企业规模对数分布的 K-S 检验结果

年份	销售收入		总资产		员工人数	
	K-S	Sig	K-S	Sig	K-S	Sig
2008	—	—			—	—
2009	1.7774	0.0036	1.4551	0.0290	1.0269	0.2422
2010	1.6944	0.0064	1.3407	0.0549	0.7801	0.5768
2011	1.6380	0.0093	1.7241	0.0052	0.8259	0.5026
2012	1.8151	0.0027	1.5232	0.0193	0.8963	0.3979
2013	1.5270	0.0189	1.3043	0.0666	1.0720	0.2007
2014	1.3375	0.0559	1.6187	0.0106	1.1547	0.1389

表 2-13 的数据表明,在显著性为 10% 的情况下,销售收入和总资产的分布与正态分布存在显著差异;在显著性为 10% 的情况下,员工人数能通过 K-S 检验,概率 P 值大于显著性水平,不能拒绝原假设,即员工人数的总体分布与正态分布无显著差异。

基于上述检验结果,本文利用企业员工数作为指标来检验北京市互联网企业发展是否符合吉尔布瑞特规律。

(三) 吉尔布瑞特规律检验

吉尔布瑞特提出企业成长过程可以表示为:

$$S_{i,t}/S_{i,t-1} = \alpha(S_{i,t-1}^{\beta-1})u_{i,t} \tag{2-5}$$

其中：$S_{i,t}$ 代表企业 i 在 t 时的规模，α 代表市场规定的增长率，为所有企业共用；β 代表初始规模对企业成长的影响，u 代表扰动项。

对等式两端做取自然对数处理，则有：

$$\Delta\ln S_{i,t} = \ln\alpha + (\beta - 1)\ln S_{i,t-1} + \ln u_{i,t} \tag{2-6}$$

即：
$$\Delta\ln S_{i,t} = \alpha_0 + \beta_0\ln S_{i,t-1} + \varepsilon \tag{2-7}$$

验证企业成长率与初始规模是否存在相关关系，即验证 β_0 是否显著为 0。如果 $\beta_0 = 0$，则表明初始规模不影响企业成长率，吉尔布瑞特规律成立；如果 $\beta_0 > 0$，表明吉尔布瑞特规律不成立，规模越大的企业成长越快；如果 $\beta_0 < 0$，表明吉尔布瑞特规律不成立，规模越大的企业成长越慢。

根据企业员工人数指标、根据公式（2-7），利用 OLS 估计，结果见表 2-14。

表 2-14　北京市互联网企业成长吉尔布瑞特规律检验结果

	2010 年	2011 年	2012 年	2013 年	2014 年
β_0	0.072	0.145	0.024	0.021	0.048
T	2.360	2.806	0.681	0.573	0.818
F	5.572	7.873	0.464	0.328	0.669
R^2	0.065	0.090	0.006	0.004	-0.004

表 2-14 的结果表明，β_0 显著不为 0，且在每个研究期间上均为正值。因此，可以得出结论是：北京市互联网企业的发展并不能服从吉尔布瑞特规律，即互联网企业成长率与初始规模存在相关关系，且规模越大的企业成长越快。由此可见，北京市互联网企业成长并不是一个随机的过程，企业规模是影响企业成长的因素之一。同时，这种结论表明对于北京市互联网企业成长的影响因素有必要进行深入探讨。

（四）齐夫规律检验

关于齐夫系数 α 的常用估算方法主要有：第一种是 Hill 估算，第二种是排名—规模（rank-size）法则[1]。由于第二种方法相对简单，所以得到了广泛的应用。

排名—规模法利用 OLS 估计方法，回归方程是：

$$\ln r = c - \alpha^{ols}\ln s + \varepsilon \tag{2-8}$$

其中：α^{ols} 为齐夫系数，s 为按从大到小的顺序排名在第 r 位的企业规模，r 为企

---

①　方明月、聂辉华：《中国工业企业规模分布的特征事实：齐夫定律的视角》，《产业经济评论》2010 年 6 月第 9 卷第 2 辑。

业规模的排名。

斯坦利等人[1]（Stanley,1995）和厄克豪特等人[2]（Eeckhout,2004）又进一步提出修正的排名—规模法则,用$(r-1/2)$代替 OLS 回归中的r,即:

$$\ln(r - 1/2) = c - \alpha^{ols}\ln s + \varepsilon \tag{2-9}$$

表 2-15　北京市互联网企业成长齐夫规律分布检验结果 1

年份	企业个数	企业平均销售规模	初始 OLS 估计	修正 OLS 估计
2009	94	61567977	0.3381	0.3585
2010	94	69702182	0.3483	0.3697
2011	94	78426659	0.3489	0.3071
2012	94	77563207	0.3468	0.3676
2013	94	97574060	0.3290	0.3481
2014	94	97829310	0.3342	0.3532

表 2-16　北京市互联网企业成长齐夫规律分布检验结果 2

年份	企业个数	企业平均总资产规模	初始 OLS 估计	修正 OLS 估计
2008	86	39638913	0.3782	0.4037
2009	86	39859651	0.3876	0.4137
2010	86	43246006	0.4012	0.4284
2011	86	50388251	0.3947	0.4210
2012	86	52022160	0.3934	0.4199
2013	86	56377857	0.3956	0.4220
2014	86	60264835	0.4079	0.4369

表 2-17　北京市互联网企业成长齐夫规律分布检验结果 3

年份	企业个数	企业平均员工规模	初始 OLS 估计	修正 OLS 估计
2009	86	5442	0.4984	0.5311
2010	86	5807	0.4886	0.5198
2011	86	6357	0.4767	0.5069
2012	86	6583	0.4779	0.5081
2013	86	6768	0.4884	0.5198
2014	86	6962	0.5385	0.5787

---

[1]　Stanley,M.H.R.,Buldyrev,S.V.,Havlin,S.and Mantegna,R.N.,1995:"Zipf Plots and the Size Distribution of Firms",*Economics Letters*,Vol 49,No.4.

[2]　Eeckhout,J.,2004:"Gibrat's Law for（All）Cities",*American Economic Review*,Vol.94,No.5.

表2-15、表2-16、表2-17的结果表明,2009—2014年北京市互联网企业的规模(以销售总额、总资产和员工人数平均值衡量)保持增长态势。但是,各年份企业规模分布的齐夫系数偏低,距离理想数值(即1)存在较大的差距。这种结果说明:第一,北京市互联网企业成长规律偏离齐夫规模,企业规模分布不均衡;第二,北京市互联网企业规模分布特征存在一个 V 型变化;第三,两种估计结果得出相似的齐夫系数,说明回归结果具有较好的稳定性。

三、主要结论

互联网企业作为行业的微观单位,其成长规律受到一定的重视。为此,本报告利用 BVD 数据库的资料对北京市互联网企业的成长规模进行了量化分析。基于企业理论中已有的两大规律框架:吉尔布瑞特规律和齐夫规律,实证检验的结果表明,北京市互联网企业的成长并不能完全符合已有规律模式。从吉尔布瑞特规律验证结果看,一点有益的结论是北京市互联网企业具有企业规模越大,其成长速度越快的特点。已有的研究结果也表明,中国互联网企业成长同样并不能完全符合吉尔布瑞特规律,企业成长作为一个随机过程,不仅受到初始规模的影响,而且同时受到融资、营销等诸多因素的影响[1]。因此,深入探索影响北京市互联网企业的成长动因将是今后相关研究的重要方向。

(作者简介:齐福全,博士,北京市社会科学院外国研究所副研究员)

---

[1]　张巍、孙宝文、王天梅、朱艳春、张宇:《互联网企业规模与成长是否遵循 Gibrat 定律——基于2008—2012 年上市公司数据的实证检验》,《中央财经大学学报》2013 年第 6 期。

用户利用网络服务发布广告问题研究

杨　乐　彭宏洁

新《广告法》第四十五条规定,"互联网信息服务提供者"应对其平台上用户的违法广告行为承担"发现""制止"的义务,涉及所有 UGC 类产品。在 UGC 类产品中,既有用户借助信息存储服务而发布的广告,又有产品运营者在产品广告位中发布的广告,这些不同的广告活动有着不一样的广告法律关系,应根据业务实际情况,界定对应的广告主体,并规定相应的义务与责任。

而在《互联网广告监督管理办法》的起草过程中,曾出现混淆 UGC 类产品中的不同类型广告,以偏概全地要求其中所有广告都提供拒绝或者退订选项的情况。有观点认为,应当规定:"在电子邮箱、即时通信工具等互联网私人空间发布广告的,应当在广告页面或者载体上为用户设置显著的同意、拒绝或者退订的功能选择。不得在被用户拒绝或者退订后再次发送电子邮件等广告。"也即"在……中发布广告的"的表述,将 UGC 类产品中存在的网络服务提供者发布的广告,与用户自行发布的广告混为一谈,笼统要求都为普通用户提供同意、拒绝或者退订的选项。实际上,电子邮箱、即时通信工具服务提供者在它的产品中发布广告,与门户网站运营企业在网页内发布广告,并无实质区别,不应将这类广告与 UGC 产品中用户发布的广告同等对待。

为此,有必要对 UGC 类产品中存在的广告类型进行梳理,在此基础上,如何区别对待不同类型的广告的问题也就迎刃而解。

作为互联网领域的主要应用,各类 UGC 产品中存在两大类型的广告,包括网络服务提供者发布的广告和用户发布的广告。以即时通信、微博为例,根据 CNNIC 与 2015 年 7 月份发布的《第 36 次中国互联网络发展状况统计报告》,2014 年 12 月至 2015 年 6 月期间,有 6.06 亿用户使用即时通信服务,在达 6.68 亿网民中占比 90.8%;而微博用户对应的数据分别为 2.04 亿、30.6%;此外,论坛(BBS)、贴吧、电子邮箱等也属于 UGC 类产品。作为高频应用,广告主乐意在这些知名 UGC 产品进行广告投放,从而使其商品或服务增加曝光量、获得广告效应。

一、网络服务提供者发布的广告

由网络服务提供者发布的广告主要有两种形式:

(一) 固定位广告

与门户网站的网页广告或其他软件客户端中的广告类似,UGC 类产品中也存在类似的固定位广告。比如,出现在 QQ 客户端或阿里旺旺客户端聊天界面中的固定位广告。

即时通信服务中的广告也实现了供需双方各取所需。正如前面的数据,2014 年 12 月至 2015 年 6 月期间,共有 6.06 亿用户使用即时通信服务,海量用户在即时通信服务上的每一次打开聊天界面,都为网络服务提供者提供了一次互联网广告展示的机会,提供了大量广告位库存。而广告主也乐于在此类高黏度的应用中发布广告,既可以购买图片广告位,也可采取文字链接广告的形式发布广告。

(二) 信息流广告

信息流广告这一新型广告形式源于社交产品,由于社交网站的高黏度性,它也为广告供需双方提供了各取所需的机会。社交产品以用户间基于"社会交往关系"而产生互动为主要模式,在网络服务提供者提供的信息存储等服务的基础上,用户发布的内容(UGC)又成为好友互动的载体,在用户"刷朋友圈""刷微博"的过程中产生了流量,社交产品服务提供者对这些流量进行变现的方式即以信息流广告为主。

就 CNNIC《第 36 次中国互联网络发展状况统计报告》的分类而言,信息流广告所依附的"社交产品"可能与即时通信(QQ 空间理所当然属于社交产品,但又可能与 QQ 有关而被归为"即时通信")、博客/个人空间甚至微博用户都有关,由此导致社交产品的用户数非常之高(即时通信 6.06 亿、博客/个人空间 4.74 亿、微博 2.04 亿)。

相比于弹窗广告、悬浮广告而言,信息流广告的优势在于,移动互联网环境中它能更好地保护用户体验。信息流广告模式的特点在于,广告位夹杂在用户的"下拉刷新"或"上拉加载更多"的信息洪流中。它最早于 2006 年出现在 Facebook 上,新浪微博于 2013 年第一季度推出粉丝通,成为国内最早正式推出的信息流广告。过去两年内,已有超过 4 万家客户投放了微博信息流广告,重复投放比高达 50%,而在后期口碑中,可以看到无论品牌客户还是中小企业都取得了不错效果。弹窗广告、悬浮广告属于 PC 互联网时代的主要广告模式之一,但并不能移植到屏幕尺寸有限的移动互联网中;再加上社交产品在移动互联网中的高渗透率,信息流广告这种模式也就逐渐成为主流。

另外,换个角度看,与社交产品中的用户发布的信息类似,谷歌、百度的站外搜索结果和淘宝的站内搜索结果也属于"信息流",与之对应的站外竞价排名、站内竞价排名也属于信息流广告。

实际上,不管是固定位广告,还是信息流广告,都属于网络服务提供者用以将其流量变现的具体方式,这与传统的网页固定位广告并无实质区别。

二、用户发布的广告

借用 UGC 类产品信息存储及发布服务,用户可以非常便捷地发布互联网广告。具体而言,UGC 类产品中"用户"发布的广告可分为企业类用户向普通用户发布的广告(类似 B2C)和普通用户向普通用户发布的广告(类似 C2C)。

(一) 企业类用户发布的 B2C 类广告

基于 UGC 产品具体模式的不同,B2C 类广告的具体展现形式也有所不同。比如,企业可以在新浪微博中注册企业号成为微博用户,进而利用微博的功能自行发布广告,出现在其粉丝的信息流中,成为信息流广告中的一种;与此同时,企业也可以注册公众号而成为微信用户,并以"一对多"的形式向粉丝发送信息广告。此即所谓的 B2C 形式的广告。

(二) 普通用户发布的 C2C 形式的广告

除上述 B2C 类用户发布的广告外,UGC 类产品的普通用户也可借用信息存储和发布服务,向其他用户发布互联网广告。如,即时通信工具的普通用户可通过点对点的文字、图片信息,向其他普通用户发布广告。

值得注意的是,这类 C2C 广告如果数量暴增,会给其他用户造成骚扰。以"Facebook垃圾信息案"为例,一美国男子在 2008—2009 年间入侵 50 多万 Facebook 账号,并利用这些账号以他人名义在 Facebook 平台上发送 2700 万条垃圾信息,给用户造成了骚扰,被判处三年监禁。鉴于此,目前各个公司主动对于用户自行发布的广告采取了各种严格的技术过滤手段。同时如果用户觉得其他用户对自己构成了骚扰,也可以对发送者自行采取屏蔽、拉黑和取消关注等多种措施。

三、区分不同广告类型的监管思路

经过前面的分析,结合《征求意见稿》的规定,其中存在的关键问题即是未针对不同类型的广告采取不同的监管措施。"在……中发布广告的"表述,将网络服务提供者发布的广告,与用户自行发布的广告混为一谈,笼统要求都为普通用户提供同意、拒绝或者退订的选项。实际上,应区分两种广告,分别就广告发布者提出监管要求。

网络服务提供者发布固定位广告时,具备广告发布者的角色,理应承担与之相对应的义务和责任。网络服务提供者在产品中发布的固定位广告,与其他互联网产品中的固定位广告,如网页广告、软件客户端广告等,在法律性质上并无本质区别。这些固定位广告,都为免费提供服务的网络服务提供者提供了通过收取广告费获得回报的机会,这种商业模式广泛存在于中国互联网行业中。

而对于用户自行发布的广告,不管是 B2C 类的还是 C2C 类的,才是立法所要规范的广告行为。实际上,不属于"互联网广告"的垃圾短信、推销电话等,也属于 UGC 类产品中用户自行发布的广告,它们存在极大的相似性:用户利用服务提供者提供的中立技术服务,如微博、即时通信、短信、电话等,向其他用户发送广告,此时,发送广告的用户构成广告发布者,普通用户被动接受广告。正因为这种被动性对普通用户造成了骚扰,所以《广告法》第四十三条才作出规定,要求以电子信息方式发送广告的,应当明示发送者的真实身份和联系方式,并向接收者提供拒绝继续接收的方式。另值得注意的是,短信、电话以及电子邮件等,属于"以发送者为中心"的产品,用户只需对方的手机号码、电话号码或邮件地址,即可发送短信、拨打电话或发送邮件,包括发送垃圾广告。而即时通信则属于"以接收者为中心"的产品,用户要发送垃圾广告的,首先需征询对方同意,从而添加对方为好友;其次,发送垃圾广告的用户,可能面临被对方"拉黑名单",从而不敢连续发送垃圾广告;最后,即时通信服务提供者可以采取多种措施,对其平台中存在的垃圾信息进行处理,从用户体验来看,即时通信产品中并不像短信、电话那样垃圾广告泛滥成灾。

当然,普通用户发布的评论、使用心得与用户自行发布的广告存在本质区别。这也是规章起草过程中相应条文所要解决的问题,相关条款规定,自然人"以收费或者免费使用商品、服务等有偿方式"在互联网推荐商品或者服务时,应当"使普通互联网用户能够清楚了解该种有偿关系,识别其作为广告代言人或者不同于普通互联网用户的身份"。也即,区别 UGC 产品用户发布的内容是否属于广告,关键在于,该用户是否有偿接受委托而发布该推荐信息。

　　另外,UGC产品中还存在私密性较强的社交产品,这给广告监管带来了新的问题。具体如微信"朋友圈"的内容仅微信好友可见,QQ空间的日志内容可以设置可见范围,那么,用户在这种私密空间里发布的内容,是否属于"广告"? 广告监管部门如何对私密空间里的广告进行监管? 对此,国家工商总局广告监督管理司司长张国华指出,"在朋友圈、私人圈,这个在监管上还是有法律方面的规范和障碍的,但工商部门已经注意到这个问题。有些情况会区别对待,比如说以营利为目的的始作俑者当然要罚,跟发布者是一样的,会按照《广告法》查处。但是某人只是好心帮朋友的忙,不是一个主要责任者,不会像罚广告主、广告发布者主体责任那么严格,也要有相应的处罚。"张国华坦言,对于朋友圈和个人公众号上发布的广告,还无法通过工商系统的抓取等功能主动监管,但如果网友举报,工商部门可有针对性地进行调查。按照这个思路,如何监管私密空间中存在的广告的问题已经得到妥善解决。

　　因此,对于前面提到的引起误解的观点,建议将"在电子邮箱、即时通信工具等互联网私人空间发布广告的"修改为"通过电子邮件、即时通信信息发送广告的",这样,既能将所要规范的行为限定为用户利用UGC产品发布广告的行为,又能将"应当在广告页面或者载体上为用户设置显著的同意、拒绝或者退订的功能选择"的义务明确为利用UGC产品发布广告的用户,也即,拒绝或退订选项应由发送广告的用户来设置,如短信领域目前都有"回复'TD'退订本短信"的做法,这样,可以避免该规定被误以为是要求网络服务提供者需设置对应选项。

　　(作者简介:杨乐,中国社科院法学所博士后,腾讯研究院高级研究员;彭宏洁,腾讯研究院研究员)

首都互联网治理与政府公信力建构

王尘子

当前,中国互联网发展已经迎来了重大战略机遇期。党的十八届三中全会明确提出"全面深化改革的总目标是完善和发展中国特色社会主义制度,推进国家治理体系和治理能力现代化",需要"坚持积极利用、科学发展、依法管理、确保安全的方针,加大依法管理网络力度,完善互联网管理领导体制"。2014年2月,中央网络安全和信息化领导小组成立,负责统筹协调各个领域的网络安全和信息化重大问题,制定实施国家网络安全和信息化发展战略、宏观规划和重大政策,由习近平总书记亲自担任组长。党的十八届五中全会、"十三五"规划纲要都对实施网络强国战略、"互联网+"行动计划、大数据战略做了周密部署。作为新兴的虚拟空间,互联网不仅对经济发展至关重要,对政府公信力建设也能发挥巨大作用,它不仅是政治传播的重要平台,也是政府体察社会舆情的重要通道,通过互联网,民众能够通过互联网与政府进行更为紧密的互动。正因如此,通过高效的互联网治理推动政府公信力建设,也成为网络时代全面深化改革的重要任务。首都互联网治理是我国互联网治理的标杆,治理水平的高低、治理结果的好坏都将对我国互联网治理和政府公信力的整体发展产生深远影响。

一、互联网治理的内涵

"互联网治理"来自英文"Internet Governance",对此概念,联合国互联网治理工作小组的定义是:互联网治理是政府、私营部门和民间社会根据各自的作用制定和实施、旨在规范互联网发展和使用的共同原则、准则、规则、决策程序和方案。作为一个已被世界各国普遍接受的权威定义,这一概念有两个关键特征。首先,内涵相当宽泛,互联网治理的议题几乎无所不包;其次,从参与主体、行动目的和行为方式上看,此概念直接体现了"多方利益相关者治理模式"(简称"多方治理"),更倾向于在协商沟通中达成共识,而非以政府为单一主体,依靠法律、法规、政策等强制性力量进行治理。在中国语境下,互联网治理指的是以政府为主体的公共部门针对互联网领域所实施的治理行为,政府作为互联网治理的主体发挥主导作用。正如习近平总书记所强调的:"要深刻认识互联网在国家管理和社会治理中的作用","各级领导干部要学网、懂网、用网,积极谋划、推动、引导互联网发展"。

互联网治理随着互联网技术的进步不断发展变化。从 20 世纪 90 年代开始,商业力量促进互联网在全球范围内得到普及,互联网开始深深嵌入社会生活的方方面面,由此带来的问题和负面影响远非政府或者单一组织能够解决,这就需要社会各方的参与合作,也赋予了互联网治理新的时代内涵。但是,关于互联网治理的规则和最优方案国际社会尚未形成共识。2015 年 12 月,在中国乌镇召开的第二届世界互联网大会上,习近平总书记明确指出:"互联网领域发展不平衡、规则不健全、秩序不合理等问题日益凸显。不同国家和地区信息鸿沟不断拉大,现有网络空间治理规则难以反映大多数国家意愿和利益。"自从 1994 年接入国际互联网以来,互联网技术在我国国民经济和社会发展中日益彰显出巨大的助推作用,中国已经在短时期内一跃成为网络大国:网民数量超过 7 亿人,位居世界第一,互联网普及率高达 51.7%,其中,手机网民规模达到 6.5 亿人,占整体网民比例的 92.5%。在这一新形势之下,探索具有中国特色的互联网治理道路势在必行。

作为国家治理体系重要组成部分的互联网治理包含四个基本要素:治理主体、治理议题、治理行为和治理成效。这些要素所要解决的是"谁治理、治理什么、如何治理和治理得怎样"这四个关键问题。

第一,治理主体。治理主体的资格与合法性是互联网治理的首要问题。哪些主体能够被包括在互联网治理的范畴之内?真正参与治理的主体有哪些,他们是否具备同等的话语权?政府是否应当成为互联网治理的核心?在全球范围内,政府对于互联网的建设和完善阶段都起到了很大的推动作用,但当前互联网的公共性、分享性和多中心性也意味着互联网治理需要明确互联网企业、第三方机构和普通网民的责任,将相关各方纳入互联网治理体系。第二,治理议题。互联网治理概念相当宽泛,经济、政治、法律和社会文化等问题都包含其中,对于这些议题的划分,国际通行准则是采取分层模式,将互联网治理的议题归置到基础设置、标准、内容和社会等几个层面,这样的划分方式虽然简洁明了,但也有过于简单化之嫌,因为不同议题之间很难找到明显的界限和区别。第三,治理行为。目前,互联网治理在全球范围内通行的是"多方治理"模式,旨在促进政府、商业、社会、国际组织、区域性组织、技术群体等利益关联者,一起治理互联网中出现的问题,打破权力垄断的局面。当然,各国也都在探索具有自身特色的多方治理模式。第四,治理成效。如何去衡量治理成果也是互联网治理不可或缺的重要环节。互联网治理成效是指政府在互联网管理活动中的结果、效益及其管理工作效率、效能,是政府在行使其功能、实现其意志过程中体现出的管理能力。但在当前,如何去衡量互联网治理的成效在国际社会尚无共识。

二、互联网治理特征与政府公信力的逻辑关联

在我国,政府公信力是指政府依赖于社会成员对普遍性的行为规范和网络的认可而赋予的信任,并由此形成的社会秩序。政府作为为社会成员提供公共服务的主要机构,其公信力程度通过政府履行其职责的一切行为反映出来,因此,政府公信力程度实际上是公众对政府履行其职责情况的评价,反映了人民群众对政府的满意度和信任度。

自从2005年的政府工作报告首次明确提出提高政府公信力,努力建设服务型政府以来,党和政府多次强调政府公信力的重要性。《中共中央关于制定国民经济和社会发展第十二个五年规划的建议》把提高政府公信力作为转变政府职能的落脚点;2012年,党的十八大报告提出深化行政体制改革,创新行政管理方式,提高政府公信力和执行力,推进政府绩效管理。与此同时,党的十八大报告也将互联网治理摆到了重要位置,"要正确处理安全和发展、开放和自主、管理和服务的关系,不断提高对互联网规律的把握能力、对网络舆论的引导能力、对信息化发展的驾驭能力、对网络安全的保障能力,把网络强国建设不断推向前进"。当前,互联网思维已成为推进中国"四个全面"战略布局的重大战略思维之一,日益受到社会各界高度重视,互联网治理也已成为提升政府公信力的重要途径。那么,当前我国的互联网治理具备哪些主要特征? 这些特征又对政府公信力有何影响呢?

首先,多元性。互联网的兴起与应用极大地改变了国家与社会权力结构的力量对比,使社会权力有了飞跃性提升。从信息的产生和流转看,互联网创新了既有的社会关系形式,呈现出带有公共性的个体观点表达多中心化的趋势。在这种权力结构多元化的发展趋势中,政府地位开始弱化,其原本的社会管理核心职能受到了一定程度的冲击。互联网治理的多元性导致政治参与水平的提高,例如加强了普通民众对政府官员的监督力度,而这无疑是互联网治理的积极功效。但另一方面,互联网的发展不仅从纵向上改变了政府与普通民众的权力分配关系,也从横向上打破了民族国家或主权国家的边界限制。互联网治理主体不仅局限于国家内部,甚至其他国家也可能参与一国的互联网治理,在世界范围内产生跨国界和跨时空的"连通器"效应。

其次,无序性和有序性并存。互联网进入中国20余年,已经深刻融入千家万户的生活,今天,我国互联网治理虽然并非无序的状态,但也很难说已经形成了稳定的

秩序,这里的有序或无序,更多地体现为各互联网主体的责任感,而责任又与制度密切关联。如果说当前我国的互联网治理正处于形成责任或秩序的过程中,那么与之相关的制度构建无疑是责任或秩序形成的重要前提,在制度缺失的条件下很难谈得上责任和有序。例如,当前我国在互联网治理过程中并未建立完善的实名注册制度,虽然这种网络匿名的隐蔽性有助于对各类社会问题的揭露,但由于制度约束缺失造成的无序性,一些网民在互联网上摇身一变成为"键盘侠",在表达意见时缺乏必要的责任意识,利用网络打击报复、造谣生事、进行"非理性人肉搜索",对公民的人身权利造成极大的侵害,在增加政府治理成本的同时也容易加剧政府与社会之间的摩擦,降低政府公信力。

最后,放大性。作为新兴媒体的重要组成部分,互联网与生俱来具备公共传媒的放大性特征,随着互联网终端通过笔记本电脑、手机普及到千家万户,互联网的放大效应得到了更为深刻的体现。与传统媒体相比,互联网时代的信息传播实现了由"一对多"和"一对一"到"多对多"和"多对一"的巨大跨越,形成了高度密集且相互交织的信息传播网络。无论是正面信息或是负面信息,都可能被互联网无限放大。正面的信息被放大后,可以最大限度地传播主流价值,迅速提升榜样的力量。然而,一旦诸如腐败一类的政府负面信息被曝光,所有网民都可能以最快速度得知消息,使政府在短期内处于社会舆论的风口浪尖。近年来诸如腐败、官员名表、不雅视频等各种负面信息的频繁曝光在放大效应的作用下,加剧了网民乃至普通民众对政府的政治不信任。这种放大性的双重效应使互联网治理难度增大,在政府公信力不佳的情况下更让政府重塑公信力的努力雪上加霜。

三、首都互联网治理的实践与挑战

由于互联网治理对政府公信力具有双重影响,因而在互联网治理的过程中需要谨慎前行,对治理的每一个环节进行充分评估。北京不仅是中国的首都和行政中心,也被称为中国的"网都",互联网总流量近70%都集中在北京,大量互联网公司群聚,2015年前10大互联网公司有6家(百度、京东、奇虎360、小米、搜狐、新浪)的总部设在北京。这在赋予北京巨大的互联网优势的同时,也使网络与信息安全面临巨大风险,更需要在互联网治理过程中多方合作、多元并举、多管齐下,共同维护政府的良好形象。

当前,北京市互联网治理已基本形成了政府主导下的"多元共治"局面,已经基本构筑起一套政府主导、各利益相关方共同参与的多元治理体系,通过多元治理有效提高了政府公信力。首先,北京市政府进一步发挥主导作用,完善了互联网安全治理的行政架构,出台了关于互联网安全的地方性规定,构建了政、企、民、社会组织四级联动的机制并开展了一系列专项行动以促进互联网有序发展;其次,在政府引导下发挥企业特别是大型互联网企业在互联网治理中的作用;最后,建立行业规范、倡导志愿者服务、为学术交流提供平台,从而积极发挥社会组织在互联网治理领域的作用。

就多方治理实践来看,近年来,北京市互联网举报中心进一步深化各项工作,加大了对各网站举报工作的督导力度。在北京市举报中心的指导下,新浪、网易、百度、奇虎360、今日头条、豌豆荚、小米应用商店等62家北京市属地网站建立了网站举报机构,开通并公布举报电话,24小时无间断受理网民举报。截至当前,各网站已受理网民举报600多万件次,取得了良好成效。互联网违法和不良信息举报工作,不仅推动了政府信任构建、维护了广大网民的合法权益,互联网企业自身也多有受益,是互联网"多元共治"理念的突出表现。

毋庸置疑,政府仍然占据着首都互联网多元共治的主导地位。北京市政府尤其关注行政环节的互联网监督管理,主要表现为互联网行政监管机关依法对互联网经营单位进行的审批、许可、登记、备案、抽查、年检等活动。除了这种一般性的行政监管活动之外,北京市政府也在特定时期针对特定问题对互联网进行集中整治,清除互联网发展的弊端,维护互联网秩序。近期代表性事件有:针对民众反映的看病难、"号贩子""医托"等违法信息遍布网上问题,北京市卫计委、首都综治办、网信办、公安局等8部门在全市开展为期半年的专项整治行动,规范医疗机构广告、信息服务、形象宣传、商业推广行为,斩断"号贩子"和"网络医托"的利益链条;针对电信诈骗频发问题,北京市政府办公厅已经出台关于印发《北京市互联网金融风险专项整治工作实施方案》的通知并成立北京市互联网金融风险专项整治工作领导小组,负责组织实施本市互联网金融风险专项整治工作,整治重点包括P2P网络借贷、股权众筹业务、互联网保险、通过互联网开展资产管理及跨界从事金融业务、第三方支付业务、互联网金融广告与信息等六个方面;针对网约车乱象,北京市交通委也发布了《关于北京市出租汽车行业深化改革有关政策文件公开征求意见的通知》,规定"本市申请《网络预约出租汽车驾驶员证》的驾驶员"应当具备北京户籍,而"在本市申请办理《网络预约出租汽车运输证》的车辆"则应具有北京市号牌,同时"车辆所有人同意车辆使用性质登记为'预约出租客运'"。

虽然首都互联网治理已经取得重要进展。互联网安全、政府形象也已得到切实保障,但就当前首都互联网治理与政府公信力提升而言,仍然存在以下几方面亟须解决的问题。

首先,互联网法治化水平低下,有序的互联网治理规范尚未完全形成。由于我国互联网发展起步相对较晚,相关制度仍未健全,互联网治理的法治化程度不高,具体表现为立法滞后,立法内容原则性较强但实际操作性差,部门立法色彩浓,存在部分法律冲突和重复立法的问题,随着互联网发展对政治、经济、社会、文化等各方面影响的日渐增强,相关政府部门根据传统职权分工对互联网进行治理已经力所不逮,在实际体制运行过程中造成了较多的职能交叉、权力冲突和管辖争议,制度设计缺乏总体战略规划的问题表现得尤为突出。另一方面,当前互联网立法的"管理"色彩仍然比较浓重,互联网治理应该以保障人民群众的互联网正常、有序的使用权利为基础,促进互联网产业的健康发展,但目前已有的立法大多以方便政府管理为基础,着重于强调相关管理部门的权限、管理手段和处罚措施,在管理方式上以准入限制和行政处罚为主,在规范设计中强调禁止性规范却没有充分的激励性规范。例如,给予互联网企业相当繁重的内容审查责任,缺乏相应的激励措施,在加重企业负担的同时也转嫁了政府的管理责任,难以起到增强企业自律的目的。

其次,存在滞后性和回应不及时的问题。从近年来的治理实践来看,首都互联网治理在很大程度上仍然秉持"冲击—回应"型治理特征,也就是说一旦发生了特定事件,造成了广泛的社会影响,那么政府就会作出相应的针对性举措。这种"冲击—回应"特征在政府受到强烈舆论压力的时候表现得尤为明显。例如,近期针对互联网金融、网约车出台的相关规章制度就带有明显的回应性和事后处理特征。政府连续采取维护互联网秩序的举措尽管彰显了政府对互联网治理的关注,但也因为其滞后性和法律程序性不足受到了一定的质疑,这对加强政府公信力建设相当不利。由于互联网的多元性特征使政治参与门槛大大降低,网民和其他互联网主体可以针对政府行为随时随地发布信息或发表自己的观点,尤其是关乎自身切实利益的热点事件。这就需要政府及时地与其他互联网主体进行互动,采取实质性回应以满足网民需求。但当前的"冲击—回应"型治理方式使得政府难以及时回应公众的诉求,一些官方回应内容不明确且存在许多盲点,难以解决实际问题,甚至回应和治理举措本身也会引发更多争议。

再次,缺乏强有力的监督和事后监管,尚未形成统一有效的监管机制。由于没有日常性的专职监管协调部门,各监管机构难以在日常监管间进行信息共享和执法协调,使得当前的互联网监管往往是当问题已经累积到相当恶劣的程度之后,各执法部门才采取声势浩大的运动式联合执法行动。从监管途径来说,当前首都互联网治理仍存在重前置审批、轻后续监管之嫌。例如,政府对经营性的互联网活动采取事前许可制,需要两个或两个以上部门的前置审批才能采取相关活动,在造成互联网业务准入困难的同时,却没有充分重视审批之后的后续监管问题。另外,在监管人员、监管技术方面也还不能完全适应互联网环境的要求,互联网治理的相关专业人员匮乏,监管理念也不能完全适应网络时代的特征,一些监管部门对监管内容的认识仍然相对模糊,难以准确执行有关规定。同时,我国互联网的监管技术手段也相对滞后,往往是在某些互联网新技术例如网络直播、打车软件等出现了严重问题后,政府才意识到监管的必要性,而由于技术手段匮乏,不得不采取硬性关闭网站等禁止性应急处置手段,这也在一定程度上损害了政府形象。

四、互联网时代如何提升政府公信力：
重要性与可行路径

政府公信力是政府合法性的重要基础,而政府合法性对于一个国家的政党和政府来说不可或缺,特别是处于转型过程中的国家,因为转型的过程中通常充满了复杂性与不确定性,而这种由复杂性与不确定性很可能会对政府传统的合法性构成挑战,需要开发新的合法性资源。另外,进入互联网时代以来,国家之间的横向联系更为密切。这种全球化带来的合法性冲击,反过来对政府公信力提出了更加迫切的要求。针对当前互联网治理过程中所暴露出的问题并结合北京独特的政治特征,首都互联网治理体制可考虑从以下几个方面继续完善。

第一,逐步完善互联网治理的法治化、机制化。制度信任在现代社会中是构建政府公信力的根本保障,高效的互联网治理不仅需要对既有治理模式的小修小补,更需要对互联网治理中可能存在的问题与风险进行制度规范,明确互联网治理主体的权利、义务以及治理手段、途径、标准和目标,将更多的法治与理性的因素通过制度的途径渗透到互联网治理的实践中去,实现从运动式治理到制度治理的过渡。党的十八届四中全会通过的《中共中央关于全面推进依法治国若干重大问题的决定》明确提出依法办网,推进网络空间法治化。当前,我国正处于社会转型和发展的关键时期,社会矛盾凸显、网络舆情复杂,政府对互联网治理的难度正在逐步加大,要想有效增强民众对政府的信任,必须夯实政府公信力的根基,而这需要以完善的互联网法律法规和健全的制度作为坚强保障,针对治理过程中可能存在的问题与风险进行制度规范和事前预防,健全网络管理制度和网络监督机制,创造一个良好的互联网发展环境。

第二,推动多元治理网络化。互联网本身就是一个复杂的网络体系,其所具有的多元性在很大程度上改变了政府与社会之间的互动方式,参与已经成为互联网治理的核心要素。互联网时代的民众对政府有更多的期待,而政府也需要以更快的速度及时地回应民众诉求,若是政府回应未能达到预期效果,政府很容易失去公信力,互联网治理也很可能事倍功半。这就对政府的治理方式提出了新要求,需要政府切实提高自身的治理能力和治理水平,改变传统的垂直型、单一层级型行政管理模式,满足民众、互联网机构和其他社会组织参与治理的需求,使单一主体治理逐渐演变为多元治理,群策群力、发挥社会各界的正能量。当然,推进多元治理需要坚持政府的权威和主导地位,充分发挥政府在治理过程中的优越性,不仅要从人才配备、技术配备的角度提升治理能力,更需要从有效制度建设的层面解决当前互联网治理过程中所出现的问题。互联网时代充满着机遇与挑战,需要化压力为动力,将互联网治理由被动的回应变成主动进取,在增强公信力的同时不断提升治理能效。

第三,统筹互联网治理体制,构建具有充分权威的互联网治理协调机构。在我国,政府仍然是互联网治理的主导力量,行政权力充当着维持互联网治理的关键力量,这使得我国的互联网治理模式必定与西方国家有所差异,主要体现为相对垂直的权力运行模式和政府在制定网络规范时的实际影响力。由于不可能面面俱到,因此政府需要注重以行业自律和联合治理的方式适应网络时代的新形势、新要求,弥补自身在治理活动中覆盖面较窄和相对被动的缺陷。由于互联网治理难以由单一部门独立完成,因而在具体的治理过程中,有必要建立具有充分权威的协调机构,负责互联网日常管理工作的协调、指导,齐抓共管,规范并协调各成员单位对互联网的具体治理工作。政府可以考虑设立一个跨部门、高级别的"互联网治理委员会"或"互联网治理领导小组",该小组成员应包括涉及互联网治理的主要部门如首都综治办、网信办、公安局、交通委等,定期召开相关互联网治理会议以部署、协调各部门的工作,并向社会提交首都互联网治理评估报告。

第四,加强互联网意识形态建设,营造良好的网络舆论环境。北京的政治中心地位使得意识形态建设更为重要。加强意识形态建设,并不意味着政府必须采取填鸭式、灌输式教育,而是要用民众喜闻乐见的话语形式和传播手段使意识形态话语体系贴近实际、贴近生活、贴近群众,弘扬社会正能量,推进马克思主义的中国化、时代化和大众化。随着互联网深入发展,网络舆论日益成为政府与民众互动的重要平台,良好的网络舆论环境和高效的网络舆论应对,有利于更好地发挥政府的治理能力,提高政府公信力。但是,由于网民在年龄结构、文化教育程度等方面存在较大差异,网络舆论具有更强的主观性,更容易成为个人主观判断和表达个人利益诉求的平台。因此,加强互联网意识形态建设,也意味着政府正确引导网络舆论的发展趋势,及时地、有针对性地回应网民诉求,用事实说话,通过多渠道搜集信息,依法打击网络谣言。

(作者简介:王尘子,中共北京市委党校政治学教研部讲师,博士,研究方向为政府廉政建设、政府治理、比较政治)

第三部分　案例分析

Part Ⅲ　Case Study

滴滴出行发展状况分析

张　旭

◇◇◇

一、基本情况

共享经济是一种资源再分配的过程,各种共享自古以来都存在,只是因为国内经济最近发展到一定阶段,资源闲置和资源维护成本不断增高,加上互联网作为催化剂降低门槛和加速共享过程,最终产生不可估量的价值。

汽车就是一个典型代表,随着油价、停车费等成本不断增加,加上大城市拥堵状况日趋严峻,自驾上班或出行消耗的金钱和时间成本已经突破了一个平衡点,越来越多的人会愿意选择更加省时省力的打车,而这种商业气息浓郁的需求会吸引拥有闲置的汽车又希望改善生活的车主,在一个共享平台的撮合下,这里面就能产生惊人的商业价值。

就是在这个契机下,中国知名的免费打车软件——滴滴出行诞生了,目前已经发展成为涵盖出租车、专车、快车、顺风车、代驾及大巴等多项业务在内的一站式出行平台。

(一)滴滴出行基本架构

2015 年是滴滴出行高歌猛进的一年,在多个业务方向都有很出色的产出。如图 3-1 所示,滴滴出行的业务模式虽然多样化,但其产品架构并不复杂。

就"滴滴出行"产品而言,面对的对象就是乘客和司机两类群体,作为一个提供出行服务、连接乘客和司机的平台,不但需要保持两端的操作流畅,还得做好双方的交互体验。在后台技术基础上,滴滴出行平台需要完成乘客和司机的信息匹配、合理调度以及公平交易和审查机制,在保障双方利益的同时,更重要的是创造一个便捷安全的出行环境。要使得这样的交易系统自行运转,就需要足够的用户基础,特别是足

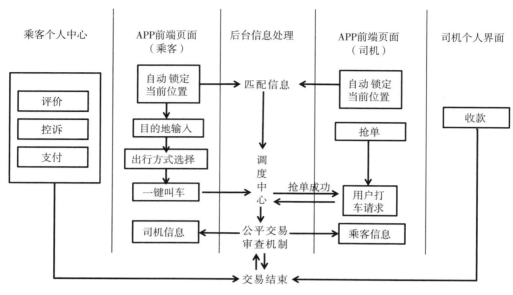

图 3-1　滴滴出行基本架构

资料来源:笔者整理。

够的司机,才能让用户在使用滴滴出行打车时更快地匹配到车辆,从而完成行程,这也是互联网出行市场展开激烈的补贴大战的重要原因。在这样的一个平台上要实现进一步的发展,未来互联网出行服务商将继续在原有基础上强化服务质量,以优质的服务保证其服务下活跃用户数的稳定增长。除了继续提升用户体验以外,也应该继续挖掘新的市场机会。虽然一二线城市是目前互联网出行服务的主要订单贡献区域,但三四线城市仍然潜力较大。

(二)公司发展主要事件分析

滴滴出行从 2012 年成立到现在,在不到四年的时间里发展成为一家走在智能出行前沿的公司,成长之快不仅仅在于它抓住了现代社会的出行刚需,更重要的是在技术的发展中灵活地应用互联网的力量,在改变着整个社会的出行习惯,甚至缓解了城市的交通问题。

表 3-1　滴滴出行大事记

时间	事件
2012 年 7 月	北京小桔科技有限公司注册成立,获得阿里巴巴等数百万元天使投资
2012 年 9 月	嘀嘀打车获得金沙江创投 300 万美元 A 轮投资
2013 年 4 月	嘀嘀打车获得腾讯 1500 万美元 B 轮投资

续表

时间	事　　件
2014 年 1 月	嘀嘀打车获得 1 亿美元 C 轮投资,中信产业基金领投,腾讯跟投;与微信相互添加打车和微信支付功能,开启补贴大战
2014 年 3 月	嘀嘀打车入驻手机 QQ,用户可通过"QQ 钱包"下的嘀嘀打车功能进行叫车,并在 QQ 内支付车费
2014 年 5 月	嘀嘀打车正式更名为"滴滴打车"
2014 年 7 月	柳传志之女柳青出任嘀嘀打车首席运营官
2015 年 2 月	滴滴打车与快的打车 2 月 14 日宣布合并
2015 年 6 月	滴滴正式上线顺风车业务
2015 年 9 月	"滴滴打车"正式更名为"滴滴出行";入驻支付宝
2015 年 10 月	滴滴巴士登陆滴滴出行 APP,试水旅游线;发布首个商业化业务"滴滴试驾";滴滴出租车试行"敬老专线",老年人可电话叫车;上线开发票功能
2016 年 11 月	滴滴代驾与 Go 健康开展跨界医疗合作;和饿了么共推同城配送业务
2015 年 12 月	12 月 1 日,滴滴正式上线"快车拼车",而游戏中心两月后即停运
2015 年 12 月	滴滴出行升级积分体系,推出"滴币"可直接付车费;试水在线售车
2015 年 12 月	滴滴出行与北交大牵手,建共享交通大数据研究中心
2015 年 12 月	滴滴出行推出"接驾专线":手机号互相不可见

资料来源:笔者整理。

1. 滴滴与快的合并

对于滴滴和快的合并,一方面主要是 2013 年年末开启的补贴大战带来的成本压力;另一方面是资本层面的驱动,在高速迭代的资本模式下,无论是滴滴和快的,还是 Uber,以如此之快的烧钱速度想要通过融资扩张已经非常困难。面对强大竞争,在政策未明的情况下,最终滴滴和快的完成了合并。除了财务因素外,合并后双方可以避免更大的时间成本和机会成本,新公司可以加速开展更多的新业务,这是企业竞争的结果,有利于提高核心竞争力,促进两家公司的持续发展。

2. 与第三方合作,滴滴借势收割全网红利

2015 年 11 月,滴滴代驾携手 Go 健康开展跨界医疗合作,融合代驾和医疗领域开展大规模的跨界合作,给滴滴乘客用户带来更好的使用体验。Go 健康是移动医疗市场的新兴之秀,它的平台服务提供商是全国规模最大、检验项目最全,并拥有强大的冷链物流团队的第三方医学实验室——金域检验。凭借着优秀的自身条件,Go 健康得以快速发展。在短短的几个月时间内,服务已覆盖全国多个城市。此次合作主要针对应酬族群体,契合部分群体对代驾和上门体检的强烈需求。

之后,滴滴出行与饿了么共推同城配送业务,合力搭建两个轮子的电动车加四个轮子的汽车的"2+4"同城配送体系。除此之外,滴滴还对外发布了战略计划"代

驾+",首期将针对商务、旅游代驾推出"专属司机"。这一系列第三方合作都体现了滴滴的战略布局,未来一年,随着滴滴的快速发展,将会有更多第三方平台接入滴滴出行服务,这也意味着移动时代的互联网公司的合作正在越来越跨界,随着用户需求的增加,每个 APP 都在通过不断拓展服务来实现自身消费的新增长。

对于滴滴出行而言,从微信接入滴滴出行开始,就培养了用户在第三方 APP 中使用滴滴出行的适应性。在此基础上,当其他的第三方和滴滴出行合作时,用户不会感到陌生,并且由于微信和支付宝合力对用户潜移默化的教育,出行已经逐渐成为标配服务。

3. 滴滴出行与北交大牵手,建共享交通大数据研究中心

2015 年年末,北京交通大学宣布与滴滴出行达成战略合作,共建"北京交通大学滴滴共享交通大数据研究中心",以期通过大数据分析及整合,以研究应用为核心,建立大数据智慧分享平台。

据了解,研究中心成立后,主要将围绕以下三个方面开展工作:一是科技创新,提供全面多维的大数据,推动数据挖掘技术、交通信息智能感知与服务技术不断创新;二是社会服务,以数据为基础、以服务为目的,服务政府决策、行业管理、交通研究、社会公众;三是行业发展,依托共享交通与共享经济,形成高效、便捷、公平、可持续的城市交通发展模式。而且滴滴出行的创始人——程维也表示滴滴要成为大数据驱动的公司,北交大与滴滴出行合作的行动就是一个很好的体现。

(三) 滴滴出行发展历程

滴滴在出行领域是非常独特的公司,它的独特不在于业务模式多复杂,而在于它的发展非常快。

1. 2012 年 9 月至 2014 年 1 月:探索积累期

在此阶段,滴滴整体的增长较为缓慢,基本处于市场培育期和探索期。在此期间,滴滴的产品不断做基于用户体验和反馈进行迭代,一直到 2013 年年底,应用商店评论中已基本没有关于产品功能上的负向评论,用户下载曲线开始平缓上升。同年 4 月,滴滴安卓市场用户下载量已以 43.1 万位居打车软件第一,分类榜单排名趋势上行。

2. 2014 年 2 月至 2014 年 9 月:加速增长期

在此期间,滴滴的用户增长开始显著提速,完成了产品发展上的第一次突破和加速。同期,滴滴的 V2.0 开启微信支付功能,配之市场动作,下载量上升明显,2014 年专车上线前安卓用户下载量已达 1 亿,并一度在同类产品中居于榜首的位置。

3. 2014 年 10 月至 2015 年 2 月:爆发式增长期

在此期间,滴滴的用户增长出现极大加速,在短短不到半年的时间内,滴滴的用

户数几乎翻了 5 倍,增长曲线的斜率也被拉到最大,这是滴滴发展进程中非常重要的一个阶段,借由这个阶段的成功,滴滴出行奠定了自己在市场上领先的地位。同期内,滴滴专车上线,市场动作依旧猛烈,展开了一些非常有热度的品牌活动,这段时间下载量增长迅猛,成倍增长,可以说滴滴在这期间成功进入到一个质变的阶段,但同时,整个互联网出行市场的规模都在扩大。

4. 2015 年 2 月至今:业务多元化发展期

在此期间,滴滴的增长开始有一定程度的放缓,同时,其业务也开始多元化发展,由此又继续拉动了用户规模的进一步增长。2015 年 2 月,滴滴快的合并,在此之后,增长持续,但是速度有所放缓,滴滴在后来相继推出顺风车、代驾、快车、大巴等等业务,借此,其用户下载量得以继续回归,处于攀升轨道。

二、滴滴出行产品及业务分析

(一) 产品特点分析

"滴滴出行"App 改变了传统打车方式,建立培养出大移动互联网时代下引领的用户现代化出行方式。相比较于传统电话叫车与路边招手打车而言,滴滴打车的诞生可以说改变了传统打车的市场格局,颠覆了路边拦车概念,利用移动互联网特点,将线上与线下相融合,从打车初始阶段到下车线上支付车费,画出一个乘客与司机紧密相连的 O2O 完美闭环,最大限度地优化乘客打车体验,改变传统出租司机等客方式,让司机师傅根据乘客目的地按意愿"接单",节约司机与乘客沟通成本,降低空驶率,最大化节省司乘双方的资源与时间。

表 3-2 滴滴出行产品优劣势

优势	用户群体庞大
	拥有比肩 BAT 的技术实力以及研发能力
	业务完备、价格适中,满足大多数人的需求
	操作方便,与微信和支付宝合作,支付便捷
	腾讯、阿里等电商巨头作为投资人,能为滴滴提供海量资源
	具备对新业务的快速开发和复制的能力
	P2P 与 B2C 模式相结合,灵活度高
	具备目前国内最前瞻的互联网产品和思维方式
	共享经济模式得以推崇

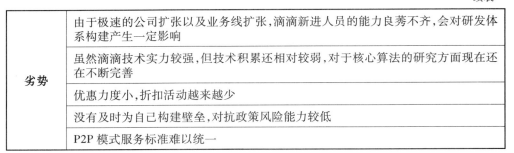

续表

劣势	由于极速的公司扩张以及业务线扩张,滴滴新进人员的能力良莠不齐,会对研发体系构建产生一定影响
	虽然滴滴技术实力较强,但技术积累还相对较弱,对于核心算法的研究方面现在还在不断完善
	优惠力度小,折扣活动越来越少
	没有及时为自己构建壁垒,对抗政策风险能力较低
	P2P 模式服务标准难以统一

(二) 产品业务发展分析

目前,滴滴出行除了互联网出租车、专车领域继续深度挖掘以外,在拼车、代驾、大巴等领域开始发力。如今,滴滴出行已经建成整个城市交通 O2O 生态体系,并覆盖所有城市出行场景(如图 3-2 所示)。

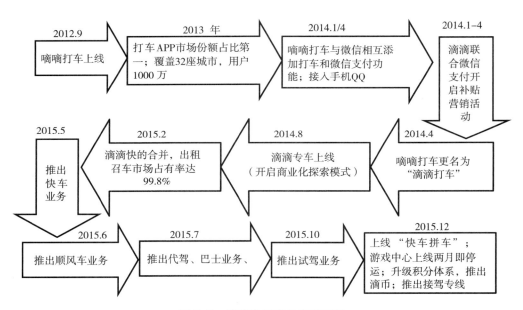

图 3-2　滴滴出行产品发展历程

资料来源:笔者整理。

1. 出租车

滴滴于 2012 年 9 月在北京上线时是一款撮合乘客与出租车司机的叫车服务。它最开始着力发展一切和出租车相关的业务,为滴滴打车的发展立下了汗马功劳。在未来,滴滴发展的重点将从 B 端和 C 端同时出发,C 端则是继续提供更加精准和便利的打车服务,特别是目前滴滴已经有大量的打车用户,需要着力提升司机端的用户活跃度。B 端可以进一步挖掘商家合作,进行营利探索。

2. 专车

2014 年 8 月,滴滴推出了专车。从用户对专车市场的需求和依赖程度来看,由于出租车市场难以满足人们日益增长的个性化出行需求,而专车以便捷化、精细化、品质化的服务弥补了市场缺口,用户规模得以迅速扩张。

在服务端,滴滴通过打造高端、贴心的优质服务,向用户收取更高的价格。对司机而言,优质服务都是成本,除了更高的价格,补贴也是必不可少。对乘客而言,在供不应求的大背景下,尽可能为乘客创造更多能够打到车的机会不单是刚性需求,也是互联网出行市场的巨大价值所在。

在专车业务推广阶段,滴滴收获了高端用户,并在交通出行市场作出了有益的尝试,为之后开展更多的业务形式提供了契机。通过滴滴的官网可以看出,目前滴滴在车业务上的布局主要是针对大众消费的民用级市场,也就是专车和现在的快车,以及针对企业级的企业打车。在民用级市场,专车和快车对于普通用户而言是比较实惠的,此时司机的利润就需要通过平台来给予大量的补贴。而在企业级市场,已经工作的用户租车、买车养车的主要用途之一几乎都是为了方便上下班。若滴滴可以解决企业工作人员的上下班出行问题,那这个市场潜力是非常巨大的。

3. 快车

2015 年 5 月,滴滴推出快车。快车相对于出租车和专车而言是一项更廉价的服务。对司机而言,快车并没有比出租车获得更多的收入,但是因省略了份子钱和滴滴的部分补贴,总体收入还是增加或持平的,同时创造了一份"的哥"岗位。对乘客而言,在乘车价值基本不变的前提下,乘客的乘车成本更低,使得滴滴快车要比滴滴出租车更加活跃。

4. 顺风车

2015 年 6 月,滴滴快的宣布正式推出带有社交属性的拼车服务"滴滴顺风车",已从全国招募了超过 100 万车主共享出行。滴滴顺风车定位于城市"共享出行",利用大数据算法和先进的匹配技术,一对一连接每一位愿意结伴同行的车主和乘客。车主可通过产品选项,预设好路线;乘客亦可通过 APP 输入自己上下车的地点;顺风车产品将会根据双方的路线自行匹配车主和乘客,从而实现顺路同行的目的。

在此之前,滴滴出租车、专车和快车已经满足出行困难的需求,"顺风车"业务的推出可以进一步吸引更多司机用户,增加司机收入,减少乘客叫车成本。快车已经是突破政策壁垒后带来的福利,此时能够增加司机收入又能减少乘客叫车的似乎只有"拼车服务"了。由于市场是供不应求的,顺风车在司机满足个人出行需要的前提下,以"顺路"的方式来实现资源共享,同时能增加司机每次行程的收入,使得总收入增加,而且乘客在供不应求的情况下也不会觉得顺风车服务价值有所降低,相反,在省钱的情况下实现便捷出行已经是不错的体验。

5. 巴士

2015 年 7 月,滴滴推出滴滴巴士。滴滴巴士像是一个超级顺风车,在能够容纳更多人的空间下实行顺风搭载的方式,在乘车价值基本不变的情况下使得乘车成本大幅下降。而且司机的单程收入因为乘客数量的增加也有所提高,总体收入增加。

滴滴专车解决了司机的痛点,却无法满足广大乘客的出行需求。快车、顺风车、滴滴巴士都较完美地解决了司机和广大乘客的痛点,获得了更多更广泛的用户积累。可以看出,解决"提高司机收入、降低乘车成本"越得力,滴滴获得的成果越大,反之则越小。

6. 代驾

滴滴快的进军代驾市场,无疑对代驾行业现有的格局带来巨大冲击。滴滴快的代驾事业部总经理付强说,代驾这个业务在整个滴滴平台所有业务类型中,是一个相对来说比较特别的业务。出租车、专车、顺风车、快车、巴士,基本上都是司机带着车来接送的服务,而代驾服务是一个人来开你的车,在服务性质上略有不同。同时,代驾服务的特点跟我们原来的营销、运营模式都不同,这也是为什么我们比较慎重,用了更长的时间。

在产品模式上,滴滴代驾采用了一套基于大数据的动态智能调度系统,车主发送订单后,系统会在后台快速地对司机画像、路况信息进行大数据分析,在最短时间内为车主筛选出最匹配的司机。除了提升用户体验和服务效率,滴滴代驾希望更好地满足代驾司机的需求。为了帮助司机解决返程的问题,滴滴代驾开发了"结伴返程"功能。司机在结束订单后,开启该功能就可以快速找到周围的同伴,相约返程、分摊车费。

7. 试驾

2015 年 11 月,滴滴出行宣布,旗下上门试驾业务将在上海、广州、深圳、成都以及杭州五个城市正式开通。这意味着滴滴将为更多用户提供购车前体验,其用车服务更加多元化,也标志着他们正加快耕耘汽车精准营销市场,提速平台流量变现。

上广深成杭六个城市拥有中国大量的汽车消费人口,也是滴滴出行 APP 覆盖人数最多的几个城市,有良好的用户基础和运营能力。滴滴试驾选择首批上线这六个城市,希望为这部分用户提供最优质的试乘试驾体验,期望快速打开市场。

试驾是滴滴试水商业化的重要产品,旨在为有购车需求的用户提供购前体验。与传统线下免费的试驾模式不同的是,滴滴上门试驾的方式需要用户向车主支付费用,具体费用根据不同车型由滴滴方面定价。与传统试驾平台不同的是,滴滴平台目前提供的上门试驾和预约专车的方式类似。也就是说,用户可以选择意向车型和品牌,预约之后,意向车型的滴滴车主就会把车开上门,用户就能体验30分钟的试驾。

8.快车拼车

2015年12月,滴滴出行宣布旗下快车业务将正式推出"拼车"服务,用户可以通过拼单的方式呼叫快车,用更低的价格享受同等的服务。

"快车拼车"每程包含两个订单,每个订单一般最多允许2人乘车,商务车型除外。在拼车前,乘客需要准确输入出发和目的地,随后选择拼车发单。系统将根据乘客输入的出发和目的地计算行程价格,发单后不能更改。快车拼车按普通快车价格的5折起"一口价"计费。行程中无论是否有人拼车,不论行程时间,乘客都无须再多付款。对快车司机而言,用一笔订单的时间与成本获得两笔车费,也有望进一步降低空驶率,增加收益。对乘客而言,相互分担出行费用的同时,也能降低城市交通压力。

三、滴滴出行的发展趋势

(一)技术创新提高用户体验

如果没有技术基础,再有需求和想法都是枉然。在地图定位问题上,数字地图厂商持续加大研发力度,提高地图定位、导航、路径规划等基础功能精准度,并快速更新相关的地图数据,通过高精地图解决定位不准的问题。在车辆供给上,通过大数据、云计算和机器学习等技术的综合运用,建立智能调配网络。根据各区域当前用车需求及对未来用车需求的预测,合理调配车辆,使得供需达到平衡。而且,互联网打车服务商可以与各地交通部门及相关部门合作,根据实时路况智能调配车辆分布,以缓解交通堵塞,提高出行效率。

(二)服务质量、细分场景、企业服务成为互联网出行市场新的发展趋势

通过现金补贴进行用户培养:在滴滴出行推出某一业务的时候,几乎都会通过对乘客端和司机端进行大规模现金补贴方式迅速拓展市场规模,充分调动社会闲置资源,提高用户对专车的认知度。

通过服务导向加强行业监管:滴滴出行开始减少补贴力度,并纵向深化用户体验,提升用户黏性。同时,滴滴提高司机和车辆的准入门槛,加大安全保障、保险理赔等方面的投入,将以价格为主导的市场拓展战略逐渐转变为以服务为导向的发展方

向。未来,滴滴将会继续提高已有产品的服务质量,拓展更多的细分场景服务,同时深化企业服务。

(三) 业务深耕,探索赢利方式

未来滴滴实现赢利可能主要来自两个维度:出行业务纵向深耕,借助更具优势的细分领域创造价值;O2O 服务横向拓展,从出行用车高度相关的生活化场景需求切入,接入本地化 O2O 服务。

目前滴滴在一直深耕出行业务,从最开始的出租车打车到快车、专车、拼车,再到代驾、巴士业务的展开,滴滴在出行领域尝试满足不同群体、不同场景化的用车出行细分需求,逐渐完善为体量级的综合出行平台。在横向拓展方面,滴滴出行逐渐从综合出行平台向 O2O 生活平台进行延伸,已经开始通过跨界合作在医疗、教育、地产、汽车等不同细分领域进行探索。从赢利模式看,横向维度滴滴短期可以从用车出行高度关联的 O2O 场景需求切入,通过提供增值用车服务获得广告分成及用车服务收入;长期来看,则可以通过在不同领域的 O2O 服务,积累用户数据、在衍生市场寻找赢利点。如通过医生上门业务向移动医疗市场延伸,提供手机挂号、就医出行等服务;通过上门试驾业务向汽车后市场延伸,积累试驾司机用户数据提供汽车保险、二手车置换、汽车保养等服务。

(四) 共享经济融合大数据,打通滴滴出行垂直服务

凭借大数据技术和移动互联网平台的有力支撑,共享经济必将更大范围地影响公共生活。不仅对传统行业的消费模式带来颠覆性的影响,而且有助于缓解过剩经济时代的资源浪费与环境破坏。如何利用大数据作出更有利社会发展和公共事业的推进将成为趋势。在城市智能出行方面,我们已经看到了以滴滴出行为首的一批企业在不断努力和强化改进,在推动企业发展的同时,最终也会让广大老百姓受益,这是多方面共同进步的结果。

2015 年 12 月 18 日,在第二届世界互联网大会上,滴滴出行公司创始人、董事长兼首席执行官程维发表主题演讲,表示希望在 2016 年打通滴滴出行的垂直服务,变成智能出行助手,去预测用户需求,根据用户附近交通状况提前安排好合适的出行工具,并打通汽车流通和服务产业链,为司机提供更好的服务。

同时,程维表示,希望探索中国企业国际化的道路,构建一张全球出行的网络,成为一家大数据驱动的公司。基于共享经济模式,滴滴如何利用大数据实现有效的调度运力和需求,如何通过大数据挖掘有效的商业模式,我们拭目以待。

四、滴滴出行对北京市的影响和意义

目前,北京市人口总数约为 3000 万,私家车 500 万台,出租车 6.6 万台,车和人的比大概是 1∶6,如果你看一个美国的平均数,美国这个地方每千人口是 465 台汽车,这个车的渗透率是 46.5%,中国平均汽车渗透率只有 9.5%,北京这样的城市已经算很发达了,也只有 15%—18%。北京是中国的缩影,北京的平均消费水平跟美国的平均消费水平不相上下,但是我们的汽车拥有量很难达到 46.5%。因为这个城市不可能再容纳更多汽车,甚至还要减,要限行,限行导致溢出的出行需求,这部分需求该怎么满足,那就是滴滴出行,就是共享经济。基于大数据,通过交通资源的共享利用,让北京有限的 500 万台车每天承载更多的人,让北京有限的各种交通工具每天为更多的人不买车不拥有车的情况下提供更舒适的出行,这才是共享经济模式需要解决的问题。

自滴滴出行在北京诞生以来,便持续推出多种出行业务,致力于满足大多数用户的需求。北京作为滴滴出行的重要市场,其智能出行渗透率居全国前列。显然,在生活中,我们可以感受到的是,智能出行平台让打车变得更加容易,也让等车变得更高效。得益于大数据驱动的智能匹配调度体系以及领先的规模优势,像滴滴出行、Uber、易到这样的智能出行平台在逐步改善城市的交通情况,也在提升人们的生活质量。未来,希望在国家给出明确政策的前提下,滴滴出行能够在赢利探索的同时提供更高效、更安全的服务。

(作者简介:张旭,汽车与交通出行研究中心研究总监,高级分析师。致力于互联网及互联网化宏观产业研究,深耕在位置服务、交通出行、车主服务、车联网、智能汽车等多个细分领域)

优酷土豆发展状况分析

马世聪

◇◇◇

一、基本情况

（一）简介

优酷是中国第一视频网站,2006年12月21日正式推出,后发展成为中国互联网领域最具影响力、最受用户喜爱的视频媒体。优酷不断实践"三网合一"的使命,现已覆盖互联网、电视、移动三大终端,成为真正意义的互联网电视媒体,影响视频行业格局及全媒时代的大格局。土豆网是国内首屈一指的在线视频网站,于2005年4月15日正式上线。土豆网目前视频总数接近7900万,有近1亿的注册用户。

自2012年8月合并后,优酷土豆一直占据中国网络视频市场的领先位置。2015年10月16日,阿里巴巴宣布已向优酷土豆董事会发出非约束性要约,以每ADS(美国存托股票)26.6美元的价格,现金收购除阿里巴巴集团已持有股份外优酷土豆剩余的全部流通股。目前,各视频平台服务趋于同质化,用户普遍追逐内容流动性颇高。而随着视频厂商对优质内容的竞购,内容成本逐年上涨,视频厂商资金压力不断增大。

（二）SWOT分析

表3-3 优酷SWOT分析

优　　势	劣　　势
具有较高的品牌价值;具有规模优势,视频版权资源较多;2010年成功上市,拥有较好的融资环境;服务多元化优势明显	存在行业内激烈的视频版权纷争;赢利模式不够完善,收入方式比较单一;用户视频观看体验不佳;服务访问者质量有待提高

续表

机　遇	威　胁
手机视频业务的发展将会给公司带来极大机遇;并购浪潮兴起带来的机遇;国内广告市场蓬勃发展,具有赢利增长潜力	观众访问量下滑;版权之争;行业内部竞争公司纷纷与优秀地方台进行合作,但优酷未参与

表 3-4　土豆 SWOT 分析

优　势	劣　势
在国内市场占据较大份额;版权优势明显,购买了大量中国台湾、日本综艺及动漫版权;社交平台分享占据优势;服务细致化	运营成本居高不下;高管流失;公司资金紧张,面临融资困难;用户播放体验不佳,产生缓冲慢、难以下载、无法观看等问题
机　遇	威　胁
行业浪潮带来的机遇;视频网站的前景良好	法律法规限制,国家对视频行业的管理政策从紧;行业竞争激烈;版权困扰

优酷土豆合并后在视频网站的市场份额中一直占据首位。多平台战略价值持续显现,双平台差异化发展实现多元化广告投入,金融、交通、IT、消费电子领域、日用化学产品、快速消费产品等各领域都有广泛发展,移动端流量贡献加大,广告收入占比攀升。

在视频资源布局方面,注重热点内容的投入,持续关注热点问题,加大海外投放力度,涉足电影完善全生态圈,多角度满足用户需求;自制内容上,凭借其大数据、大规模、大投入、大合作、大屏幕、大影响的大自制战略,网生内容占比增加,从而促使自制内容流量增加。但优酷土豆在硬件终端布局相对保守,基于客厅电视内容监管政策,优酷土豆只从内容方面进行合作难以大展拳脚。

二、阿里收购优酷土豆事件分析

(一) 优酷土豆合并背景

2015 年,随着网红经济、内容创业者的大红大紫,内容创业已然成为新一波的创业方向,而作为平台的阿里巴巴当然不会错过风口,顺势推出了"淘宝头条",邀请了不少的淘宝达人加入,提供更多优质的头条内容给消费者。优酷与土豆视频的合并收购,无疑给阿里的内容生态布局增加了一个重要筹码。

在看不到巨大赢利空间的视频领域,产品的叠加无法突破商业模式的瓶颈。目前,视频网站的商业模式主要有广告收入、版权分销、增值服务(用户付费、游戏联运等),其中广告收入是各家网站的主要收入来源,其中优酷土豆的营收八成来自广告。而成本上,内容采购、带宽成本,以及运营营销成本,前两者平均占各家总成本支出的七成左右。

除了优酷土豆之外,市场上的另外两大竞争对手是爱奇艺 PPS 和腾讯视频,前者有百度作为坚强的后盾,后者则有腾讯作为坚强的依靠,只有优酷土豆还算是独立存在的,即使阿里巴巴占股比例也不足 20%。网络视频行业发展数年之后,已经鲜有完全独立存在的,用户的重叠度非常高,外部的差异性几乎可以忽略不计,近两年的网络视频厂商早就开始拼内核——内容,在内容上做差异化,特别是独家买断热门视频内容的网络播放权,这一举措推高了整个网络视频行业内容成本的价格,而优酷土豆首当其冲地成为受害者,《爸爸去哪儿》《来自星星的你》《中国好声音》等都没有看到优酷土豆的身影。

所以,优酷土豆要想继续占领头三的位置,想要在网络视频行业中脱颖而出,就不得不继续发力内容,而内容成本又非常高,最主要的是优酷土豆没有靠山资源,出售给阿里巴巴是当下比较适合的选择。

(二) 阿里巴巴战略性收购分析

1. 形成阿里巴巴的大数据资源

入股之际,阿里巴巴不可能全部获得优酷土豆的数据资源,而收购后,优酷土豆多年来积累的视频数据可以纳入阿里巴巴当中。数据的维度上,阿里巴巴要想有更多精准的数据,就必须要有一个好伙伴来扩大阿里巴巴大数据的数据库维度。

优酷土豆作为视频播放平台可以记录观众对不同领域的不同兴趣,而这些数据可以直接被阿里作为电商平台利用。精准的用户画像可以带来精确的广告投放。电影明星同款、综艺道具同款等等衍生品的网络售卖将以更为直接和精准的方式提供给感兴趣的用户。而淘宝网作为电商平台,用户在搜索相关产品后,在登录优酷土豆时收到的相关领域视频也将大大增加优酷土豆的个性化适用性。在这种情况下,阿里集团一手掌握覆盖中国大部分活跃消费者的网络消费及视频观看数据,将更有效地建立起一张广泛而精确的用户画像。这将成为阿里对抗搜索引擎霸主百度的一张大牌。

2. 致力于阿里影业与优酷土豆的联动发展

《夏洛特烦恼》的投资方就包括企业影业,《捉妖记》里也有腾讯的影子,《九层妖塔》则是由乐视影业参与发行的,电影市场上,互联网公司的身影已经越来越明显,而其中就有视频网站。阿里影业要想在除电影屏上占据先机,就必须要有一个视频网站和阿里影业相互结合,这样才不至于让内容资源浪费,优酷土豆满足了阿里影业的这个需求。

在完成对优酷土豆的收购前,阿里巴巴通过阿里影业实现 IP 资源储备开发及影视内容制作发行,投资光线传媒、华谊兄弟扩充优质内容版权库,推出阿里云 OS 智能电视操作系统并与华数传媒达成战略合作拓展互联网电视,还有天猫魔盒、阿里 TV 等终端设备产品。而这些产业环节并没有直接触达最广泛的视频内容消费人群,在成功完成对优酷土豆的收购后,其作为中国网络视频领先厂商长期积累的网络视频用户资源和网生内容资源将帮助阿里实现在视频产业链更完善的覆盖。

3. 电商布局,完善高黏性生态

当前的移动互联网环境中,所有流量都分散在各个 APP 里,非某一个入口级产品独自拥有,阿里巴巴最为核心的电商部分,当前需要有更多流量的支持。视频+电商,也是当前各大视频网站喊出的口号,收购优酷土豆有利于为阿里的电商部分导入大量流量,并有可能在电视购物方面也抢占先机。

阿里连接人与商品的平台属性并未被近几年对不同领域厂商的多次投资收购打破,反而围绕互联网用户的不同生活需求打造出综合性的服务体系和高黏性的商业生态。收购完成后,视频和电商作为互联网用户的两大刚需,在阿里生态体系下可同时得到解决,优酷土豆的流量优势和阿里的交易平台、支付体系的结合可将商品信息嵌入互联网用户更广泛的使用场景。此外基于阿里的用户消费数据和优酷土豆的用户观看行为数据,能整合更多维度和更大范围对互联网用户进行画像分析,实现以用户为导向的更精准触达,挖掘出更多的营销机会。

4. 视频行业竞争升级

目前中国网络视频行业呈现优酷土豆、腾讯视频、爱奇艺、乐视、搜狐视频等多强争霸的局面,在阿里完成对优酷土豆的收购以后,网络视频行业以内容为基础向视频娱乐上下游环节的扩张发展趋势更加明晰,优酷土豆借此握有的大量现金也将升级视频行业的烧钱大战,威胁逼迫腾讯、百度、乐视等加大对其旗下视频平台的投资力度。如此看来,依靠资本堆积的视频行业大战将升级开幕,未来视频网站行业将继续出现并购和破产,并在不断竞争中形成寡头竞争格局。

三、优酷土豆的组织架构

在优酷土豆合并之后便进行整体架构调整,正式成立合一文化业务单元和创新营销业务单元,形成优酷、土豆、云娱乐、合一影业、合一文化和创新营销 6 个业务群。据悉,合一文化聚焦在电视剧产业的制作和投资,以及创新型网生内容的制作,由集团首席内容官朱向阳兼任 CEO。而创新营销业务重在加快推动实现"收入多元化"

的战略目标,建立基于互联网的营销创新业务模式,由集团首席营销官董亚卫兼任总裁。带队开展新广告系统研发、程序化售卖、大数据平台及精准优化以及视频电商营销。

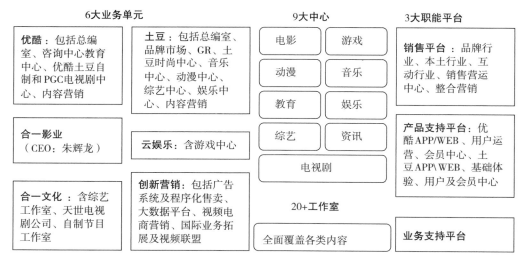

图 3-3　优酷土豆集团组织架构

资料来源:笔者整理。

此外,优酷土豆集团对业务组织架构也进行调整,宣布成立 9 大中心,其中包括电影、游戏、动漫、音乐、教育 5 个产业中心以及电视剧、综艺、娱乐、资讯 4 个内容中心。其中,电视剧、资讯、教育中心由优酷业务总裁魏明领导,综艺、娱乐、动漫、音乐中心由土豆业务总裁杨伟东领导,电影中心由合一影业 CEO 朱辉龙领导,游戏中心由 CTO 兼云娱乐业务总裁姚键领导。同时,集团引入实行独立结算的工作室制,形成自有或合作的内容工作室。

四、优酷土豆的未来发展趋势

目前中国网络视频行业呈现优酷土豆、腾讯视频、爱奇艺、乐视、搜狐视频等多强争霸的局面,在阿里完成对优酷土豆的收购以后,网络视频行业以内容为基础向视频娱乐上下游环节的扩张发展趋势更加明晰,依靠资本堆积的视频行业大战将升级开幕,未来视频网站行业将继续出现企业整合,并在不断竞争中形成寡头竞争格局。

(一)版权依旧是基本面

版权内容多少是衡量一家视频网站实力最重要的指标,哪一家拥有高品质的独家版权内容,就意味着拥有更多流量、更多广告。不过现在很多火爆的电视剧如 2014 年的《琅琊榜》和《花千骨》,都会在多个平台上播出,并未形成独家版权。这是源于这类电视剧依赖于通过视频网站进行推广,渠道分散化加速了话题的普及。不同的是综艺版权,除了湖南卫视的综艺版权停止外销外,腾讯视频、爱奇艺和优酷土豆也会付出高昂的版权代价获得播放权,来拉动不菲的广告赞助。除此之外,电影版权也是视频网站重点角力的市场,爱奇艺独家签约狮门影业,腾讯视频则拉上了派拉蒙,优酷选择了 BBC,国外影视版权也正在被视频网站瓜分。

(二) 自制内容成为主战场

在版权争夺中,爱奇艺独家签约狮门影业,腾讯视频则拉上了派拉蒙,优酷选择了 BBC,国外影视版权也正在被视频网站瓜分。虽然优质内容的确可以带来大量的用户及赢利空间,但是版权费用之高不是视频网站持续性发展的战略选择,而且版权的争夺并不会让前三的视频网站建立起明显的竞争优势,也无法拉开明显的差距。因此,自制成为视频网站的主战场。

自制综艺方面,视频网站已愈加成熟。优酷土豆提出"大自制"概念,将推出十档自制的节目。制作团队也多数来自为电视台制作综艺节目的市场化团队,还邀请了孟非、汪涵作为新节目的主持。值得关注的是,一线卫视的主持人几乎成为网络综艺节目的标配。腾讯视频在招商会上请来了何炅为其站台,并将担任新节目的主持人,加上之前主持过的《你正常吗》,这已经是何炅在腾讯视频上主持的第二档节目。何炅在湖南卫视的老搭档谢娜 2015 年也在爱奇艺主持了一档综艺节目。2016 年她将分别出现在爱奇艺与腾讯视频的平台上。

另外,网剧付费 2016 年也将成为大方向。爱奇艺 CEO 龚宇以爱奇艺播出的两部网剧名字总结为两种模式:一种为"盗墓笔记模式",用户付费可收看全集,不付费也可按照每周更新收看;另一种则是"蜀山传记模式",用户付费收看全集,不付费用户只能等待视频网站与电视台的同步播出。

(三) 商业形态多样化

长期以来,视频网站的收入分为两类,一类面向广告主,一类面向用户。2015 年对于视频网站来说是用户收入的爆发年,预计 2016 年视频行业的付费收入规模将显著增长,2017 年可能将是视频网站走向正向循环的一年。

付费业务的增长也培育了其他业务形态,广告、内容、销售等正全面走向融合,同一内容 IP 下存在多种商业模式,包括广告、收费、电影、动漫、游戏、电商等衍生生态,其中主干就是具有足够吸引力的优质内容 IP。

不可否认的是,未来的视频不仅是娱乐,更是一种媒体,与商业、营销紧密结合。优酷土豆收到阿里收购邀约之后,合一集团CEO古永锵便强调,优酷土豆接下来一年要做视频与电商融合的文娱大生态,希望将自己做成文化娱乐的"淘宝天猫"。"视频+电商"也将成为视频网站的趋势,至少在优酷土豆上如此。在合一集团首席内容官朱向阳看来,视频向电商打通预示一种新的走向,用户不再是单纯进行视频内容的消费,而是以视频为纽带进行生活的消费。

(四) 北京视频网站领域的发展潜力

北京作为全国政治、文化中心,作为中国互联网及网络视听产业的龙头基地,拥有网络视听节目服务持证单位123家,约占全国网络视听节目服务持证单位的五分之一,其产业规模稳居全国之首,隐然形成了网络视听行业"世界看中国,中国看北京"的格局。虽然北京具有丰富的资源和良好的市场环境。但是,易观分析数据表明,优酷土豆的用户主要来自省会城市和地级市,整体来说较发达地区人群构成了网络视频行业的主力。在大量用户的基础上,基于地域资源,优酷土豆可以更好地进行战略布局,包括与阿里影业的联动发展策略,除了上海和杭州之外,北京自然是他们实行视频领域升级发展的主要战场。联动其他娱乐领域,尝试除广告之外的其他业务形态,探索视频网站的创新发展模式。在视频行业面临沉重的运营成本重压下,发达地区的充实且活跃的资本积累可以更好地推进网络视频行业的升级调整。

(作者简介:马世聪,易观新媒体营销中心分析师。致力于互联网、移动互联网及应用领域的研究。深耕于网络视频、网络社交等细分领域市场)

58 赶集发展状况分析

杨　欣

2006 年,中国分类信息网站的数量达到 2000 家,之后市场开始迅速萎靡,58 同城与赶集网在众多分类信息网站中率先脱颖而出。其中 58 同城于 2013 年 10 月成功在美国纽交所上市,而赶集网则是在 2014 年及 2015 年连续获得"中国分类信息网站龙头奖"。在未来 10 年里,58 同城与赶集网在众多市场上展开了一场马拉松式的激烈而漫长的较量,2015 年 4 月 17 日,双方正式宣布合并。上谈判桌之前,两家还在酣战,烧着一天 1500 万的广告费,赶集上央视,58 同城则在分众霸屏,双方各不相让,但螳螂捕蝉黄雀在后,市场风云剧变。58 同城虽然推出 58 到家,可一边需要面对河狸家、阿姨帮等创业公司的竞争,另一边美团、京东纷纷推出到家业务。赶集网面对的局面也类似。两家公司在分类信息领域比勇斗狠,无暇分出精力、财力拓展新业务,如此下去,败得一无所有,赢家也是惨胜,合并成为二者最为明智之选。58 和赶集合并后,市值或超过 100 亿美元,在 O2O 市场上犹如一颗巨石投入 O2O 商海之中,必定会溅起巨浪,无论是 BAT,还是垂直细分上的大众点评、美团甚至是汽车之家,都会或多或少地受到影响。

表 3-5　58 同城获投事件总览表

时间	事　件
2005 年 12 月	58 同城成立,总部位于北京市
2006 年 2 月	获软银赛富 500 万美元 A 轮融资
2008 年 6 月	获得软银赛富 4000 万美元 B 轮融资
2010 年 4 月	获 DCM 和软银赛富总额 1500 万美元 C 轮融资
2010 年 12 月	华平投资领头 6000 万美元,58 同城 CEO 姚劲波个人跟投 500 万美元,完成 D 轮融资
2011 年 5 月	获得日本最大分类信息集团 Recruit 注资
2011 年 12 月	获得华平集团 4200 万美元投资,姚劲波个人 1300 万美元投资,总金额 5500 万美元 E 轮融资

时　间	事　　　件
2013 年 10 月	在美国纽交所上市,获得上亿美元融资
2014 年 6 月	IPO 上市后获得腾讯 7.36 亿美元投资
2014 年 9 月	IPO 上市后获得腾讯 1 亿美元投资
2014 年 10 月	IPO 上市后获得腾讯 2300 万美元投资
2015 年 4 月	58 同城与赶集网宣布合并,成立"58 赶集"

资料来源:笔者整理。

表 3-6　赶集网获投事件总览表

时　间	事　　　件
2005 年 3 月	赶集网成立,总部位于北京
2009 年 1 月	获蓝驰创投 800 万美元 A 轮融资
2010 年 5 月	获诺基亚成长基金与蓝驰创投 2000 万美元 B 轮融资
2011 年 5 月	获今日资本、红杉资本 7000 万美元 C 轮融资
2012 年 6 月	获中信产业基金数千万美元 D 轮融资
2012 年 12 月	获安大略省教师退休基金 Ontario Teachers 9000 万美元融资
2014 年 8 月	获 Tiger 老虎基金(中国)、凯雷亚洲基金 2 亿美元 E 轮融资
2015 年 4 月	赶集网与 58 同城宣布合并,成立"58 赶集"

一、58 赶集集团架构

58 同城与赶集网合并后,成立了新的 58 赶集集团,根据双方协议,合并后,两家公司将保持品牌独立性,网站及团队均继续保持独立发展与运营,新的 58 赶集集团组织架构也已经诞生。

在过去,58 同城和赶集网都不分行业,人们眼中所有的生活服务领域都是信息。如今 58 赶集用 listing 这个概念无差别地对待各个本地细分市场,无差别地进入几乎所有的行业,使得招聘、房产、二手车等领域都有他们的身影,并用十年时间悄悄地长到了足够大。新的组织架构深化了房产、汽车、招聘、生活服务 O2O 核心业务的 BU 化。同时,与之前架构不同的是,原来作为基础职能部门的 UBU 平台部,如今提升为独立事业群,与其他几大业务并行。

具体看,58 赶集的新公司分为 LBG 分类业务事业群、HBG 房产事业群、AFG 车及金融事业部、UBU 平台事业群、58 英才招聘事业部、58 到家、TEU 技术工程平台部。LBG 分类业务事业群分为营销线和平台线,营销线由赶集 COO 陈国环负责,陈国环曾为阿里巴巴组织部高管,从政多年后转投阿里。加入赶集以来,陈国环调整优化了赶集运营体系。LBG 分类业务事业群平台线由 58 资深副总裁张川负责;HBG 房产事业群由 58 同城资深副总裁庄建东负责;杨浩涌兼任好车事业部负责人,58 高级副总裁陈小华为 58 到家负责人。这些事业部外,58 赶集设有平台支持业务——如 58 高级副总裁邢宏宇任技术平台部负责人。2015 年 3 月,58 同城曾宣布高层架构调整,其中,成立分类信息事业群(LBG),由张川总负责;成立房产事业群(HBG);合并 58 同城房产及安居客全部业务,由庄建东总负责。58 二手车事业部(ABU)由徐贵鹏负责,金融事业部(FBU)由何松负责;副总裁郭义担任 58 到家平台事业部负责人,分别向 58 到家 CEO 陈小华和张川汇报工作。而从 58 赶集新公司架构看,58 原有架构布局变化不大,赶集网原有几个板块仍由赶集网高层负责。

从新的组织结构图(见图 3-4)中我们可以看到,58 赶集集团对信息质量、用户体验、平台流量几个方面有着较高的重视程度。

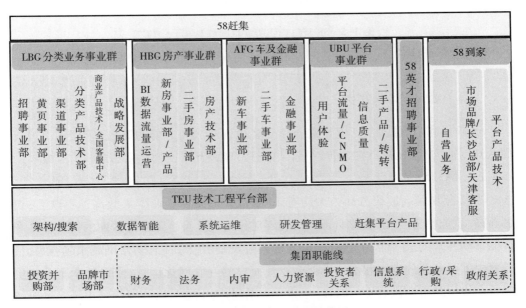

图 3-4　58 赶集集团组织结构图

资料来源:Analysysj 易观智库整理,www.analysys.cn。

二、58 赶集涵盖领域分析

(一) 58 赶集构建新生态体系

58 赶集早已经不再只做分类信息,至今,其业务涉及金融、房产、汽车、招聘以及 O2O 等领域,且 58 赶集集团更加注重各垂直领域的发展,通过投资并购的形式构建一个新的生态体系。

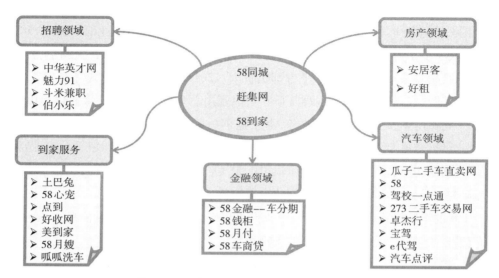

图 3-5 58 赶集集团所涉足领域及其子公司

资料来源:易观智库整理。

(二) 招聘领域分析

58 赶集利用数据服务、资源整合和战略投资三大核心能力,进行管理输出或管理认知的能力,与投资机构、同行一起共同打造蓝领互联网招聘生态圈。

1. 招聘领域潜力巨大

2015 年城镇新成长劳动力大约有 1500 万人。高校毕业生人数高达 749 万,再创新高,就业形势严峻,且招聘市场信息不对称情况严重。随着互联网的持续渗透和智能移动终端的进一步普及,使得低学历人群及基层蓝领工作者触网越来越容易,且随着中国服务业的发展和本地小型企业及商户的互联网化运营,使得低学历及基层蓝领在线招聘市场机会十分明显,未来发展前景广阔。目前,在线招聘市场已经渗透到人力资源服务市场产业链的多个环节,包括提供招聘猎头服务、职业测评、培训教育、人事外包及咨询等。随着中国企业的发展,对人事管理的重视程度将持续加大,人力资源服务市场潜力巨大,在线招聘市场将继续渗透。虽然在线招聘市场竞争格局仍然以传统招聘平台为主,但随着招聘市场多元化的发展及用户求职招聘诉求的无法满足,市场将形成分类信息平台、垂直细分招聘平台及社交招聘平台分食传统招聘平台的竞争局面。

2. 58 赶集解决企业招聘高成本、低效率难题

2015 年,58 赶集集团已经通过投资并购的方式,完成了全招聘领域的覆盖。

2015 年年底,58 赶集占据了蓝领互联网招聘市场 90%以上的份额,但是相对于整个中国的招聘市场是非常小的。在未来,蓝领招聘市场上将会越来越大。过去 10 年蓝领招聘用了大量人工的方法,未来 10 年"互联网+"将成为市场趋势。58 赶集的目标是把蓝领招聘的效率提高到极致,将整个蓝领人群去做大数据的清理,为求职者和用工方提供更加便捷、更有效率的服务。

随着互联网技术迅速发展,招聘的渠道从线下拓展到线上,招聘的工具也从 web 端拓展到移动端,然而一些中小企业仍在抱怨招工难,而求职者仍在喊着工作难找。基于这一现状,58 赶集集团推出创新产品——58 速聘,试图从用户的角度出发,解决招聘难、找工作难。58 速聘定位于企业直招,为企业提供全流程定制服务的 O2O 招聘平台,为求职者匹配精准的职位推荐,从简历发布到面试、入职,全程跟踪反馈,并建立后台大数据,对每一位求职者进行实时定位,实现招聘服务 O2O 闭环。

2015 年 7 月,58 赶集集团并购中华英才网,仅 4 个月时间,中华英才网成为一个集 PC 网页版、手机网页版、移动 App(安卓及 iOS 平台)三位一体的新"英才网"。来自中华英才网数据显示,其全新手机网页端上线后首月整体流量增长 1.5 倍,新增完整简历量 385%,简历投递量增长 286%;仅 10 天时间,移动端日活跃用户量就超过 PC 端,其 APP 日均活跃用户月增长率超过 200%,装机量月增长 150%,用户次日留存 56%,月均增长 82%,高于行业平均水平。

(三) 房产领域分析

1. 公寓市场潜力巨大,58 同城房产战略升级顺应行业趋势

在租售并举的大形势下,新兴的公寓产业正是符合行业发展趋势的产物,品牌公寓市场潜力巨大。根据 58 同城的数据,中国的房屋空置率超过 25%,保守估计,未来都市会有 20%人租住在公寓这种服务业态里。58 同城自从和赶集网合并、收购安居客后,在品牌及流量优势上已经稳居市场前列,而借助几个平台的大数据精准匹配及不断的并购投资,在向公寓产业等细分市场发力的过程中,58 同城房产业务正在逐步建立起一条完善的生态链条。2016 年,58 同城品牌公寓馆发布以及 58 同城房产战略升级,也是基于行业的不断深入发展提出了新的需求。58 赶集从以往的信息服务平台升级到交易服务平台,强化后市场服务体系,更符合现在的行业发展趋势,拓展服务的维度,进一步地完善平台生态体系建设,从而更好地向细分市场发力。而公寓产业作为当前行业发展趋势,也将成为 58 赶集战略升级后迈出的关键一步。

2. 推品质公寓助 58 同城完善房产生态

2016 年年初,58 同城上线"品质公寓"频道。该频道集合了新派、集家等数十家高品质长租公寓优质房源,力图打造面向都市白领的、品牌化、标准化的房屋租赁平

台。这也是 58 同城旗下的租房分期金融服务产品 58 月付的升级版——通过将房源与金融服务的有效捆绑,一方面大大提升了租客体验,另一方面使公寓可以提前回笼资金。与传统房产信息平台不同,品质公寓有五大特点:一是在房源的选择上,58 月付通过与长租公寓直接对接合作,有效保证了房源的真实情况、实景照片展现;二是多条件搜索找房,用户可按照商圈和地铁沿线等条件搜索,从海量房源中选取适合自己的那一款;三是提供线上高清图片、视频看房两种看房方式;四是开通线上预约期房体验功能,用户可在线上预约看房时间、预定期房;五是为了让更多都市白领既能有尊严、有品质地居住,又不为租金所累,58 同城还为合作公寓提供金融服务产品 58 月付,用户无须"押一付三"或"押一付六",只需按月缴付房租。

3. 强强联手打造第一找房平台

58 同城是国内知名的生活服务平台,而安居客是国内领先的房产交易服务平台,在房地产整体下行、"互联网+"的大背景下,58 同城采用并购安居客来延伸整个 58 房产对于房地产垂直领域的延伸。合并后的 58 安居客,无论在平台优势、用户服务、产品创新等方面都体现出了巨大的优势。强大平台的合并将带来更多的机会和资源,安居客也不例外,在 58 赶集集团的支持下,变强变大是必然趋势。

从流量来说,58、赶集、陌陌、手机 QQ 等均在各个页面导入安居客,15 亿流量已经成为业界第一。有流量的地方就有用户,安居客一直坚持平台路线,效果是衡量的唯一指标。在开发商服务上,线下活动、看房团、专车看房、线上炒作、数据营销、广告投放等面面俱到,力求用最好的服务保证最好的效果。58 安居客作为垂直领域的巨头,各业务线均可涉入房产的上下游,包括装修、车辆、商户、到家服务等。目前,安居客已联动土巴兔、58 到家、58 黄页、58 金融等平台,整合资源,平台化战略优势更加明显,安居客平台已华丽变身,变成真正的房产互联网第一平台。

4. 携手合作伙伴实现新时代共赢

随着"互联网+房产"时代的开启,房产经纪行业面临被淘汰的危局,58 赶集集团 CEO 姚劲波明确表示:将致力于打造一流的互联网平台,同所有经纪公司合作,不会进入经纪公司的市场,在房产市场上充当裁判员,不会作为一个运动员。资深副总裁庄建东会上透露在 58 集团并购安居客之后,在短短 8 个月时间内,安居客网站的二手房经纪人增长了将近 200%,加上赶集网和 58 同城的经纪人,使用 58 赶集集团平台的经纪人较之前相比增长接近 400%,58 赶集集团决不会辜负合作伙伴,今后集团各平台仍将致力于给经纪人提供更高效的服务,让更多的用户找到服务,通过平台与所有的经纪公司合作,站在经纪公司和经纪人背后助其成功,与经纪公司和经纪人形成线上线下互补,在合作中寻求共赢。

5. 新常态下新布局

针对新常态下房产市场转入买方市场的局面,58赶集集团副总裁庄建东表示,58赶集集团将布局新房和二手房两条线提升服务能力,充分利用互联网平台致力于做好产品推广。58赶集集团在并购安居客之后明年在新房市场业务方面将有一个幅度非常大的推进,值得开发商期待,庄总透露其中一点是将实行开源、整合,实现58同城、赶集网和安居客信息互通,并且将三个网站的新房资源全部统归到安居客上,主打新房市场;针对二手房市场业务,58赶集集团将继续强化二手房平台服务,让每一个购房者体验更好,使每一个经纪人的工作效率更高。把服务做到极致,为这些做交易的合作伙伴们提供良好的工具、系统,包括把用户和经纪人能够有效地衔接在一起,更高效地让他们去工作,然后去解决购房者、卖房者的痛点。

(四) 汽车领域分析

在汽车业务方面,58赶集的目标是做汽车金融O2O,即"互联网+汽车+金融"三者缺一不可,整体流程是线上申请和审批,中间涉及产品、风控、运营、系统、客服,线下用款还款。与传统车商贷款相比,58同城有流量入口,通过58场景数据与央行征信系统、民政系统对接,在风控方面,24小时内完成对车商的信用审核及授信,车商获得授信、申请提现后半小时内即可到账;同时,在线下,58车商贷与北京亚运村汽车交易市场等全国多个汽车交易市场合作。在资金来源上,根据银监会的监管要求,汽车金融公司的资金主要来源于股东增资、同业拆借、金融机构借款以及发行金融债券融通资金,而向银行借款则是汽车金融公司主要的融资方式,而58车商贷的资金来源有自有资金和银行授信。

58赶集集团计划构建线上+线下的汽车O2O全产业链平台,截至目前,58同城投资了273二手车、e代驾、宝驾租车、卓杰行汽车拍卖等O2O平台,组建起汽车产业集群,将服务植入到消费者学车、选车、买车、用车、卖车的各个方面。

(五) 到家O2O服务分析

BAT目前的竞争焦点主要集中在电影、外卖等餐饮娱乐消费市场,对房产、汽车、招聘、二手等生活服务市场兴趣不大,少了BAT的参与,让58赶集集团在生活服务市场上更有竞争力。

随着移动互联网的飞速兴起,中国的消费群体正在悄然发生变化。自2013年以后,用户逐渐适应了基于LBS和带宽便利所带来的互联网地图、社交、电商以及支付等商业模式,而上门经济O2O仍是一片蓝海。雷军的"风口上的猪"正可以形成中国O2O市场的创业热情,在全国不同的洗衣、上门按摩、保洁、洗车等垂直领域都涌现出大批的创业者。美团、阿里、腾讯也有所布局,但着力点与58赶集有着明显的差异。

1."垂直+横向"发展战略资本推动拓宽生活服务外延

58赶集为进一步完善"平台+服务+用户"的需求链条,58赶集集团CEO姚劲波提出了"垂直+横向"的发展方向。这一阶段,58赶集通过一系列资本与业务上的布局拓宽了本地生活服务的外延。58赶集合并前,58同城投资或并购了e代驾、驾校一点通、273二手车交易网、安居客、美到家、乐家月嫂、点到按摩、呱呱洗车、魅力91、土巴兔、陌陌、中华英才网等公司,这些动作从"垂直+横向"各个方面完善招聘、房产、二手车等产业链,最终形成了58到家的分类信息事业群、房产事业群、二手车事业部、渠道及兼职事业部、58到家和金融事业部等六大事业部格局。

2.大数据精准描绘用户画像

各大O2O领域巨擘的目标都是希望将线上与线下的产品与服务完美融合,最终达成真正的O2O闭环。但这一切的前提都是对用户有足够的了解,需要从海量的流量或者浏览路径中清楚用户的真正需求。以智能手机、智能硬件等商业模式为例,通过手机用户在一天内的浏览记录、卡路里消耗等大数据可多角度地进行用户画像,根据同类用户的行为描述此类用户的需求,进而推进相关的消费场景。这也进一步应用到更广阔的O2O场景中,以获取用户租车、代驾、顺风车的打车软件;为用户提供咨询、加号、私人医生等线上医疗都可获取此类大数据信息,但是此类广泛的大数据类型已经较难形成精准的用户画像。相对而言,以团购、电商、上门经济为代表的O2O领域更能精准匹配用户的需求,基于LBS的同时,完成用户的实际消费行为。

(六)金融领域分析

2014年7月,合并前的58同城就曾与新鸿基旗下公司亚洲联合财务围绕互联网金融业务达成合作。58同城与赶集网合并以来,正式进军互联网金融,主要业务分为贷款、理财两类。其金融事业部推出了理财产品"58钱柜",通过联合银行、证券、基金、小贷、P2P等第三方机构,做理财平台。2014年12月16日,58宣布与哈尔滨银行在汽车贷款等领域展开合作,合作内容包括资金和风控两个方面,通过整合线上线下资源建立汽车交易O2O平台。

目前,58赶集集团做金融的目的主要是为了服务核心业务,58车商贷已在全国170多个城市铺开,其创新的金融服务模式,具有放款快、额度高、利率低等优势,从上线至今已经放款超亿元。围绕个人用户,58金融还推出了购车贷款产品——58车分期,其提供给消费者"零首付"和"半价购"两种更灵活的金融方案,让二手车消费者在交易过程中更加从容,目前已覆盖北京、深圳等全国多个城市。58车商贷不限于58赶集体系内,全国各地二手车或新车商,包括新车销售、二手车经纪或汽车维修保养、汽车美容、汽车租赁等,均可申请,58车商贷未来还会延伸至C端。58车商贷和58车分期仅是58赶集完善汽车产业服务闭环的一步走。中国汽车消费金融业态尚不完整,未来58赶集还将推出理财、保险、征信、库存贷等更多新产品来不断完善产业链条,把市场做得更大。

三、"移动服务"将成58赶集未来主要发展方向

(一) 58同城移动端流量增长迅猛

2015年第三季度,58同城移动端流量同比去年增长超100%;2015年第一开始,58同城移动端详情页流量占比超70%;其中APP已经占58赶集集团流量的最大贡献。58赶集在APP市场投入的费用较少,但由于近年58赶集的知晓度提升与移动互联网的迅猛发展,目前移动端已经成为58赶集最大流量入口;用户使用习惯的变化和APP端更优质、成熟的体验,使58赶集APP的发展步入快速发展的阶段。

(二) 移动端优势已成58赶集稳固行业地位的重要因素

58赶集合并后,将会成为生活服务领域"巨头"型的平台,把移动端发展作为重点战略,APP作为重点入口,针对"上游"来说,将能够充分巩固自己的"护城河",建设自有流量,形成深入的用户黏性,针对"下游"来说,58同城的APP长期在APP store排名Top30-50,在高峰期能够达到Top10,这种平台APP带来的用户积累优势,将是任何细分垂直领域的对手都无法达到的。

(三) 移动互联网大趋势推动58赶集顺应潮流

APP具备如位置、支付、实时连接等多"能力",生活互联网的移动化改造,一定会围绕APP发生。未来,58赶集集团更多基于生活服务的创新业务也将会从"全移动化"的角度去思考。用移动化提供的机会,重构原有生活服务行业的成本结构,不断提升用户的服务体验。

四、北京市58赶集发展状况

赶集网与58同城2005年先后在北京上线,自2006年起国内分类信息网站开始爆发,历经10年,从摸索市场,到形成如今的行业格局,58同城和赶集网历经的10

年,也正是中国互联网发展最为迅速的 10 年。58 同城与赶集网都是双方最主要的竞争对手,二者竞争的激烈程度被誉为 2015 年国内之最。两家公司从口水战不断一直到走到一起,再一次证明了没有永远的敌人只有永远的利益。

北京是 58 赶集集团的扎根之所,北京市 58 赶集用户男女比例分别为 49% 和51%,基本持平;58 赶集的北京用户数量占总量的 3.3%,位列全国第四。58 同城APP 在北京市范围内,每月活跃用户排名位于第 39 位;58 赶集用户在终端设备的选择上以三星华为为主,共占 57%。

随着 58 赶集合并后的进一步发展,北京市 O2O 行业将再次掀起一片浪潮。北京本地生活服务消费比例正在逐年上涨,这对北京市 O2O 的发展带来社会红利。相较于市场上已有的传统生活服务,基于位置进行服务连接,O2O 的商业模式效率更高,同时能够兼顾用户体验和经济价值。

（作者简介:杨欣,易观生活服务行业中心分析师。致力于传统生活服务行业互联网化和互联网生活服务平台相关研究,深耕于互联网婚恋交友、团购、社区、生活服务等多个细分领域）

新美大发展状况分析

杨　欣

一、基本情况

（一）新美大产生背景

2015 年 10 月 8 日,大众点评与美团联合发布声明,正式宣布达成战略合作,双方已共同成立一家新公司。作为国内最大的两个 O2O 平台,美团和大众点评的合并影响不但巨大且深远。在合并之前,美团在 2015 年上半年增速下滑,市场占比有所降低。实际上团购模式已经到达边界,美团团购的用户扩张、品类扩张和消费频次挖掘都逼近极限,很难有新的爆发点。所以,美团 2015 年的增速很难超过 2014 年,同时大众点评和糯米相继发力,在大环境相同的情况下高速增长,美团份额下降的主要原因正是此消彼长。

大众点评自 2015 年 4 月正式推出闪惠以来,呈现出疯狂的增长。一方面,闪惠大幅提高了同一张订单的线上流水。众多人气型商户与团购网站的日常合作方式是以代金券销售为主的,而这些商户往往会和大众点评合作闪惠,从而提升了流水。另一方面,闪惠将广告活动转变成交易收入。其实一直以来,大众点评都有一些有别于团购的促销形式提供给商户,一般来说是通过到店展示获得优惠。在大众点评的APP 里,这些商户的店名旁边一般会有一个"促"字图标。不但增大了商家的营销自由度,而且商家会更加倾向更容易"曝光"的闪惠。总的来说,主要是由于闪惠的产品形态高于团购,使得大众点评获得大量用户。

除了美团的市场占比降低和大众点评的借势引流之外,美团在资金融入过程上也并不顺利,烧钱模式导致现金流吃紧,最终基于多方面原因,美团和大众点评走向合并。

（二）美团和大众点评比较分析

在团购市场的激烈竞争后，最后剩下美团、大众点评、百度糯米。在美团和大众点评合并之后，新公司将会在团购市场占据领先的市场份额。除了团购市场外，O2O 正在迎来一个重新洗牌的契机，被推入到一个全新的起点。在这一点上，美团和大众点评各自的业务重点和战略布局在根本上是有差异的。

表 3-7　美团网与大众点评网的比较

比较内容	美团（2010 年 3 月成立）	大众点评（2003 年 4 月成立）
广告标语	美团一次，美一次	点评在手，吃喝不愁
产品性质	中国领先的本地生活消费平台，主要为用户提供各种生活信息服务	为消费者发现最值得信赖的商家，为商家找到最合适的消费者
业务范围	团购、外卖、酒店、电影票等销售	以 UGC 和 POI 带动的综合推广服务，包括团购、广告和综合婚庆等
T 型策略	T 的横指团购用户和流量；T 的竖指电影票、外卖、酒店等，它们互斥，一种交易导向另一种交易	T 的横指 UGC 和 POI 带来的用户和流量；T 的竖指团购、结婚、丽人、外卖等垂直业务，相互互补，咨询和交易互导
品牌价值	第一认知是低价团购网站，拥有一批价格驱动型的用户	依赖消费评价，大多是消费决策型的用户，会综合考虑消费满意度和价格
战略布局	垂直纵深：善于烧钱，市场扩张快	整体运营策略灵活，通过资本运作搭建生态
盈利前景	交易佣金是美团唯一的赢利模式，三四线城市的局部垄断未实现赢利，美团靠扩张和补贴来维持份额	赢利模式更加丰富，除团购业务外其他业务均是现金流。团购业务是战略布局需要

资料来源：笔者整理。

可见，美团和大众点评各有优势，美团具有高执行力，快速扩张市场的战术特点，拥有大量的商家。大众点评具有长远的战略布局，很好的运营能力，是连接商家和用户的纽带，拥有大量的用户和 UGC 内容。

二、美团和大众点评合并分析

2015 年，中国互联网的发展可谓精彩纷呈，让人印象深刻的莫过于互联网垂直领域前两位公司的大合并。世纪佳缘和百合网、58 同城和赶集网、滴滴和快的、美团和大众点评、携程和去哪儿都相继合并了，在合并之前，双方几乎都经历了惨烈的厮杀，投入了大量的人力财力，合并后双方都减少了损耗，并在资本推动下拥有绝对领先的市场份额,并有更高的估值或市值。而新美大却有所差异。

(一) 双方整合神速高效

一般而言,企业进行合并之后面临的一个常见问题就是双方相同业务线的整合,这种整合涉及组织架构、企业文化、员工福利等多个方面,所以通常需要较长的一段时间来完成。而且,这部分内容的整合显得十分重要,可能决定着双方的合并是否实现了 1+1>2 的效果,也存在整合不到位或整合失败使得竞争对手抓住时机进行反击的情况。

根据以往的互联网大型并购案,58 同城和赶集网合并,则用了 4 个月,而杨浩涌卸任赶集 CEO,让新公司权力更加集中高效,则用了 8 个月,双方合并之前的谈判更是经历了长达一年的时间;优酷土豆合并从公布消息到对外公布构架,用了近6 个月时间;滴滴和快的整合速度虽然已经非常快了,但也超过 3 个月时间。然而美团和大众点评的合并仅仅只是一个国庆长假,宣布了合并的消息,并在一个月之后就正式公布新公司的 CEO 和董事长。12 月 8 日,仅仅两个月时间,新美大就公布了双方业务重合度最多、体量最大最难整合的到店餐饮事业群的组织架构调整。

总的来说,短短一个月,双方就在股权分配、组织架构、发展战略等多个方面达成了共识,短短 60 天就完成了核心业务的整合,美团和大众点评的整合速度之快是非常罕见的。这一方面可能反映着两家公司原本的基因就存在诸多匹配之处,合并就是大势所趋的结果;另一方面则诠释了移动互联网时代的高效率,竞争激烈的市场中,"快"往往会成为重要的竞争力。

(二) 保持原有人员架构

企业合并往往是大裁员的前奏,因为大多数企业选择合并几乎是抱团取暖,所以缩减人力成本是自然而然采取的措施。除此之外,大多数合并的企业在业务线上存在重叠或者相似之处的,合并后就会导致冗余人员过多,使得重合的职能面临大规模的裁员。

对于美团和大众点评而言,他们在常见业务线上也存在重合职能带来的冗余现象,但是 O2O 服务和传统电商相比更强调地域性,大众点评和美团在不同地域都有着各自的优势,这意味着人才也拥有地域优势。所以,为了保持企业的高效服务,就会延续原来最优化的人员架构。另外,两家公司还向外宣布了新的招聘计划,在外卖事业部、丽人事业部、结婚事业部等多个部门计划招收大量的人才。由此可见,在O2O 的快速发展下,美团和大众点评都在积极布局垂直领域,随着本地生活服务的不断渗透,人才缺口也在不断增大。

(三) 任人唯贤,人才齐心留任

相比底层员工的裁员,更重要的当然还是中层干部以及核心领导层的变动。通常而言,合并之后强势的一方将在重要部门岗位换上嫡系部队,弱势的一方势必会受到压制。在合并过程中,公司合并主要目的之一是为了获取人才,但实际上往往会因为两家公司的文化冲突等原因导致人才流失。

在美团和大众点评合并之后,新公司基本做到了任人唯贤,美团和大众点评的骨干高管仍然留任各自的优势区域,发挥各自长处,不仅仅是实现了业务的融合,还实现了人员的融合。

(四) 团购不是全部,布局 O2O 战略

随着支付宝、微信为代表的移动支付渗透,O2O 已被推入到一个全新的起点,在激烈竞争的团购市场背后,全新的 O2O 战略已然成为趋势。

大众点评 CEO 张涛在接受《中国企业家》杂志采访时表示:一方面,团购不具备可持续性,对商家的伤害很大,随着时间增长,商家对团购憎恨度也越来越强;另一方面,团购模式使 PC 时代的产品会彻底被颠覆掉,移动互联网的发展则需要更加匹配这个时代特征的产品出现,手机埋单将会成为接下来的重要趋势。

美团和大众点评的合并,虽然两家公司合并可以形成很好的互补,拥有更高的整体估值,但是在市场上,线下商家看重的依旧是平台对自身的支持力度,所以新美大的垄断格局并不确定。更何况百度糯米依靠的是百度,它只是百度整体 O2O 战略中的一环,而这对大众点评和美团来说已经是全部,从这个角度上来说,O2O 终究还是 BAT 之间的战争。

三、新美大组织架构

目前,大众点评内部分为交易平台(包含团购)、酒店旅游、结婚、推广、电影、丽人 6 个事业部,另有海外和到家 2 条业务线。其中,团购和 UGC POI 都属于交易平台事业部,而结婚和推广两个事业部是公司收入主力,是公司的主力事业部。其他的事业部在收入贡献和份额上,相对来说都不是太出彩。至于丽人事业部、到家和海外业务 2015 年下半年刚刚设立不久,后续情况尚未可知。从地域特性来看,大众点评的优势主要集中在一、二线城市。

美团有到店、酒店旅游、外卖配送 3 个事业群,另有猫眼一家子公司。每条业务

线的成绩都很亮丽,团购业务市场占有率超过五成;以猫眼为代表的电影票业务占股线上总出票的六成;外卖业务与饿了么不相上下;酒店业务也是居于前列的位置。在地域上来看,美团的地域优势主要集中在三线及以下城市。

美团和大众点评之间的快速整合,不但完成了业务内容的整合,而且很好地进行了人才的融合,新美大整合后的组织架构可见图3-6。

新公司CEO:王兴 负责新公司管理和运营		新公司董事长:张涛 负责新公司长期战略
平台事业群（负责人:郑志昊）负责点评用户平台、美团用户平台、POI信息平台、搜索平台、商户平台等,市场营销平台、用户体验设计平台等	**猫眼电影全资子公司**（负责人:沈丽）负责电影行业的O2O拓展	**战略及企业发展平台**（负责人:陈少辉）负责公司战略发展、投资并购等
到店餐饮事业群（负责人:干嘉伟）负责餐饮团购、闪惠买单、预定、选菜、点单,餐饮尚沪广告,以及公司品牌广告等业务	**广告平台部**（负责人:陈烨）负责建设公司统一广告服务平台	**财务平台**（负责人:公司董事、CEO高级顾问、叶树蕖担任代理CFO）
到店综合事业群（负责人:吕广渝）负责结婚、亲子、家装、丽人、KTV、休闲娱乐等行业的深耕细作	**客服平台部**（负责人:陈亮）负责全公司客户服务体系及平台建设	**人力资源及服务保障平台**（负责人:姜跃平、穆荣均）负责人力资源、行政、采购、政府事务、公共关系、监察、法务、企业IT等
外卖配送事业群（负责人:王慧文）负责外卖、配送等业务	**技术工程及基础数据平台**（负责人:罗道峰）负责公司云平台、数据平台、基础架构、运维平台及服务、信息安全、工程质量等	**酒店旅游事业群**（负责人:陈亮）负责酒店住宿、景点门票、周边游等业务

图3-6　新美大基本组织架构

资料来源:笔者整理。

在去团购化浪潮的转型之下,新美大需要在短时间内将平台带到一个新的高度,整合是关键,具体业务的操盘手更为关键,新美大需要一个更强势更具远见的领导核心带领公司继续前行,在张涛退出日常管理的情况下,大众点评网的重要管理层基本悉数留职。王兴作为企业新的灵魂核心可以说得到新公司全体员工的认可。

四、美团和大众点评的产品分析

（一）产品及业务特点分析

美团网商区覆盖广、商户多。在产品上,导航逻辑清晰,操作简单,没有功能交杂情况,而且界面友好,各个界面风格统一。美团网在电影、酒店预订等方面优势突出,用户点评率高。大众点评网业务种类丰富,有团购、预定、电子会员卡、外卖等,但多数业务缺乏深耕,专注度不足。在产品上,导航分类不清晰,各个界面跳转后风格略有差异。但大众点评依托于其丰富的商家数据和点评信息,拥有其他竞争对手所不具备的更多功能,如餐厅查找还有社区互动和线下活动等,具备更好的用户体验,并提升了用户黏度。

美团、大众虽然都是以团购为核心,但是二者在产品上的做法是有区别的。比如在产品线上,美团的产品线较多,有美团、猫眼电影、美团外卖;而且猫眼电影、美团外卖是独立的 APP,在美团内部也可以使用另外两个系统的功能。大众点评只有一个APP,功能日益丰富,具有社区、购物等模块。在特殊优惠"愿望成真"和"霸王餐"上,大众点评的霸王餐模式既可以促使用户获得霸王餐后进行内容产出,而且商家在提供服务获得影响力后,大众点评提供平台也可以获得收益与内容。整个过程环环相扣,是个多方共赢的模式。相对于霸王餐,美团的愿望成真模块,可以免费参与,奖品比较丰厚,但中奖机会难得。在评论上,大众点评采用点评与 VIP 身份挂钩,使用户积极点评。在社区上,大众点评也是依靠 VIP 支撑起来,对于点评积极性较弱的用户,社区活跃度同样可以给用户 VIP 进入通道。除此之外,在线下群方面,部分地区的大众点评线下有 VIP 群,每次同城活动有领队带领,通过这种方式使得整个线下 VIP 都比较活跃,更好地贡献内容。

总的来说,美团网致力发展团购,覆盖广泛,界面清新,交互良好,并在美食、酒店、电影等方面都已经发展得很好。相较于美团,大众点评的地推能力较弱,需要在基层打造狼性企业文化、提高基层员工的地推水平。

(二)产品功能特点分析

围绕着刺激用户消费的目的,美团和大众点评都在首页中都放置了最基本的功能,比如分类、搜索、个性化推荐等等;但在其他功能乃至 APP 整体结构上不尽相同。

美团:主打优惠、服务。在首页,美团的每条活动推荐都可以看到类似"1 元吃""至少省 20"等等优惠字样,优惠信息明显比另两个 APP 多。而且在第二个 tab"商家"中,页面头部有"全部商家"和"优惠商家"两个 tab,用户可以方便地寻找"优惠商家"。在"我的"页面中,"今日推荐"和"免费福利"也是紧紧围绕着优惠做文章。对于团购券,美团支持"随时退""过期自动退",减少用户承担的风险,增加购买的概率。

大众点评:随着团购的弱化,大众点评推出了闪惠支付功能,并把它放在了第二个 tab,可以看到大众点评对此的重视度较高。闪惠支付的优点在于,不用像团购一样经历"买券→预约→出示→记录号码→完成"这样一个复杂的过程,只需三步就能完成支付,而且还能享受不错的优惠福利,可以把它看作被优化了的团购。"好友去哪"以及社区的功能可以增加用户黏性,原理和朋友圈类似。

五、新美大未来发展趋势

现在,餐饮O2O是提供预订、排队、点餐、支付等消费体验综合在一起的闭环O2O服务,甚至还要为线下商家提供开店选址、金融等附加服务。在这个阶段,线上为了解决用户在线下消费体验的诸多痛点,开始与线下商业从业务和服务流程方面进行更加深度与垂直的融合。但是,除餐饮之外的新领域,大部分的O2O平台还处在引流和低价这样简单直接粗暴的服务阶段。不过,新美大是个例外,依托大众点评在结婚、丽人等垂直场景的优势积累,从营销、运营和产业链等视角,正不断加强对线下商家的创新影响力,并为线下商业提供全产业链的"互联网+"解决方案和服务,帮助线下商业的创新与升级。

(一) 业务创新和拓展,推动行业服务标准

新美大一直筹划的KTV事业部将会拿出一个KTV预订产品,用户无须团购,就可以直接预订KTV的消费时段、KTV房型、酒水套餐等,也无须再排队等候,可以在线轻松完成支付。甚至,在KTV包房点酒水,也可以在大众点评或者美团的APP上直接完成。新美大结婚事业部上线了一个"结婚优选商家"的项目,只有在企业规模、服务口碑、运营能力等各方面达到一定标准的商家才有机会获得"优选商家"的认证。这个结婚优选商家毫无疑问提升了线下摄影、婚纱、婚庆等商家的服务水平和标准,也为整个行业建立了更好的规范。这种举动的背后,其实是在推动行业服务标准的建立。

另外,在新美大的丽人事业部计划中,他们将建立全国美容、美发和美甲行业的手艺人评价体系和消费图谱。通过借助8万实名认证手艺人,18万手艺人的作品图片以及86万多手艺人的点评,建立了一个手艺人的全国排行榜。这对那些手艺服务好的商家而言,品牌知名度将得到不断提升,订单量也会随之不断增长。

(二) 创新服务升级,打造可持续性服务生态

从新美大几大事业部所推出的创新服务升级转型来看,这样的转变可能是大势所趋,原因如下:

首先,从商家的角度来看。美团点评针对各个不同事业部所推出的创新服务升

级,能够帮助商家提升运营管理效率,同时也提升商家的业绩和品牌形象。当然,部分升级服务也会加速淘汰一些劣质商家,比如结婚事业部的结婚优选商家。

其次,从用户的角度来看。创新服务的推出对用户的体验度毫无疑问也是一大提升,比如 KTV 在线预订,大幅节省了用户的时间成本,也更方便快捷。对于商家而言,最终的核心是更好地服务于用户,而美团点评推出系列创新服务就是要帮助他们更好地服务于用户。

再次,从整个行业的角度来看。传统服务业需要借助互联网新的技术手段来打造更好的服务,而美团点评各个事业部针对商家所推出的创新服务升级,对整个行业的整体服务水平和标准会是一大提升。

最后,从美团点评自身的角度来看。要实现与商家、用户的三方共赢,美团点评就必须不断提升平台的服务,不论是从技术服务还是从服务模式等方面而言,都需要坚持不断创新,这样才能建立一个可持续的服务生态。

(三) 长期恶意竞争最终回归到实质价值上

在 O2O 市场上,商家选择 O2O 平台更看重的是什么? 有一些 O2O 平台为了获取更多的商户资源,实施免费策略,以此来吸引商家入驻。但是,商户真正需要的是什么,是免费,还是实实在在的效果? 如果一个 O2O 平台不能为商户带来明显的服务流程的优化、运营和营销效率的提升,那暂时的免费策略显然不是长久之计。O2O 行业真正的可持续发展,重点还是要回到为商户创造更多看得见的价值。

六、北京是新美大发展的重要扎根之地

美团总部在北京,大众点评网总部则在上海。北京可以说是中国互联网的中心,几乎占据了互联网公司半壁江山;上海则是中国最商业化的城市,有着悠久的商业传统和商业消费中心。在追求线上线下深度融合的 O2O 时代,美团和大众点评作为占据 O2O 领域的优胜者,双方对本地生活领域的理解都非常深刻。深耕垂直行业,帮助线下商业创新与升级,为消费者提供极致的线下体验或者说全新的、完整的场景服务。众所周知,北京是金融决策中心和金融信息中心,一行三会(央行、证监会、银监会、保监会)都在北京;上海则有着最完备的金融市场,已基本形成了包括股票、债券、货币、外汇、商品期货、OTC 衍生品、黄金、产权交易市场等在内的全国性金融市场体系,是国内金融市场中心,也是国际上少数几个市场种类比较完备的金融中心城市。阿里巴巴也在 2015 年 9 月宣布启动"杭州+北京"双总部模式,显然,北京丰富

的资源和良好的市场环境对企业的发展具有很大的吸引力。

（作者简介：杨欣，易观生活服务行业中心分析师。致力于传统生活服务行业互联网化和互联网生活服务平台相关研究，深耕于互联网婚恋交友、团购、社区、生活服务等多个细分领域）

责任编辑:郑海燕
封面设计:肖　辉　孙文君
责任校对:吕　飞

图书在版编目(CIP)数据

首都互联网发展报告.2016/佟力强 主编. —北京:人民出版社,2017.4
ISBN 978－7－01－017462－4

Ⅰ.①首…　Ⅱ.①佟…　Ⅲ.①互联网络-调查报告-北京-2016　Ⅳ.①TP393.4

中国版本图书馆 CIP 数据核字(2017)第 050395 号

首都互联网发展报告(2016)

SHOUDU HULIANWANG FAZHAN BAOGAO(2016)

佟力强　主编

人 民 出 版 社 出版发行
(100706　北京市东城区隆福寺街 99 号)

北京汇林印务有限公司印刷　新华书店经销

2017 年 4 月第 1 版　2017 年 4 月北京第 1 次印刷
开本:787 毫米×1092 毫米 1/16　印张:15.25
字数:280 千字

ISBN 978－7－01－017462－4　定价:48.00 元

邮购地址 100706　北京市东城区隆福寺街 99 号
人民东方图书销售中心　电话 (010)65250042　65289539